新編審計財務

主　編 ● 凌輝賢、葉偉欽、王艷華、武永寧、吳再芳
副主編 ● 鄒德軍、梁鑫、王家祺、潘瑜楠、肖文燕

財經錢線

前　言

　　隨著市場經濟環境的不斷完善，審計環境、審計理論和審計實務均發生了很大的變化。本教材的編寫以滿足應用型（含高級技術型）會計人才培養要求為目標，著力於技能教育，突出案例分析，強化重點內容。在教材構架和內容的編排上，本教材堅持理論與實踐結合、全面與通用兼顧、繼承與創新並蓄，在充分吸收　國審計工作和審計教學實踐經驗及同類教材優點的基礎上，構建了本教材的結構體系，並在教材的編寫過程中，努力使其體現如下特點：

　　一是緊密結合最新出抬並實施的會計準則、審計準則，特別是註冊會計師審計準則方面的修訂及最新動向，體現教材的先進性和科學性。

　　二是充分考慮應用型會計人才的培養要求和會計專業的教學特點，努力在知識結構、難易程度、語言表達等方面做出特別的安排和設計，以增強教材的針對性和可接受性。

　　三是在內容上追求「全、新、實」。「全」，即注重全面闡述本學科的基本理論、基本方法和基本技能，體現教材的完整性和廣泛適用性。「新」，即內容與時俱進，體現在準則介紹的及時性、方法使用的前沿性上。「實」，即每章開始都有一個引導案例引出本章內容，每章都配有案例和思考與練習（附有答案），盡量避免枯燥籠統，以體現實用性。

　　四是「雙師型」教師合作編寫。本教材的主編、副主編均為在高校從事多年財務會計和審計教學工作，同時具有企業財務工作和審計實際工作經驗，並且取得註冊會計師、註冊稅務師資格的「雙師型」教師，對審計教學和審計工作具有豐富的經驗和獨到的見解。

　　在本教材的編寫過程中，我們參考了很多同行的資料和成果，在此一併致謝。儘管我們在教材的內容結構設計、案例安排等方面做出了很多努力，但由於編者的經驗和視野有限，書中難免會有疏漏之處，懇請各相關教學單位和讀者在使用本教材的過程中給予關注並提出改進意見，以便我們進一步修訂和完善。

編者

目 錄

第一章 總 論 ······(1)
第一節 審計的定義與分類 ······(1)
第二節 審計與會計的關係 ······(5)
第三節 審計的主體與對象 ······(5)
第四節 審計的目標與職能 ······(7)

第二章 註冊會計師及其法律責任 ······(14)
第一節 註冊會計師 ······(15)
第二節 註冊會計師與審計人員的職業道德 ······(16)
第三節 註冊會計師的法律責任 ······(19)
第四節 會計師事務所的法律責任 ······(21)

第三章 審計程序 ······(35)
第一節 審計程序的定義與作用 ······(35)
第二節 審計準備階段 ······(36)
第三節 審計實施階段 ······(43)
第四節 審計終結階段 ······(45)

第四章 審計工作底稿和審計證據 ······(51)
第一節 審計證據 ······(52)
第二節 審計證據的形成過程 ······(55)
第三節 審計工作底稿 ······(59)

第五章 審計方法 ······(69)
第一節 審計方法的定義與分類 ······(70)

第二節 審計的一般方法 ……………………………………（71）
  第三節 審計的技術方法 ……………………………………（73）
  第四節 審計抽樣 ……………………………………………（76）

第六章 審計報告 …………………………………………………（90）
  第一節 審計報告的定義、作用和種類 ……………………（91）
  第二節 審計報告的基本內容 ………………………………（93）
  第三節 審計報告的撰寫 ……………………………………（95）
  第四節 審計報告的基本類型 ………………………………（96）

第七章 內部控制 …………………………………………………（110）
  第一節 內部控制概述 ………………………………………（111）
  第二節 內部控制整體框架的內容 …………………………（112）
  第三節 內部控制評審 ………………………………………（115）
  第四節 管理建議書 …………………………………………（120）

第八章 貨幣資金的審計 …………………………………………（127）
  第一節 貨幣資金的內部控制及其測試 ……………………（128）
  第二節 庫存現金審計 ………………………………………（133）
  第三節 銀行存款審計 ………………………………………（137）
  第四節 其他貨幣資金審計 …………………………………（143）

第九章 銷售與收款循環審計 ……………………………………（149）
  第一節 銷售與收款循環及其內部控制測試 ………………（149）
  第二節 主營業務收入審計 …………………………………（152）
  第三節 應收帳款審計 ………………………………………（155）
  第四節 其他相關帳戶審計 …………………………………（159）

第十章　購貨與付款循環審計 ……………………………………（168）
第一節　購貨與付款循環及其內部控制測試 ……………………（168）
第二節　購貨業務與付款的內部控制及測試 ……………………（169）
第三節　固定資產內部控制和控制測試 …………………………（171）
第四節　應付帳款審計 ……………………………………………（173）
第五節　固定資產審計 ……………………………………………（175）
第六節　其他相關帳戶審計 ………………………………………（179）

第十一章　生產與儲存循環審計 …………………………………（187）
第一節　生產與儲存循環及其內部控制測試 ……………………（188）
第二節　生產成本審計 ……………………………………………（190）
第三節　存貨儲存審計 ……………………………………………（194）
第四節　其他相關帳戶審計 ………………………………………（200）

第十二章　籌資與投資循環審計 …………………………………（207）
第一節　籌資與投資循環及其內部控制測試 ……………………（208）
第二節　負債審計 …………………………………………………（211）
第三節　所有者權益審計 …………………………………………（215）
第四節　投資審計 …………………………………………………（218）
第五節　其他相關帳戶審計 ………………………………………（221）

《新編審計實務》思考與練習參考答案 ……………………………（229）

第一章　總　論

【引導案例】

　　獨立審計起源於16世紀的義大利。當時，威尼斯城的航海貿易日益發達並出現了早期的合夥企業。在合夥企業中，通常只有少數幾人充當執行合夥人，負責企業的經營管理，其他合夥人則只出資而不參加經營管理。非執行合夥人需要瞭解合夥企業的經營情況和經營成果，執行合夥人也希望能證實自己經營管理的能力與效率，因此雙方都希望能從外部聘請獨立的會計專業人員來擔任查帳和監督工作。這些會計專業人員所進行的查帳與監督，可以被看作獨立審計的萌芽和序曲。

　　獨立審計真正產生並初步形成制度的歷史進程是在英國完成的。18世紀下半葉，資本主義工業革命開始以後，英國的生產社會化程度大大提高，特別是股份公司興起以後，企業財產所有權與經營權進一步分離，絕大多數股東只向企業出資而完全脫離了經營管理。同時，這也隱含著經營管理人員為牟取私利而損害所有者利益的風險。會計報表作為溝通公司內部和外部信息的橋樑，急需由財產所有者和經營者以外的專業人士來加以鑒證。1720年，英國爆發了南海公司破產事件，公司股東和債權人遭受了巨大的經濟損失。會計師查爾斯·斯內爾受議會聘請對南海公司會計帳目進行了檢查，並以「會計師」名義出具了一份「查帳報告書」，指出南海公司的財務報告存在著嚴重的舞弊行為，這標誌著註冊會計師的正式誕生。1853年，愛丁堡會計師協會在蘇格蘭成立，標誌著獨立審計職業的誕生。1862年，對有限責任公司進行年度會計報表審計成為獨立會計師的法定要求，從而進一步明確了獨立會計師的法律地位。

第一節　審計的定義與分類

一、審計的定義

　　審計是一項具有獨立性的經濟性監督活動。審計是由獨立的專職機構或人員接受委託或授權，對被審計單位特定時期的會計報表及其他有關資料的公允性、真實性以及經濟活動的合規性、合法性和效益性進行審查、監督、評價和鑒證的活動，其目的在於確定或解除被審計單位的委託經濟責任。

　　從上述審計定義中可以揭示出審計的四個基本特徵，即獨立性、專業性、權威性和廣泛性。

二、審計的分類

（一）審計按其執行主體的性質不同，可分為政府審計、註冊會計師審計和內部審計

1. 政府審計

政府審計又稱為國家審計，是指由各級政府審計機關依法對被審計單位的財政、財務收支狀況和經濟效益所實施的審計。政府審計最主要的特點是它的法定權威性和強制性。其審計權限的取得、審計範圍和對象的確定、審計調查和取證的方式等均由法律明確規定，其做出的審計決定可以依法強制執行。

2. 註冊會計師審計

註冊會計師審計又稱為社會審計、獨立審計、民間審計，是指由經政府有關部門審核批准的註冊會計師組成的會計師事務所進行的審計。註冊會計師審計的特點是受託審計，會計師事務所無權自行對企業、事業單位進行審計，只有在接受委託後，才能對被審計單位進行審計。會計師事務所自收自支、獨立核算、自負盈虧、依法納稅、不附屬任何機構，因此在業務上具有較強的獨立性、客觀性和公正性。

3. 內部審計

內部審計是指由企事業單位內部專職的審計部門對本單位內部財務收支和經濟管理活動所實施的獨立審查和評價。內部審計具有顯著的建設性和內向服務性，其目的在於幫助本單位健全內部控制，改善經營管理，提高經濟效益，共同實現企業的目標。在我國，內部審計包括部門內部審計和單位內部審計。

（二）審計按其目的和內容不同，可分為財政財務（收支）審計、財經法紀審計、經濟效益審計、經濟責任審計

1. 財政財務（收支）審計

財政財務審計是一種傳統的或常規的國家審計。財政審計是指國家審計機關根據國家有關財經法規對國務院各部門和地方各級人民政府的財政收支活動進行的審計。目的在於確保國家的財政資金按預算計劃安全、正常地運行。財務審計是指國家審計機關對國家擁有、控制或直接經營的企事業單位的財務狀況和經營成果所實施的審計。近年來，我國政府對許多大中型國有企業的審計都委託註冊會計師來實施。

2. 財經法紀審計

財經法紀審計是指國家審計機關對被審計單位和個人財政財務收支的合法性、合規性進行的審計。財經法紀審計是我國國家審計監督中的一種重要形式。其審計內容主要包括審查被審計單位和個人是否存在侵占挪用國家資產、貪污浪費、行賄受賄等嚴重損害國家和企業利益的行為。從本質上講，財經法紀審計屬於一種特殊的專項財政財務審計。

3. 經濟效益審計

經濟效益審計是指國家審計機關和內部審計機構對被審計單位的財政財務收支及經營管理活動的經濟性和效益性所實施的審計。經濟效益審計的目的在於評價財政財務資金的使用效率或效果。經濟效益審計類似於國外的績效審計或「3E」（Economy，

Efficiency，Effectiveness，即經濟、效率、效果）審計。

4. 經濟責任審計

經濟責任審計是指對企事業單位的法定代表人或經營承包人在任期內或承包期內應負的經濟責任的履行情況所進行的審計。經濟責任審計的主要目的是分清經濟責任人任職期間在本部門、本單位經濟活動中應當負有的責任，為組織人事部門和紀檢監察機關以及其他有關部門考核使用幹部或者兌現承包合同等提供參考依據。

（三）審計按其實施的時間不同，可分為事前審計、事中審計、事後審計

1. 事前審計

事前審計又稱預防性審計，是指在被審計單位經濟業務發生之前所實施的審計。例如，國家審計機關對財政預算編製的合理性、重大投資項目的可行性等實施的審計。開展事前審計，有利於被審計單位進行科學決策，避免因決策失誤而可能造成的損失。

2. 事中審計

事中審計是指在被審計單位經濟業務執行過程中所實施的審計。通常對一些工期較長的基建項目的投資完成情況、長期承包合同的執行情況要進行事中審計。通過事中審計，能夠及時發現問題，盡早糾正偏差，從而保證經濟活動按預定目標有效進行。

3. 事後審計

事後審計是指在被審計單位經濟業務完成以後所實施的審計。事後審計的範圍十分廣泛，財務活動的合法性、真實性、公允性，一般於事後才能進行正確評價。事後審計的特點在於事實客觀、證據確鑿、結論準確。國家審計、民間審計大多採用事後審計，內部審計中的財務審計也經常是事後審計。

（四）審計按其資料涉及的範圍不同，可分為全面審計、局部審計、專項審計

1. 全面審計

全面審計是指對被審計單位一定時期的全部經濟、管理和財務收支活動及其涉及的資料所進行的詳細審查。一般適用於規模較小、內部控制不健全的單位。有時對一些被懷疑存在嚴重經濟問題的單位也實施全面審計。

2. 局部審計

局部審計是指針對被審計單位一定期間內經營管理活動或者財務收支活動的某些方面及其資料進行的有目的的審計。如對企業實施的現金收支審計、銷售收入審計、稅務審計等。局部審計具有針對性強、效率高、成本低的優點。由於局部審計的審計範圍不全面，容易遺漏一些重要問題。

3. 專項審計

專項審計又稱專題審計，是對被審計單位某特定項目所進行的審計。例如，自籌基建資金來源審計、領導幹部離任審計、糧食收購資金審計等。專項審計一般圍繞特定目的展開，針對性強，因此容易發現問題，審計效率較高。

（五）審計按其實施的動機不同，可分為法定審計、自願審計

　　1. 法定審計

　　法定審計又稱強制審計，是指根據法律規定必須執行的強制性審計。例如，根據《中華人民共和國審計法》的規定，國家審計機關對各級政府部門、國有企業實施的審計等。

　　2. 自願審計

　　自願審計指被審計單位出於某種需要，自願要求審計機構對其進行審計或者自行組織的審計。內部審計就屬於典型的自願審計。有些單位為了取得銀行借款或優惠的信貸條件，也會自願要求註冊會計師對其財務報表進行審計。隨著會計信息的決策相關性日益增強，這類審計業務會越來越多。

（六）審計按其在實施前是否預先告知被審計單位，可分為預告審計和突擊審計

　　1. 預告審計

　　預告審計是指在實施審計之前，預先把審計的目的、內容和日期告知被審計單位，並要求被審計單位提供資料，積極配合。民間審計一般採取預告審計的方式。

　　2. 突擊審計

　　突擊審計是指在被審計單位事先不知情的情況下實施的審計。其目的在於使被審計單位沒有時間去弄虛作假、掩蓋事實真相，以取得較好的審計效果。政府審計中的財經法紀審計有時會採用這種突擊審計的方式。

（七）審計按其採用的技術模式不同，可分為帳表導向審計、系統導向審計、風險導向審計

　　1. 帳表導向審計

　　帳表導向審計是指順著或逆著會計報表的生成過程，通過對會計帳簿和憑證進行詳細審閱，並根據帳表之間的勾稽關係來確定是否存在會計差錯或舞弊行為的一種審計模式。

　　2. 系統導向審計

　　系統導向審計是目前註冊會計師民間審計中最常採用的一種審計模式。系統導向審計是建立在健全的內部控制系統可以提高會計信息質量的理論基礎上的。審計時，首先通過符合性測試對被審計單位內部控制系統進行評價，然後確定審計的重要性水平及審計中應實施的實質性測試的性質和範圍。

　　3. 風險導向審計

　　風險導向審計是審計發展的最新階段，是指審計人員在規劃審計工作之前，首先運用風險模型和分析性復核程序對被審計單位所處的經營環境、財務狀況進行全面的風險評估，然後再確定採用的實質性測試的性質和範圍，從而將審計風險控制在可接受水平之上的一種新型審計模式，是現代審計的基本模式。

第二節　審計與會計的關係

一、審計與會計的聯繫

第一，兩者起源密切相關。會計是審計產生的基礎，審計是會計的質量保證。

第二，兩者彼此滲透、融合。絕大多數審計標準的制定和審計證據的取得依賴於會計資料。

第三，兩者最終目的一致。審計和會計都是以維護財經法紀，加強經營管理，提高經濟效益為最終目的。

二、審計與會計的區別

第一，產生的基礎不同。審計的產生是基於經濟基礎監督的需要，而會計的產生是基於經濟管理的需要。

第二，職能不同。審計的職能是監督、鑒證和評價，會計的職能是核算和監督。

第三，方法不同。會計的核算方法有設置會計科目、復式記帳等，審計的方法有檢查、審閱等。

第四，工作程序不同。會計的工作程序為填製和審核會計憑證→登記會計帳簿→編製會計報表。

審計的工作程序為準備階段→實施階段→報告階段。

第五，執行者不同。會計的執行者是單位內部的職能部門，由單位領導直接安排會計核算工作。審計的執行者是具有獨立性、權威性的第三者——審計人，由其依法進行審計工作。

第三節　審計的主體與對象

一、審計的主體

審計的主體是指審計活動的發動者審計 主體概念與特點，即從事審計活動的組織和人員（見表 1-1）。

表 1-1　　　　　　　　　審計的主體的概念和分類

分類	概念	特點
政府審計的主體	從事政府審計活動的機關和人員	強制性、無償性
獨立審計的主體	從事獨立審計活動的會計師事務所及其註冊會計師	獨立性、受託性、有償性
內部審計的主體	從事單位內部審計活動的機構及其人員	經常性、及時性、針對性

二、審計的客體

審計的客體也稱審計的對象，是指審計活動的作用對象，即被審計單位的財政收支、財務收支及有關的其他經濟活動。

(一) 政府財政收支

政府財政收支是指政府依法取得的各種收入，如稅收、收費、舉債等；政府依據批准的預算而發生的各種開支，如經費、公共工程投資、社會救助支出、社會保障支出等；預算外的各種收支；等等。

對政府財政收支實施的審計稱為財政收支審計，簡稱財政審計，通常只能由政府審計機關來實施

(二) 單位財務收支

單位財務收支是指行政單位的撥款收入、經費支出等，事業單位的撥款收入、收費收入、經費支出等；企業單位的資產、負債、損益等。

對單位財務收支實施的審計稱為財務收支審計。最典型的單位財務收支審計是企業財務報表審計。

(三) 有關的其他經濟活動

這裡有關的其他經濟活動是指與財政財務收支有關的其他經濟活動，如環保、公益或愛心捐助等。對這些經濟活動也需要進行審計，如環境審計、社會責任審計等，其審計主體應視使用資金的性質而定。

三、審計的關係人

審計的關係人是指構成一項審計活動的相互有責任關係的三方面的當事人（見圖1-1）。

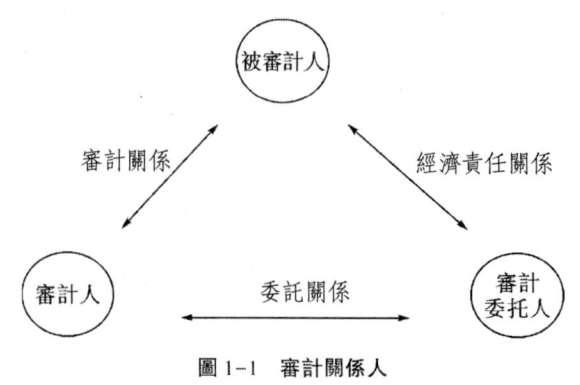

圖1-1 審計關係人

註：只有由三方面關係人構成的關係，才是審計關係

第四節　審計的目標與職能

一、審計的目標

審計的目標是指審計人員通過審計實踐活動所期望達到的目的和要求。審計的目標包括審計總目標和審計具體目標。由於不同的審計主體在審計實踐中的側重點有所不同，因此會形成不同的審計目標

（一）審計的總目標

審計總目標是指對被審計單位財政財務收支活動的正確性、公允性、合理性、真實性、合法性、合規性、有效性、一貫性進行評價、審查。

審計總目標的確定以審計環境為基礎，並隨審計環境的變化而變化。在註冊會計師審計的發展過程中，根據其審計環境變化，可以劃分為詳細審計、資產負債表審計和財務報表審計幾個階段，在不同的審計發展階段，審計總目標的內涵也有所不同。

1. 詳細審計階段

在詳細審計階段，註冊會計師通過對被審計單位一定時期內會計記錄的逐筆審查，判定有無技術錯誤和舞弊行為。查錯防弊是此階段主要的審計目標。

2. 資產負債表審計階段

在資產負債表審計階段，註冊會計師通過對被審計單位一定時期內資產負債表所有項目余額的真實性、可靠性進行審查，判斷其財務狀況和償債能力。在此階段，審計目標是對歷史財務信息進行鑒證，查錯防弊的目標依然存在，但已退居第二位，審計的主要目標從防護性發展為公正性。

3. 財務報表審計階段

在財務報表審計階段，註冊會計師判定被審計單位一定時期內的財務報表是否公允地反應其財務狀況和經營成果以及現金流量，並在出具審計報告的同時，提出改進經營管理的意見。在此階段，審計由靜態審計發展到動態審計，並且增加了「管理審計」的內容（包括經營審計、效益審計、效果審計）。審計目標不再局限於查錯防弊和為社會提供公證，而是向管理領域有所深入和發展。此階段的審計工作已比較有規律，並且形成了一套較完整的理論和方法。

儘管審計總目標發生了變化，但註冊會計師審計的主要職責始終是對被審計單位財務報表進行審計。財務報表的合法性及其公允性始終是註冊會計師審計的主要目標。

（二）審計的具體目標

審計具體目標是審計總目標進一步具體化，是對具體報表項目或業務類別進行審計時所要查明的各項具體問題，是對被審計單位管理層各種認定的檢驗。審計具體目標包括一般審計目標和項目審計目標。

一般審計目標是進行所有項目審計均必須達到的目標。項目審計目標則是對某個

報表項目進行審計所要達到的目標。

審計具體目標的確定有助於審計人員按照審計準則的要求收集到充分、適當的證據。審計具體目標一般是根據被審計單位管理層的認定和審計總目標來確定。

二、審計的職能

審計的職能是指審計本身所固有的體現審計本質屬性的內在功能。審計的職能是審計自身固有的，但並不是一成不變的，而是隨著社會經濟的發展、經濟關係的變化、審計對象的擴大、人類認識能力的提高而不斷加深和擴展的。

（一）經濟監督職能

經濟監督是審計的最基本職能。無論是傳統審計，還是現代審計，其基本職能都是經濟監督。不僅國家審計具有監督職能，社會審計和內部審計也都具有監督職能。但必須明確，監督不是審計唯一的職能。還應該明確的是，監督是審計的基本職能只是說明各項審計都有監督職能，而不意味著審計的其他各項職能實質上都是監督職能。

審計的經濟監督職能主要是指通過審計，監察和督促被審計單位的經濟活動在規定的範圍內、在正常的軌道上進行監察和督促有關經濟責任者忠實地履行經濟責任，同時借以揭露違法違紀，稽查損失浪費，查明錯誤弊端，判斷管理缺陷和追究經濟責任等。審計工作的核心是通過審核檢查，查明被審計事項的真相，然后對照一定的標準，做出被審計單位經濟活動是否真實、合法、有效的結論。從依法檢查，到依法評價，再到依法做出處理決定以及督促決定的執行，無不體現了審計的監督職能。

（二）經濟鑒證職能

審計的經濟鑒證職能是指審計機構和審計人員對被審計單位會計報表及其他經濟資料進行檢查和驗證，確定其財務狀況和經營成果是否真實、公允、合法、合規，並出具書面證明，以便為審計的授權人提供確切的信息，並取信於社會公眾的一種職能。

審計的經濟鑒證職能包括鑒定和證明兩個方面。例如，會計師事務所接受中外合資經營企業的委託，對其投入資本進行驗資，對其年度財務報表進行審查，或對其合併、解散事項進行審核，然后出具驗資報告、查帳報告和清算報告等，均屬於審計執行經濟鑒證職能。又如，國家審計機關對廠長（經理）的離任審計，對承包、租賃經營的經濟責任審計，對國際組織的援助項目和世界銀行貸款項目的審計等，也都屬於經濟鑒證的範圍。

（三）經濟評價職能

審計的經濟評價職能是指審計機構和審計人員對被審計單位的經濟資料及經濟活動進行審查，並依據一定的標準對所查明的事實進行分析和判斷，肯定成績，指出問題，總結經驗，尋求改善管理以及提高效率和效益的途徑。

審計的經濟評價職能包括評定和建議兩個方面。例如，審計人員通過審核檢查，評定被審計單位的經營決策、計劃、方案是否切實可行、是否科學先進、是否得到貫徹執行，評定被審計單位內部控制制度是否健全和有效，評定被審計單位各項會計資

料及其他經濟資料是否真實、可靠，評定被審計單位各項資源的使用是否合理和有效得到等，並根據評定的結果，提出改善經營管理的建議。評價的過程也是肯定成績、發現問題的過程，其建議往往是根據存在的問題提出的，以利於被審計單位克服缺點、糾正錯誤、改進工作。經濟效益審計是最能體現審計評價職能的一種審計。

三、審計的作用

（一）制約作用

審計的制約作用主要是發揮經濟監督職能所產生的客觀效果，具體可以概括為以下兩個方面：

1. 揭示差錯和弊端

審計通過審查取證可以揭示差錯和弊端，不僅可以糾正核算差錯，提高會計工作質量，還可以保護財產的安全，堵塞漏洞，防止損失。

2. 維護財經法紀

在審查取證、揭示各種違法行為的基礎上，通過對過失人或犯罪者的查處，提交司法、監察部門進行處理，有助於糾正或防止違法行為，維護財經法紀。

（二）促進作用

審計的促進作用主要是發揮經濟評價職能所產生的客觀效果，具體可以概括為以下兩個方面：

1. 改善經營管理

通過審查取證，評價揭示經營管理中的問題和管理制度上的薄弱環節，提出改進建議，促進改善經營管理。

2. 提高經濟效益

通過對被審計單位財務收支及其有關經營管理活動效益性的審查，評價受託經濟責任，總結經驗，指出效益低下的環節，提出改進意見和建議，促進提高經濟效益。

註：審計職能制約審計作用的發揮，審計任務完成程度決定審計作用的大小。

四、審計的任務

審計的任務是指在一定時期內，根據審計的職能和社會經濟發展的需要，賦予審計的責任和要求。

（一）基本任務

依據國家有關法規，對被審計單位經濟活動進行監督、評價和鑒證，維護國家財經秩序，促進廉政建設，保障國民經濟健康發展。

（二）具體任務

審計被審計單位決策方案、計劃、預算的制定和執行，會計資料和其他經濟資料的真實性、正確性與合法性等。

【拓展閱讀】

英國南海公司審計案例

基本案情：

英國南海公司始創於1710年，主要從事海外貿易業務。該公司經營10年，業績極其一般。1719—1720年，該公司趁股份投機熱在英國方興未艾之際，發行巨額股票，同時該公司董事對外散布該公司利好消息，致使公眾對股價上揚增強了信心，帶動了該公司股價上升。1719年，南海公司股價為114英鎊；1720年3月，其股價升至300英鎊；1721年7月，該公司股價飆升至1,050英鎊，該公司老板決定以高於面值數倍的價格發行新股。一時間南海公司股價扶搖直上，一場股票投機浪潮席捲全英國。

一些經濟學家已意識到這種投機行為將給英國經濟帶來的嚴重危害，呼籲政府盡快採取措施。英國議會為制止國內「泡沫公司」的膨脹，於1720年6月通過了《泡沫公司取締法》，一些公司隨之被解散。許多投資者開始清醒，並拋售手中持有股票。股票投資熱的降溫，致使南海公司股價一路下滑，到1720年12月南海公司股價跌至124英鎊。1720年年底，英國政府對南海公司資產進行清理，發現其實際資本所剩無幾。之後，南海公司宣布破產。

南海公司破產，猶如晴天霹靂，震驚了該公司的投資人和債權人。數以萬計的股東及債權人蒙受損失，當證實了百萬英鎊的損失落在自己頭上時，人們紛紛向英國議會提出了嚴懲詐欺者並給予賠償損失的要求。英國議會面對輿論壓力，為平息南海公司破產引發的風波，於1720年9月成立了由13人組成的特別委員會，秘密查證南海公司破產事件。在查證過程中，由於涉及許多財務問題及會計記錄，特別委員會特邀一位精通會計實務的會計師參與。此人名叫查爾斯・斯內爾，原為徹斯特萊恩學校的教師，教書法與會計。查爾斯通過對南海公司帳目的查詢、審核，於1721年提交了一份名為《倫敦市徹斯特萊恩學校的書法大師兼會計師對素布里奇商社的會計帳簿進行檢查的意見》，指出南海公司的財務報告存在著嚴重的舞弊行為、會計記錄嚴重不實等問題，但沒有對該公司為何編製這種虛假的會計記錄表明自己的看法。議會根據這份查帳報告，將南海公司董事之一的雅各布・布倫特以及他的合夥人的不動產全部予以沒收。其中，一位叫喬治・卡斯韋爾的爵士，被關進了著名的倫敦塔監獄。英國議會在通過的《泡沫公司取締法》中，對公司的成立進行了嚴格的限制，只有取得國王的御批，才能得到公司的營業執照。事實上，股份公司的形式基本上名存實亡。

直到1828年，英國政府在充分認識股份公司利弊的基礎上，通過設立民間審計的方式，將股份公司中因所有權與經營權分離所產生的不足，予以制約，才完善了這一現代化的企業制度。據此，英國政府撤銷了《泡沫公司取締法》，重新恢復了股份公司這一現代企業制度的形式。隨後，為保護投資者和債權人的利益、監督股份公司的經營管理，英國議會於1844年頒布了《公司法》，規定股份公司必須設置一名以上的監事來審查會計帳簿和報表，並將審查結果報告給股東。1856年，英國議會又對《公司法》進行了修訂，規定股份公司可以從外部聘請會計師辦理審計業務。該法案使公司

有聘請外部註冊會計師的選擇權，期間英國政府對一批獨立會計師進行了資格確認，從而有力地促進了獨立會計師的發展。

案例點評：

第一，英國南海公司的舞弊案件對世界獨立審計有著里程碑式的影響。由於會計師查爾斯·斯內爾是世界上第一位獨立審計人員，他所審計的南海公司舞弊案又是世界上第一例較為正規的獨立審計案件，因此該案件對於註冊會計師行業來講，不論是在理論研究方面，還是在審計實踐方面，都產生了極其重大的影響。

第二，英國南海公司的舞弊案件又揭示了註冊會計師的職業天性就是應以獨立第三者的身分，站在客觀、公正的立場，通過對帳、證、表等會計資料的審查，來平衡財產所有者與經營者之間的經濟責任關係，揭示重大錯弊行為。這說明註冊會計師行業對於促進經濟發展、穩定社會經濟秩序方面將起到至關重要的作用。同時，這也決定了註冊會計師從誕生的那一天起便擔負著面向社會公眾的責任，決定註冊會計師是一門責任重大的職業。

【思考與練習】

一、單項選擇題

1. 某市國有資產管理委員會作為 XYZ 大型國有企業的股權持有者代表，對於 XYZ 企業 201×年財務決算審計工作進行公開招標。ABC 會計師事務所投標后被選定為該次審計的主審機構。該次審計的類別屬於（　　）。
   A. 政府審計　　　　　　　　B. 經營審計
   C. 註冊會計師審計　　　　　D. 內部審計

2. 政府審計、內部審計、註冊會計師審計共同構成審計的監督體系。其中，政府審計與註冊會計師審計在以下（　　）方面是基本相似的。
   A. 審計所依據的原則　　　　B. 審計要實現的目標
   C. 對內部審計的利用　　　　D. 審計中取證的權限

3. 審計的職能不包括（　　）。
   A. 經濟監督　　　　　　　　B. 經濟司法
   C. 經濟鑒證　　　　　　　　D. 經濟評價

4. 審計產生的客觀基礎是（　　）。
   A. 受託經濟責任關係　　　　B. 生產發展的需要
   C. 會計發展的需要　　　　　D. 管理的現代化

5. 稅務機關的財務收支業務應當由（　　）來進行審計。
   A. 國家審計　　　　　　　　B. 財政局
   C. 民間審計　　　　　　　　D. 監事會

6. 審計的（　　）是保證有效行使審計權力的必要條件。
   A. 獨立性　　　　　　　　　B. 權威性

  C. 客觀性   D. 及時性

7. ( ) 審計是獨立性最強的審計。
  A. 政府審計   B. 民間審計
  C. 內部審計   D. 會計報表審計

8. 標誌西方審計正式走向民間的事件是 ( )。
  A. 東海公司破產案   B. 西海公司破產案
  C. 南海公司破產案   D. 北海公司破產案

9. 資產負債表審計階段，審計報告的主要使用人是 ( )。
  A. 債務人   B. 債權人
  C. 投資人   D. 所有會計報表使用人

10. 一般情況下，註冊會計師承擔法律責任的主要形式是 ( )。
  A. 行政責任   B. 賠償責任
  C. 民事責任   D. 刑事責任

11. 審計的最基本的職能是 ( )。
  A. 經濟評價   B. 經濟監察
  C. 經濟監督   D. 經濟司法

12. 政府審計機關的審計活動被審計單位必須積極配合，屬於 ( )。
  A. 高層次監督   B. 強制性監督
  C. 獨立性監督   D. 權威性監督

二、多項選擇題

1. 審計關係人是由 ( ) 組成。
  A. 審計主體   B. 審計載體
  C. 審計客體   D. 審計委託人

2. 審計獨立性的具體表現包括 ( )。
  A. 人員獨立   B. 組織獨立
  C. 經濟獨立   D. 思想獨立

3. 審計的職能包括 ( )。
  A. 經濟監督   B. 經濟建議
  C. 經濟評價   D. 經濟鑒證

4. 審計的促進作用可以概括為 ( )。
  A. 揭示差錯和弊端   B. 維護財經法紀
  C. 改善經營管理   D. 提高經濟效益
  E. 加強宏觀調控

5. 審計的基本特徵包括 ( )。
  A. 獨立性   B. 專業性
  C. 權威性   D. 廣泛性
  E. 強制性

三、判斷題

1. 審計是一種直接的經濟監督活動。（　）
2. 審計的職能不是一成不變的，它是隨著經濟的發展而發展變化的。（　）
3. 審計的主要內容是指財務收支及有關經濟活動。（　）
4. 一般而言，審計具體目標必須根據被審計單位管理當局的認定和審計總目標來確定。（　）
5. 審計具體目標是審計總目標的進一步具體化，包括一般審計目標和項目審計目標，其中只適用於某一特定項目的審計目標是一般審計目標。（　）
6. 審計報告階段是審計全過程的中心環節。（　）
7. 被審計單位在註冊會計師的審計過程中，應當將所有的會計資料準備齊全。（　）
8. 會計是產生審計的基礎，會計同時也是審計的質量保證。（　）

第二章　註冊會計師及其法律責任

【引導案例】

「瓊民源」自1993年4月在深圳證券交易所上市以來，股價表現平平，交投並不活躍。1996年下半年，民源海南公司（瓊民源控股公司）與深圳有色金屬財務公司（瓊民源股東財務顧問）聯手炒作瓊民源股票。某些傳媒對瓊民源業績大加渲染，致使眾多投資者在不明真相的情況下盲目跟進。1996年下半年，瓊民源股價在5個月的時間裡上漲了4倍。1997年年初，瓊民源在年度財務報告中公布「1996年度實現利潤5.7億元，資本公積金增加6.57億元」，據此計算，該公司的利潤比上一年度增加1,000倍，海南中華會計師事務所對瓊民源1996年度財務報告出具了無保留意見的審計報告，海南大正會計師事務所為瓊民源出具了資產評估報告。后經證監會、審計署等有關部門查實，瓊民源在未取得土地使用權的情況下，通過與關聯公司及他人簽訂的未經國家有關部門批准的合作建房、權益轉讓等無效合同虛構利潤5.4億元，在未取得土地使用權、未經國家有關部門批准立項和確認的情況下，對4個投資項目資產評估編造資本公積金6.57億元。1998年4月29日，中國證監會決定：第一，鑒於瓊民源原董事長兼總經理馬玉和等人製造虛假財務收據的行為涉嫌犯罪，移交司法機關，依法追究其刑事責任；對瓊民源公司處以警告。對瓊民源其他董事待履行法定程序后予以處罰。對民源海南公司和深圳有色金屬財務公司分別處以警告，沒收各自非法所得6,651萬元和6,630萬元，並各罰款200萬元，建議有關部門對深圳有色金屬財務公司的主要負責人和直接負責人給予行政處分。第二，建議有關主管部門撤銷直接為瓊民源進行審計的海南中華會計師事務所，吊銷其主要負責人的註冊會計師資格證書。對海南中華會計師事務所總所處以警告，暫停其從事證券及期貨業務資格6個月；對該事務所在瓊民源財務審計報告上簽字的註冊會計師，暫停其從事證券及期貨業務資格3年。對海南大正會計師事務所罰款30萬元，暫停其從事證券相關資產評估業務的資格6個月；對負有直接責任的註冊會計師，暫停其從事證券業務資格3年。

該案例告訴我們，會計師事務所和註冊會計師在執業過程中，必須認真遵守職業道德規範和獨立審計準則，實施審計時應保持應有的職業謹慎。否則，可能會給會計信息使用者帶來損失，審計組織、審計人員也要承擔相應法律責任。因沒有執行審計準則而導致利益相關人蒙受損失的，審計人員將承擔過失責任。明知委託單位的會計報表有重大錯報或漏報，卻出具虛假審計報告欺騙公眾的，則屬詐欺犯罪，將追究其刑事責任。

第一節　註冊會計師

一、註冊會計師的概念及其應具備的資格條件

　　註冊會計師是指取得註冊會計師證書並在會計師事務所執業的人員，英文全稱為 Certified Public Accountant，簡稱為 CPA，指的是從事社會審計、仲介審計、獨立審計的專業人士。在其他一些國家如英國、澳大利亞、加拿大，註冊會計師又稱為國際會計師。在國際上說會計師一般是說註冊會計師，而不是我國的中級職稱概念的會計師。

　　註冊會計師應具備的資格條件如下：

　　第一，註冊會計師的專業知識，包括會計、財務及相關知識；組織和企業知識；信息技術知識。

　　第二，註冊會計師的專業技能，包括智力技能；技術和功能技能；個人能力；交際和交流技能；組織和商業管理技能。

　　第三，職業價值、道德與態度。

　　第四，實際工作經驗。

二、我國註冊會計師資格獲取的程序

　　第一，參加註冊會計師考試。

　　第二，成績全部合格。

　　第三，在中國境內從事獨立審計業務工作兩年以上。

　　第四，申請註冊。

三、註冊會計師業務範圍

　　我國會計師事務所的經營範圍是審計等鑒證業務、資產評估、稅務服務、基建預決算審核、司法會計鑒定、招投標代理、會計諮詢、會計服務業務和委託人委託的其他業務。

　　註冊會計師業務範圍按照提供服務的保證程度可分為保證服務和非保證服務。

（一）保證服務（Assurance Services）

　　第一，鑒證服務。鑒證服務是註冊會計師就其他責任主體認定的可靠性出具報告的一種保證服務。鑒證服務有三種：歷史財務報表審計、歷史財務報表審閱、其他鑒證業務。

　　第二，其他保證服務。其他保證服務是指不符合鑒證服務的正式定義，但這些服務要求註冊會計必須獨立和為決策者使用的信息提供保證服務之處與鑒證服務相似，不同的是不要求註冊會計師發表書面的報告、不要求責任方就遵循特定標準出具書面認定。

(二) 非保證服務 (Non-assurance Services)

第一，稅務服務。

第二，管理諮詢服務。管理諮詢服務主要包括對公司的治理結構、信息系統、預算管理、人力資源管理、財務會計以及經營效率、效果和效益等提供診斷和專業意見與建議。

第三，會計服務。保證服務和非保證服務的關係如圖2-1所示：

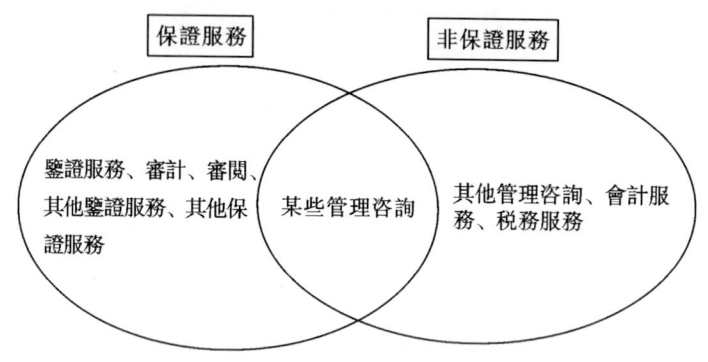

圖2-1　保證服務和非保證服務關係圖

第二節　註冊會計師與審計人員的職業道德

一、註冊會計師的職業道德

註冊會計師的職業道德是註冊會計師職業品德、職業紀律、專業勝任能力及職業責任的總稱。

(一) 關於誠信的要求

《中國註冊會計師職業道德守則》明確要求註冊會計師應當在所有的職業活動中，保持正直、誠實、守信。註冊會計師如果認為業務報告、申報資料或其他信息存在下列問題，則不得與這些有問題的信息發生牽連：

第一，含有嚴重虛假或誤導性的陳述。

第二，含有缺少充分依據的陳述或信息。

第三，存在遺漏或含糊其辭的信息。

(二) 關於獨立性的要求

第一，將獨立性要求從上市公司擴展到所有涉及公眾利益的實體。

第二，對事務所特定員工跳槽至涉及公眾利益的審計客戶並擔任特定職位，提出「冷卻期」的要求。

第三，將合夥人輪換要求擴展至所有關鍵審計合夥人。

第四，強化對審計客戶提供非鑒證服務的部分規定。

第五，如果對某一涉及公眾利益的審計客戶的全部收費連續 2 年超過事務所全部收費的 15%，要求在發表審計意見之前或之後進行復核。

第六，禁止將關鍵審計合夥人的薪酬或業績評價與其向審計客戶推銷的非鑒證服務直接掛勾。

(三) 關於客觀和公正的要求

客觀 (Objectivity) 是指註冊會計師執行業務時，應當實事求是，不為他人所左右，也不得因個人好惡影響其分析、判斷的客觀性。

公正 (Integrity) 是指註冊會計師執行業務時，應當正直、誠實，不偏不倚 (Free From Bias) 地對待有關利益各方。

(四) 關於專業勝任能力和應有的關注的要求

第一，專業勝任能力與技術規範的總體要求。

第二，不得承辦不能勝任的業務。

第三，應有的關注與職業謹慎。

(五) 關於保密的要求

第一，註冊會計師應當對職業活動中獲知的涉密信息保密，不得有下列行為：

一是未經客戶授權或法律法規允許，向會計師事務所以外的第三方披露其所獲知的涉密信息；

二是利用所獲知的涉密信息為自己或第三方謀取利益。

第二，註冊會計師應當對擬接受的客戶或擬受雇的工作單位向其披露的涉密信息保密。

第三，註冊會計師應當對所在會計師事務所的涉密信息保密。

第四，註冊會計師在社會交往中應當履行保密義務，警惕無意中洩密的可能性，特別是警惕無意中向近親屬或關係密切的人員洩密的可能性。

第五，註冊會計師應當採取措施，確保下級員工以及提供建議和幫助的人員履行保密義務。

第六，在終止與客戶的關係後，註冊會計師應當對以前職業活動中獲知的涉密信息保密。

第七，在下列情形下，註冊會計師可以披露涉密信息，但不視為洩密：

一是法律法規允許披露，並取得客戶的授權；

二是根據法律法規的要求，為法律訴訟、仲裁準備文件或提供證據，以及向監管機構報告所發現的違法行為；

三是法律法規允許的情況下，在法律訴訟、仲裁中維護自己的合法權益；

四是接受註冊會計師協會或監管機構的執業質量檢查，答覆其詢問和調查；

五是法律法規、執業準則和職業道德規範規定的其他情形。

第八，在決定是否披露涉密信息時，註冊會計師應當考慮下列因素：

一是客戶同意披露的涉密信息，是否為法律法規所禁止；

二是如果客戶同意披露涉密信息，是否會損害利害關係人的利益；

三是是否已瞭解和證實所有相關信息；

四是信息披露的方式和對象；

五是可能承擔的法律責任和后果。

(六) 關於良好職業行為的要求

註冊會計師靠信譽為生，要「惜譽如金」，自覺維護行業形象。《中國註冊會計師職業道德守則》明確指出註冊會計師應當遵守相關法律法規，避免發生任何損害職業聲譽的行為。註冊會計師在向公眾傳遞信息以及推介自己和工作時，應當客觀、真實、得體，不得損害職業形象。註冊會計師應當誠實、實事求是，不得誇大宣傳提供的服務、擁有的資質或獲得的經驗；貶低或無根據地比較其他註冊會計師的工作。

(七) 關於收費的要求

會計師事務所的收費應當公平地反應為客戶提供的專業服務的價值，不能通過降低價格或者或有收費的方式，削弱註冊會計師的獨立性，降低服務質量。《中國註冊會計師職業道德守則》要求如果收費報價明顯低於前任註冊會計師或其他會計師事務所的相應報價，會計師事務所應當確保在提供專業服務時，遵守執業準則和職業道德規範的要求，使工作質量不受損害，並使客戶瞭解專業服務的範圍和收費基礎。除法律法規允許外，註冊會計師不得以或有收費方式提供鑒證服務，收費與否或收費多少不得以鑒證工作結果或實現特定目的為條件。

(八) 關於運用職業道德概念框架的要求

根據職業道德概念框架的要求，註冊會計師如果發現可能違反職業道德基本原則的情形，應當首先識別該情形可能對職業道德基本原則產生的不利影響，然後評價不利影響的嚴重程度，如果超出了可接受的水平，則註冊會計師有必要採取防範措施消除該不利影響或將其降低至可接受的水平。

(九) 關於對非執業會員的要求

為了規範非執業會員從事專業服務時的職業道德行為，促使其更好地履行相應的社會責任，維護公眾利益，《中國註冊會計師職業道德守則》把非執業會員納入職業道德建設的規範體系，從職業道德基本原則、職業道德概念框架、潛在衝突、信息的編製和報告等方面作出規定，這是2009年版《中國註冊會計師職業道德守則》制定的一大突破。

二、內部審計人員的職業道德

第一，內部審計人員在履行職責時，應當嚴格遵守內部審計準則及中國內部審計協會制定的其他規定。

第二，內部審計人員不得從事損害國家利益、組織利益和內部審計職業榮譽的活動。

第三，內部審計人員在履行職責時，應當做到獨立、客觀、正直和勤勉。

第四，內部審計人員在履行職責時，應當保持廉潔，不得從被審計單位獲得任何可能有損職業判斷的利益。

第五，內部審計人員應當保持應有的職業謹慎，並合理使用職業判斷。

第六，內部審計人員應當保持和提高專業勝任能力，必要時可聘請有關專家協助。

第七，內部審計人員應誠實地為組織服務，不做任何違反誠信原則的事情。

第八，內部審計人員應當遵循保密性原則，按規定使用其在履行職責時所獲取的資料。

第九，內部審計人員在審計報告中應客觀地披露所瞭解的全部重要事項。

第十，內部審計人員應具有較強的人際交往技能，妥善處理好與組織內外相關機構和人士的關係。

第十一，內部審計人員應不斷接受后續教育，提高服務質量。

三、政府審計人員的職業道德

第一，政府審計人員應當依照法律規定的職責、權限和程序，進行審計工作，並遵守國家審計準則。

第二，政府審計人員辦理審計事項，應當客觀公正、實事求是、合理謹慎、職業勝任、保守秘密、廉潔奉公、恪盡職守。

第三，政府審計人員在執行職務時，應當保持應有的獨立性，不受其他行政機關、社會團體和個人的干涉。

第四，政府審計人員辦理審計事項，與被審計單位或者審計事項有直接利害關係的，應當按照有關規定迴避。

第五，政府審計人員在執行職務時，應當忠誠老實，不得隱瞞或者曲解事實。

第六，政府審計人員在執行職務特別是作出審計評價、提出處理處罰意見時，應當做到依法辦事，實事求是，客觀公正，不得偏袒任何一方。

第三節　註冊會計師的法律責任

一、註冊會計師承擔法律責任的依據

註冊會計師在執行審計業務時，應當按照審計準則的要求審慎執業，保證執業質量，控制審計風險。否則，一旦出現審計失敗，就有可能承擔相應的責任。

法律責任的出現通常是因為註冊會計師在執業時沒有保持應有的職業謹慎，並因此導致了對他人權利的損害。

註冊會計師法律責任可能被認定為違約、過失和詐欺。其中，過失可按程度不同區分為普通過失和重大過失。

二、對註冊會計師法律責任的認定

註冊會計師的不同過失承擔不同的法律責任，其認定如下：

違約：會計師事務所在商定期間內未能履行合同條款規定的義務。

普通過失：註冊會計師沒有完全遵循專業準則的要求。

重大過失：連起碼的職業謹慎都沒有保持，註冊會計師根本沒有遵循專業準則或沒有按專業準則的基本要求執行審計

詐欺：註冊會計師為了達到欺騙他人的目的，明知委託單位的財務報表有重大錯報，卻加以虛偽陳述，出具無保留意見的審計報告

三、註冊會計師承擔法律責任的種類

根據《中華人民共和國註冊會計師法》（以下簡稱《註冊會計師法》）的規定，註冊會計師因為違約、過失或詐欺，可能被追究行政責任、民事責任或刑事責任。

註冊會計師可能承擔的法律責任如下：

行政責任：警告、暫停職業、罰款、吊銷註冊會計師證書。

民事責任：賠償受害人損失。

刑事責任：罰金、有期徒刑、其他限制人身自由的刑罰。

會計師事務所可能承擔的法律責任如下：

行政責任：警告、沒收違法所得、罰款、暫停營業、撤銷。

民事責任：賠償受害人損失。

刑事責任：罰金。

【例2-1】長城公司涉及的是註冊會計師首次捲入刑事責任的案件。北京市長城機電產業公司（簡稱長城公司）是一家所謂的民營高科技企業，利用公司的科研成果，以簽訂「技術開發合同」的形式進行非法集資活動。其這一大規模、大範圍的集資活動未經國家金融管理機構的批准。1993年，廣大的投資者對該公司的集資行為產生懷疑，要求長城公司退回投資款。這時該公司找到中誠註冊會計師事務所（簡稱中誠所），要求中誠所為其出具驗資報告。中誠所為了獲得審計費收入，為長城公司出具了不實的驗資報告。該驗資報告的出具，為長城公司繼續非法集資提供了便利，對向長城公司索退集資款的投資者起到了搪塞、欺騙的作用，給國家的金融管理帶來了不好的影響，造成了嚴重的后果。

案情處理：除了審計署、財政部和中國證監會對中誠會計師事務所做出的行政處罰之外，法院審理裁決，對承辦長城公司審計業務的兩名註冊會計師判處有期徒刑，鑒於其年齡偏大，監外執行。

在本例中，由於註冊會計師的驗資報告是一部分投資者遭受損失的直接原因，因此註冊會計師難辭其咎，對社會的金融秩序造成如此重大的惡劣影響，必須追究其刑事責任。

四、註冊會計師避免法律訴訟的原則

(一) 增強執業獨立性

獨立性是註冊會計師審計的生命。在實際工作中，絕大多數註冊會計師能夠始終如一地遵循獨立原則，但也有少數註冊會計師忽視獨立性，許多過失和詐欺都是在註冊會計師喪失獨立性的情況下發生的。

(二) 保持職業懷疑態度

在所有註冊會計師的審計過失中，最主要的是由於缺乏職業懷疑態度引起的。在執行審計的基本理論開展審計業務過程中，未嚴格遵循註冊會計師審計準則，不執行必要的適當的審計程序，對有關被審計單位的問題未保持專業懷疑，或為節省時間而縮小審計範圍和簡化審計程序，從而導致財務報表中的重大錯報不被發現。

(三) 強化執業監督

許多審計中的差錯是由於註冊會計師失察或未能對助理人員或其他人員進行切實的監督而發生的。強化執業監督相當於增強了防範註冊會計師法律責任的屏障，可以有效地避免和減少過失、詐欺行為的發生。

第四節　會計師事務所的法律責任

一、會計師事務所侵權責任的事由

(一) 承擔法律責任的事由

利害關係人以會計師事務所在從事《註冊會計師法》第十四條規定的審計業務活動中出具不實報告，並致其遭受損失為由，向人民法院提起民事侵權賠償訴訟的，人民法院應當依法受理。

(二) 不實報告

會計師事務所違反法律法規、中國註冊會計師協會依法擬定並經國務院財政部門批准後施行的執業準則和規則以及誠信公允的原則，出具的具有虛假記載、誤導性陳述或者重大遺漏的審計業務報告，應認定為不實報告。在界定不實報告時，主要看審計業務報告是否存在以下「瑕疵」：虛假記載；誤導性陳述；重大遺漏。

(三) 利害關係人

因合理信賴或者使用會計師事務所出具的不實報告，與被審計單位進行交易或者從事與被審計單位的股票、債券等有關的交易活動而遭受損失的自然人、法人或者其他組織，應認定為《中國註冊會計師法》規定的利害關係人。

(四) 會計師事務所民事責任認定問題的實質

會計師事務所民事責任認定問題的實質是依侵權行為法的邏輯，貫徹了民法的公平原則，在「被審計單位—會計師事務所—第三人」之間公平分配因被審計單位經營失敗或舞弊、事務所審計失敗而導致的利害關係人損失。

會計師事務所應當對一切合理依賴或使用其出具的不實審計報告而受到損失的利害關係人承擔賠償責任，與利害關係人發生交易的被審計單位應當承擔第一位責任，會計師事務所僅應對其過錯及其過錯程度承擔相應的賠償責任，在利害關係人存在過錯時，應當減輕會計師事務所的賠償責任。

二、訴訟當事人的列置

利害關係人未對被審計單位提起訴訟而直接對會計師事務所提起訴訟的，人民法院應當告知其對會計師事務所和被審計單位一併提起訴訟。

利害關係人拒不起訴被審計單位的，人民法院應當通知被審計單位作為共同被告參加訴訟。

利害關係人對會計師事務所的分支機構提起訴訟的，人民法院可以將該會計師事務所列為共同被告參加訴訟。

利害關係人提出被審計單位的出資人虛假出資或者出資不實、抽逃出資，並且事後未補足的，人民法院可以將該出資人列為第三人參加訴訟。

三、執業準則的法律地位

第一，會計師事務所是否遵循了執業準則的要求作為判斷其有無故意和過失的重要依據。

第二，註冊會計師是否應承擔法律責任，關鍵在於註冊會計師是否有過失或詐欺行為。

第三，判斷註冊會計師是否具有過失的關鍵在於註冊會計師是否按照執業準則的要求執業。

四、歸責原則和舉證責任分配

(一) 歸責原則

第一，過錯推定原則下，採取舉證責任倒置模式。

第二，會計師事務所因在審計業務活動中對外出具不實報告給利害關係人造成損失的，應當承擔侵權賠償責任，但其能夠證明自己沒有過錯的除外。

(二) 舉證責任分配

會計師事務所可以通過向人民法院提交相關執業準則以及審計工作底稿等證明自己沒有過錯。

五、會計師事務所的連帶責任和補充責任

(一) 連帶責任

連帶責任是指依照法律規定或者當事人的約定，兩個或者兩個以上當事人對其共同債務全部承擔或部分承擔，並能因此引起其內部債務關係的一種民事責任。當責任人為多人時，每個人都負有清償全部債務的責任，各責任人之間有連帶關係。

(二) 連帶責任的認定

註冊會計師在審計業務活動中存在下列情形之一，出具不實報告並給利害關係人造成損失的，人民法院應當認定會計師事務所與被審計單位承擔連帶賠償責任。具體情形如下：

第一，與被審計單位惡意串通。

第二，明知被審計單位對重要事項的財務會計處理與國家有關規定相抵觸，而不予指明。

第三，明知被審計單位的財務會計處理會直接損害利害關係人的利益，而予以隱瞞或者出具不實報告。

第四，明知被審計單位的財務會計處理會導致利害關係人產生重大誤解，而不予指明。

第五，明知被審計單位的財務報表的重要事項有不實的內容，而不予指明。

第六，被審計單位示意其出具不實報告，而不予拒絕。

(三) 補充責任

補充責任是指對主責任的補充清償責任。

所謂主責任，是指行為人本人首先承擔的民事責任，這裡的主責任人是被審計單位。當主責任人的財產不足以清償債務時，不足部分由承擔補充責任的人來清償，這裡的補充責任人是會計師事務所。

六、會計師事務所過失責任和過失認定標準

(一) 過失責任

會計師事務所在審計業務活動中因過失出具不實報告，並給利害關係人造成損失的，人民法院應當根據其過失大小確定其賠償責任。

(二) 普通過失和重大過失

普通過失是指註冊會計師在執業過程中沒有保持應有的職業關注，沒有嚴格按照執業準則的要求從事審計工作。

重大過失是指註冊會計師在執業活動中缺乏最起碼的關注，沒有遵守審計準則的最低要求。

七、會計師事務所侵權責任的要素

對會計師事務所民事侵權賠償責任的界定要遵循「四要件」（見圖2-2）。

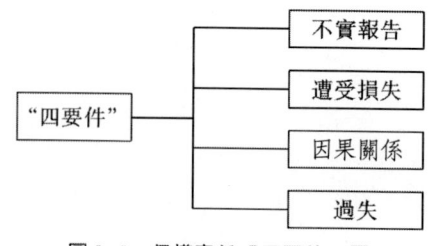

```
                    ┌── 不實報告
                    │
                    ├── 遭受損失
        "四要件" ────┤
                    ├── 因果關係
                    │
                    └── 過失
```

圖2-2　侵權責任「四要件」圖

八、會計師事務所的抗辯事由

如果會計師事務所能夠證明其不滿足侵權責任要件的規定，那麼會計師事務所就可以提出抗辯。

會計師事務所能夠證明存在以下情形之一的，不承擔民事責任：

第一，已經遵守執業準則、規則確定的工作程序並保持必要的職業謹慎，但仍未能發現被審計單位的會計資料錯誤。

第二，審計業務所必須依賴的金融機構等單位提供虛假或者不實的證明文件，會計師事務所在保持必要的職業謹慎下仍未能發現虛假或者不實。

第三，已對被審計單位的舞弊跡象提出警告並在審計報告中予以指明。

第四，已經遵照驗資程序進行審核並出具報告，但被審驗單位在註冊登記之后抽逃資金。

第五，為登記時未出資或者未足額出資的出資人出具不實報告，但出資人在登記后已補足出資。

九、會計師事務所減責事由

利害關係人明知報告不實而仍然使用報告並受到損失的，其損失與不實報告之間可以說是不存在直接因果關係的，人民法院應當酌情減輕會計師事務所的賠償責任。

十、無效免責

會計師事務所出具的審計報告，其用途已為法律法規所規定，會計師事務所無權限定審計報告的用途。會計師事務所在報告中註明「本報告僅供年檢使用」「本報告僅供工商登記使用」等類似內容的，不能作為其免責的事由，屬無效免責。

十一、賠償順位

（一）賠償順位確定的前提條件

如果多個責任主體之間沒有連帶關係，並且存在補充責任，則需要確定這些責任

主體之間的賠償順序。

(二) 會計師事務所與被審計單位之間的責任順位

審計報告使用人由於信賴不實審計報告而從事相關交易導致損失，從因果關係的角度看，被審計單位的違約或詐欺行為是導致報告使用人損失的直接原因，不實審計報告只是間接原因，對於報告使用人的損失，應當由被審計單位承擔第一順位的責任，會計師事務所承擔在后順位的責任。

會計師事務所與被審計單位、瑕疵出資股東之間的責任順位在被審計單位的出資人虛假出資、不實出資或者抽逃出資，事後未補足的前提下確定如下：

第一，依法強制執行被審計單位財產（「第一賠」）。

第二，依法強制執行被審計單位財產后仍不足以賠償損失的，出資人應在虛假出資、不實出資或者抽逃出資數額範圍內向利害關係人承擔補充賠償責任（「第二賠」）。

第三，如果對被審計單位、出資人的財產依法強制執行後仍不足以賠償損失的，由事務所在其不實審計金額範圍內承擔相應的賠償責任（「第三賠」）。

十二、侵權賠償責任範圍

(一) 故意出具不實報告

會計師事務所因故意出具不實報告而承擔連帶責任時，沒有最高賠償額的限定，會計師事務所應當承擔的賠償數額由具體案件中利害關係人的損失數額和其他責任主體賠償能力決定。

(二) 過失出具不實報告

會計師事務所因過失出具不實報告而承擔補充賠償責任時，會計師事務所就其所出具的不實審計報告承擔賠償責任的最高限額為該審計報告中的不實審計金額。

十三、會計師事務所對其分支機構的連帶責任

第一，會計師事務所的分支機構在法律地位上屬於會計師事務所的組成部分，其民事責任由會計師事務所承擔。

第二，會計師事務所與其分支機構作為共同被告的，會計師事務所對其分支機構的責任承擔連帶賠償責任。

【例 2-2】ABC 會計師事務所對 D 有限責任公司（以下簡稱 D 公司）進行了設立驗資。D 公司成立一個月後，E 公司在閱讀了驗資報告後判斷 D 公司財務狀況良好，由此 E 公司借給 D 公司人民幣 500 萬元（假設還款期限為借款後的半年內歸還）。到合同約定還款期限時，D 公司無法歸還 E 公司上述借款，E 公司得知 D 公司當時設立驗資時出資不實，現完全失去償債能力。E 公司以 ABC 會計師事務所出具的驗資報告為不實報告且因註冊會計師的過失使 E 公司遭受了損失為由向人民法院提起訴訟，要求 ABC 會計師事務所的承擔民事賠償責任。

要求：

(1) 如果 E 公司直接對會計師事務所提起訴訟，人民法院如何確定訴訟當事人？

(2) ABC 會計師事務所在訴訟過程中，為了證明自己沒有過錯，該向人民法院提交哪些證據？

(3) 請簡要說明註冊會計師侵權責任的法律構成要件。

(4) 假設在法院受理案件前出資人已補足出資，ABC 會計師事務所是否可以以「出資人在登記後已補足出資」作為免責的抗辯理由？

(5) 註冊會計師事務所是否可以「驗資報告中已明確了驗資報告僅供被審驗單位設立登記及據此向出資人簽發出資證明時使用」作為免責的抗辯理由？

(6) 如果 E 公司勝訴，假設法院認定 E 公司損失金額為 500 萬元，對被審驗單位、出資人的財產依法強制執行賠償總金額為 100 萬元，設立驗資時不實出資金額為 300 萬元，那麼 ABC 會計師事務所應付賠償金額為多少？並請說明理由。

分析：

(1) 人民法院應當告知 E 公司對 ABC 會計師事務所和 D 公司一併提起訴訟，如果 E 公司拒不起訴 D 公司的，人民法院應當通知 D 公司作為共同被告參加訴訟。人民法院可將出資不實的出資人列為第三人參加訴訟。

(2) 可以向人民法院提交與該案件相關的執業準則、規則以及審計工作底稿等。

(3) 註冊會計師侵權責任的法律構成要件有：存在不實報告、註冊會計師的過失、利害關係人遭受了損失、會計師事務所的過失與損害事實之間的因果關係。

(4) 根據司法解釋的相關規定，ABC 會計師事務所可以以「出資人在登記後已補足出資」作為免責的抗辯理由。

(5) 註冊會計師不能以「驗資報告中已明確了驗資報告僅供被審驗單位設立登記及據此向出資人簽發出資證明時使用」作為免責的抗辯理由。

(6) 應付賠償金額為 300 萬元。本例中，對被審驗單位、出資人的財產依法強制執行後仍不足以賠償損失的金額為 400 萬元，會計師事務所出具驗資報告的不實金額為 300 萬元，以 300 萬元作為 ABC 會計師事務所應承擔的賠償金額。

【拓展閱讀】

銀廣廈全稱為「廣廈實業股份有限公司」，1994 年 6 月 17 日，廣廈（銀川）實業股份公司以「銀廣廈 A」的名字在深圳證券交易所上市。開始時該公司的主要業務為軟磁盤生產，然後便進入了全面多元化投資的階段。但銀廣廈業績的奇跡性轉折是從 1998 年開始的，這主要是天津廣廈的「功勞」。天津廣廈是銀廣廈集團於 1994 年在天津成立的控股子公司，原名為天津保潔製品有限公司。該公司在 1996 年從德國進口了一套由德國五德公司生產二氧化碳超臨界萃取設備，從此以後 3 年間，銀廣廈連創超常業績。在 1998 年，天津廣廈接受的第一張銷售訂單（來自德國誠信貿易公司購買萃取產品）創造了 7,000 多萬元的收入。銀廣廈對外公布的 1999 年利潤總額為 1.58 億元，其中天津廣廈占 76%，每股盈利為 0.51 元。2000 年，銀廣廈在股本擴大 1 倍的情況下，每股收益增長超過 60%，每股盈利 0.827 元，盈利能力之強，令人瞠目結舌，

更令人懷疑。2001年「銀廣廈事件」首先被媒體揭露，之後中國證監會展開一系列的立案調查。經過監管機構艱苦的內查外調，終於查明：銀廣廈通過偽造購銷合同、偽造出口報關單、虛開增值稅專用發票、偽造免稅文件和偽造金融票據等手段，虛構主營業務收入，虛增利潤高達 7.7 億元。面對這樣一家超級造假公司，為其審計的深圳中天勤會計師事務所是如何審計辦案的呢？中天勤會計師事務所規模很大，執業註冊會計師近 100 人，經批准獲得證券業務資格的註冊會計師 40 名，承擔國內 60 多家上市公司的審計業務。據稱，中天勤會計師事務所曾創下 2000 年度國內業務量全國第一的好業績。對銀廣廈年度報表進行審計的註冊會計師劉加榮、徐林文，在年度利潤和每股收益過度增長的不合理的情況下，缺少應有的職業謹慎，審計態度隨意。其對一些自己沒有把握的，又對報表有重大影響的事項，沒有向專家請教和聘請專家協助工作，直接發表無保留意見審計報告。

真相大白之後，銀廣廈集團進入「PT」（特別轉讓）公司的行列。中天勤會計師事務所信譽全失，已經解體。簽字註冊會計師劉加榮、徐林文被吊銷註冊會計師資格；會計師事務所的執業資格亦被吊銷，其證券、期貨相關業務許可證被吊銷；證監會依法將李有強等 7 人移送公安機關追究刑事責任。

從「銀廣廈事件」可以看出，註冊會計師審計中存在以下幾點缺陷：

第一，迷信客戶。按理說，在審計執業過程中註冊會計師應時刻保持合理的職業懷疑態度，不盲目相信客戶。但是在「銀廣廈事件」中，註冊會計師根本沒有做到這一點。這正如其負責人在事後坦言，由於銀廣廈在證券市場上業績一直非常好，在寧夏種草治沙也產生了良好社會效益，並且承擔著國家科技部重點科技攻關項目 800 多項，加之又是合作多年的老夥伴，放鬆戒備是「情理之中」。

第二，會計師事務所質量控制混亂。可以說，質量控制的好壞直接關係著會計師事務所的存亡。在對銀廣廈的審計中可以看出，會計師事務所根本未履行審計工作底稿的三級復核制度，審閱與簽發均由劉加榮一人包辦，審核工作實際上流於形式，會計師事務所的質量控制存在嚴重問題。

第三，對客戶瞭解不夠。瞭解客戶的基本情況是註冊會計師的一項基本工作。儘管銀廣廈是中天勤會計師事務所的老客戶，但是根據披露出來的資料看，註冊會計師對天津廣廈採用的「二氧化碳超臨界萃取」技術及其應用情況瞭解不夠。另外，其對於客戶所處行業的整體發展情況也沒有進行有效的調查，否則也不可能在萃取產品行業整體銷售不理想的情況下，相信銀廣廈的巨額出口銷售。

第四，自身素質不過硬，難以做到勝任。合格的註冊會計師必須是勝任的註冊會計師，精通專業知識是對其的基本要求。相關註冊會計師在「銀廣廈事件」中所表現出來的專業知識，實在不能令人滿意。其一，對於客戶報表明顯存在的違背重要性原則的事情漠然不見；其二，對於報表及其附註之間的相互矛盾居然沒有察覺；其三，對於報表中顯而易見的稅務處理紕漏竟然無懷疑。另外，勝任能力還包括對於其他方面知識的掌握，相關註冊會計師連客戶提供的虛假海關報關單都識別不出來，何談勝任。

第五，除了知識掌握方面的欠缺以外，在具體審計執業中仍然存在問題。面對異

常的毛利率水平，註冊會計師是否利用了分析性程序，以探究其虛假披露？面對巨額的應收帳款，註冊會計師是否進行了必要的函證？面對存貨，註冊會計師是否已實施監盤？如果註冊會計師嚴格按照相關要求，實施必要的審計程序是完全可以發現存在的詐欺事項的。註冊會計師對銀廣廈的審計失敗完全是重大過失所致，這起事件的發生為我國審計界敲響了警鐘。

【思考與練習】

一、單項選擇題

1. 在以下各種情形中，（　　）可能不屬於註冊會計師為保持鑒證業務的獨立性而必須迴避的事項。
   A. 在客戶中有非直接經濟利益
   B. 向客戶的主要股東借入大額款項
   C. 從客戶收取的非審計費用，其收入的比例較大
   D. 按審定金額的百分比收取審計費用

2. 下列情形中，（　　）對註冊會計師執行審計業務的獨立性影響最大。
   A. 註冊會計師的母親退休前擔任被審計單位工會的文藝干事
   B. 註冊會計師的配偶現在是被審計單位開戶銀行的業務骨幹
   C. 註冊會計師的子女按就近原則在被審計單位的子弟小學讀書
   D. 註冊會計師的妹妹大學畢業后在被審計單位擔任現金出納

3. 下列各項中，屬於「對同行的責任」職業道德的要求是（　　）。
   A. 不以向他人支付佣金等不正當方法招攬業務
   B. 不允許他人借用本人、本所的名義承接業務
   C. 註冊會計師不以個人名義同時在兩家或兩家以上的會計師事務所執業
   D. 不承接不能按時完成的業務

4. 我國註冊會計師職業道德規範要求會計師事務所和註冊會計師應當考慮關聯關係對獨立性的損害。按照這一規定，鑒證客戶的董事、經理、其他關鍵管理人員或能對鑒證業務產生直接重大影響的員工可以（　　）。
   A. 於審計業務完成后在會計師事務所工作
   B. 是與鑒證小組成員關係密切的家庭成員
   C. 向註冊會計師提供超過社會禮儀的款待
   D. 是會計師事務所的前任高級管理人員

5. 出現以下（　　）情況時，鑒證業務的獨立性將會受到「自我評價威脅」。
   A. 鑒證人員現在是或最近曾經是鑒證客戶的董事或經理
   B. 鑒證人員的直系親屬或近緣親屬是鑒證客戶的員工
   C. 在訴訟中作為鑒證客戶的辯護人
   D. 從鑒證客戶處接受禮品或招待

6. 王明是A會計師事務所的註冊會計師，現正接受指派擔任公開發行股票的J公司的201×年度財務報表審計項目的負責人。在審計期間，王明要求其妻動用大額銀行存款購買了該公司的股票。在臨近外勤審計工作結束時，A會計師事務所的負責人知悉了王明之妻大量購買J公司股票的情況，意識到該情況嚴重違背了審計的獨立性要求。因此，A會計師事務所立即作出了如下決定，以消除對獨立性造成的損害。在這些措施中，你認為最恰當、最關鍵的是（　　）。

　　A. 解除業務約定，介紹其他會計師事務所執行該審計業務
　　B. 派其他註冊會計師對J公司的財務報表重新進行審計
　　C. 將王明調離審計小組，另派其他註冊會計師接替其工作
　　D. 業務經理親自對王明登記的審計工作底稿進行嚴格復核，並監督王明的剩餘工作

7. 職業道德不僅要求會計師事務所採取措施從整體上維護獨立性，而且在承辦具體鑒證業務時，也應採取具體措施維護獨立性。當採取的措施不足以消除損害獨立性的因素的影響或不足以將影響降低至可接受水平時，會計師事務所應當（　　）。

　　A. 拒絕承接業務或解除業務約定
　　B. 安排鑒證小組以外的註冊會計師復核
　　C. 輪換項目負責人及簽字註冊會計師
　　D. 將獨立性受到損害的鑒證人員調離

8. 職業道德準則是註冊會計師執業規範體系中的重要組成部分。在以下有關職業道德的表述中，你不認可的是（　　）。

　　A. 會計師事務所不得承接客戶的審計業務，除非當年未接受其評估業務
　　B. 註冊會計師可以在鑒證客戶兼職，只要兼職的業務與審計業務或其他鑒證業務無關
　　C. 會計師事務所不得以或有收費方式提供鑒證業務，除非法院或有關公共機構允許
　　D. 註冊會計師可以開展其子女所在企業的鑒證業務，除非其子女為客戶的關鍵管理人物

9. 下列情況中，影響會計師事務所的獨立性且導致會計師事務所不能承接業務是（　　）。

　　A. 會計師事務所的辦公用房系向某委託單位租用的
　　B. 會計師事務所為某委託單位代理記帳，同時承攬其財務報表審計業務
　　C. 註冊會計師的姐姐是委託單位的財務總監
　　D. 註冊會計師的父親擁有委託單位1,000股股票

10. 下列有關對業務助理人員和其他專業人員責任的說法中，你認可的是（　　）。

　　A. 註冊會計師從事的大部分業務都離不開業務助理人員，助理人員應對自己的工作結果負責
　　B. 如果在某些特殊的業務中必須聘用其他專業人員，則註冊會計師必須對這

些專業人員的工作結果負責

C. 註冊會計師應對助理人員和其他專業人員進行必要的指導、監督、復核，但不必對他們的工作結果負責

D. 註冊會計師應當對所聘用的業務助理人員的工作結果負責

11. 註冊會計師提供的審計業務屬於有償服務的性質，但其所收審計費用的多少不能以（　　）為依據。

　　A. 服務的性質　　　　　　　　B. 工作量的大小
　　C. 特定結果的實現　　　　　　D. 參加人員層次的高低

12. 某會計師事務所在與客戶簽訂的審計業務約定書中規定，如審計后出具無保留意見審計報告，收費為5萬元；如出具保留意見審計報告，收費為4萬元；出具否定意見審計報告者，收費為3萬元；出具拒絕表示意見審計報告，則免費。對此，你不認可的觀點是（　　）。

　　A. 這種做法屬於或有收費，是職業道德所明確禁止的
　　B. 這種做法將極大地影響註冊會計師的獨立性
　　C. 這屬於按照特定目標的實現決定收費的高低，違反了職業道德
　　D. 這將誘導註冊會計師詐欺，影響註冊會計師的客觀性

13. 下列各項中，屬於註冊會計師違反職業道德規範行為的是（　　）。

　　A. 按照業務約定和專業準則的要求完成委託業務
　　B. 對執行業務過程中知悉的商業秘密保密，不利用其為自己或他人牟取利益
　　C. 除非法規允許，會計師事務所不以或有收費形式為客戶提供各種鑒證服務
　　D. 對其能力進行如實的廣告宣傳，但在宣傳中注意絲毫不得詆毀同行

14. 按照《中國註冊會計師的職業道德規範指導意見》的要求，以下有關說法中，不正確的是（　　）。

　　A. 註冊會計師應當竭誠為客戶服務，只要不損害社會公眾的利益
　　B. 會計師事務所可以降低審計收費，只要仍能保證審計質量、保持執業謹慎，並遵循專業準則和質量控制程序
　　C. 註冊會計師任何時候都應當保守客戶的商業機密
　　D. 會計師事務所在可以為客戶代編報表的當年接受審計委託，只要承擔審計業務的註冊會計師沒有代編財務報表即可

二、多項選擇題

1. 我國註冊會計師職業道德的一般原則對（　　）方面提出了明確的規定。

　　A. 獨立性　　　　　　　　　　B. 技術準則
　　C. 專業勝任能力　　　　　　　D. 職業行為

2. 甲會計師事務所承接了某鑒證客戶的財務報表審計業務。假定存在以下各種情況，請指出影響鑒證業務獨立性的情況是（　　）。

　　A. 鑒證小組成員張三的妻子多年來一直擔任鑒證客戶的質量檢驗員
　　B. 鑒證客戶的財務經理3年前是甲會計師事務所的簽字註冊會計師

C. 鑒證小組組長小王的父親從事小商品零售業務，常從鑒證客戶進貨
D. 鑒證客戶贈送兩輛高級轎車供甲會計師事務所所長使用

3. 當識別出損害獨立性的因素時，會計師事務所和註冊會計師應採取措施消除這種影響或將其降低至可接受水平。當不足以消除損害獨立性因素的影響，或不足以將該影響降低至可接受水平時，會計師事務所應當拒絕承接業務或解除業務約定。請分析以下情況，指出會計師事務所只有解除業務約定才能保持獨立性的情形是（　　）。

A. 會計師事務所的前高級管理人員是鑒證客戶的能夠對鑒證業務產生直接重大影響的員工
B. 會計師事務所的項目經理與鑒證客戶長期交往
C. 與鑒證小組成員關係密切的家庭成員是鑒證客戶的能夠對鑒證業務產生直接重大影響的員工
D. 會計師事務所的高級管理人員與鑒證客戶長期交往

4. V會計師事務所的註冊會計師李江曾經擔任Y公司的秘書。在確定Y公司2016年度財務報表的審計小組成員時，V會計師事務所的業務主管需要根據李江任職的具體情況決定是否能派李江參加審計小組。以下情形中，影響李江審計獨立性的是（　　）。

A. 李江曾於2013年擔任Y公司的L總經理的秘書，該總經理現任Y公司的副董事長
B. 李江曾於2015年擔任Y公司的M董事長的秘書，該董事長已於2016年定居國外
C. 李江曾於2016年上半年擔任Y公司N主管財務的副總經理的秘書，該副總經理已於2016年8月離職
D. 李江曾於2014年擔任Y公司主管生產的P副總經理的秘書，該副總經理已於2015年辦理了離休手續

5. 王莉是某會計師事務所的註冊會計師，其叔叔是B公司的財務人員，專門登記應收帳款明細帳。該會計師事務所承接了B公司201×年度財務報表審計業務後，由於會計師事務所人員嚴重短缺，決定派王莉加入B公司審計小組，並要求項目經理對王莉的工作做適當安排，以維護審計的獨立性。項目經理對王莉安排了如下的工作，其中你認為不影響獨立性的工作是（　　）。

A. 審查累計折舊的計提項目
B. 函證銀行存款，編製銀行存款餘額調節表
C. 審查當年發生的壞帳損失
D. 審查實收資本、盈餘公積、資本公積項目

6. 會計師事務所應當從整體上採取措施維護其獨立性，但當維護措施不足以消除損害獨立性因素的影響或將其降至可接受水平時，會計師事務所應當（　　）。

A. 拒絕承接業務　　　　　　B. 解除業務約定
C. 出具保留意見審計報告　　D. 出具無法表示意見審計報告

7. 註冊會計師職業道德準則對註冊會計師的專業勝任能力制定了專門的規定，要

求註冊會計師（　　）。

  A. 應當具有專業知識、技能或經驗
  B. 能經濟有效地完成客戶委託的業務
  C. 對所聘專家的專業工作進行監督
  D. 指導所聘專家遵循職業道德要求

 8. 下列各項中，屬於註冊會計師職業道德準則中有關專業勝任能力與技術規範要求的是（　　）。

  A. 註冊會計師執行業務時，應當妥善計劃，並對業務助理人員的工作進行指導、監督和復核
  B. 註冊會計師對有關業務形成結論或提出意見時，應當以充分、適當的證據為依據，不得以其職業身分對未審計或其他未鑒證事項發表意見
  C. 註冊會計師對審計過程中發現的違反會計準則及國家其他相關技術規範的事項應當按照審計準則的要求進行適當處理
  D. 註冊會計師應當保持和提高專業勝任能力，遵守獨立審計準則等職業規範，合理運用會計準則及國家相關技術規範

 9. 在有關保守客戶信息秘密的下列說法中，你認為正確的是（　　）。

  A. 註冊會計師與客戶的溝通是以保守客戶信息機密為前提的
  B. 在審計業務約定書中應書面承諾保密的義務
  C. 如果客戶存在違法行為，則面臨著強制註冊會計師披露客戶信息的要求
  D. 保密的要求不因為業務的終結而終止

 10. 下列各項中，符合註冊會計師職業道德規範的有（　　）。

  A. 會計師事務所通過新聞媒體發布招聘信息，但未對其能力做宣傳
  B. 註冊會計師在其名片上印有姓名、專業資格、職務及社會職務
  C. 會計師事務所的員工擔任被審計單位的獨立董事
  D. 會計師事務所沒有雇用正在其他會計師事務所執業的註冊會計師

 11. 在確定審計收費時，會計師事務所應當考慮以下（　　）因素，以客觀反應為客戶提供專業服務的價值。

  A. 專業服務所需的知識和技能
  B. 所需專業人員的水平和經驗
  C. 每一專業人員提供服務所需的時間
  D. 提供專業服務所需承擔的責任

 12. 按照註冊會計師職業道德規範的要求，會計師事務所（　　）。

  A. 不得在為上市公司提供審計服務的同時代編財務報表
  B. 在為客戶提供了管理諮詢服務後，還可接受審計委託
  C. 不得允許其職員兼任鑒證客戶的董事、經理及其他關鍵管理職務
  D. 對同一家上市公司提供的資產評估和審計業務必須由不同的人員來執行

 13. 接受委託前，后任註冊會計師與前任註冊會計師之間的溝通，主要包括（　　）內容。

A. 查閱前任編製的審計工作底稿
B. 是否發現被審計單位管理層存在誠信方面的問題
C. 前任註冊會計師與客戶管理層在重大會計、審計問題上存在的意見分歧
D. 前任註冊會計師認為導致被審計單位變更會計師事務所的原因

14. 我國不允許會計師事務所和註冊會計師為其能力進行廣告宣傳以招攬業務，主要原因包括（　　）。
A. 刊登廣告有損註冊會計師及會計師事務所的形象
B. 註冊會計師的服務質量及能力無法由廣告內容加以評估
C. 廣告有可能損害註冊會計師的專業服務精神
D. 廣告可能導致同行之間的不正當競爭

三、簡答題

1. ABC 會計師事務所接受 XYZ 公司的委託，對 XYZ 公司 2016 年度財務報表進行審計。ABC 會計師事務所準備委派註冊會計師 A 和 B 執行審計。若存在下列情況，判斷 ABC 會計師事務所或註冊會計師 A 和 B 的獨立性是否可能會受到影響，逐一分析說明情況。

(1) ABC 會計師事務所收費主要來源於 XYZ 公司。
(2) 註冊會計師 A 的妻子是 XYZ 公司的一名普通銷售員。
(3) ABC 會計師事務所租賃 XYZ 公司的辦公樓作為辦公場所。
(4) XYZ 公司的董事是 ABC 會計師事務所的前高級管理人員。
(5) 註冊會計師 B 的哥哥擁有 XYZ 公司少量股票。
(6) ABC 會計師事務所在某項重大會計問題上與 XYZ 公司存在意見分歧，XYZ 公司就是由於該問題與前任會計師事務所意見無法達成一致而變更委託的。
(7) ABC 會計師事務所的合夥人 A 註冊會計師目前擔任 XYZ 公司的獨立董事。
(8) 註冊會計師 B 的女兒自 2014 年度起一直擔任 XYZ 公司的統計員。
(9) 註冊會計師 A 的外甥擁有 XYZ 公司大量股票。

2. 2016 年 2 月 12 日，ABC 會計師事務所接受 W 公司的委託，對 W 公司 2015 年度財務報表進行審計。ABC 會計師事務所委派 A、B 註冊會計師及助理人員進行外勤審計工作，A、B 註冊會計師是 ABC 會計師事務所的發起人，分別任審計部正、副經理。W 公司屬於信息技術類民營企業，其最主要的出資者為 X，佔有 51% 的股權，擔任董事長。B 註冊會計師與 X 共同出資設立 BX 公司，B 註冊會計師擁有 30% 份額。

要求：
(1) 請根據《中國註冊會計師職業道德規範指導意見》的要求，判別 ABC 會計師事務所接受 W 公司的委託是否恰當，並說明理由。如果要接受委託，ABC 會計師事務所應採取何種措施？
(2) 如果 ABC 會計師事務所接受委託，是否可以委派 B 註冊會計師進行審計？

3. X 銀行擬公開發行股票，委託 ABC 會計師事務所審計其 2015 年度、2016 年度和 2017 年度的會計報表。雙方於 2017 年年底簽訂審計業務約定書。假定 ABC 會計師事

務所及其審計小組成員與 X 銀行存在以下情況：

（1）ABC 會計師事務所與 X 銀行簽訂的審計業務約定書約定：審計費用為 1,500,000元，X 銀行在 ABC 會計師事務所提交審計報告時支付50%的審計費用，剩餘50%的審計費用視股票能否上市來決定是否支付。

（2）2016 年 7 月，ABC 會計師事務所按照正常借款條件和程序，向 X 銀行以抵押貸款方式借款 10,000,000 元，用於購置辦公用房。

（3）ABC 會計師事務所的合夥人 A 註冊會計師目前擔任 X 銀行的獨立董事。

（4）審計小組成員 C 註冊會計師自 2016 年以來一直協助 X 銀行編製會計報表。

（5）審計小組成員 D 註冊會計師的妻子自 2014 年以來一直擔任 X 銀行的統計員。

請分別針對上述 5 種情況，判斷 ABC 會計師事務所或相關註冊會計師的獨立性是否會受到損害，並簡要說明理由。

第三章　審計程序

【引導案例】

　　某省審計廳在 2015 年度組織市、縣審計局對省屬某行業國有企業 2015 年的資產、負債和損益進行審計。B 市審計局決定由經貿處處長李某和小王、小張組成審計組，李某任組長。由於時間緊，在 B 市審計局電話通知被審計單位的第二天，審計組便進點，來到了被審計單位的財務部，組長分工並立即從報表入手進行實質性測試。半個月後，審計組長抽查了幾份工作底稿，匯總審查出的主要問題向審計機關提出審計報告。

　　該案例中的審計程序中的不妥之處如下：

　　第一，未能提前 3 天通知，如遇突發情況，可以經本級人民政府批准直接審計。該局沒有出具審計通知書，也沒有按照規定經本級人民政府批准而直接到被審計單位審計。

　　第二，沒有對內部控制進行調查瞭解，直接進行實質性測試。

　　第三，審計工作底稿沒有進行復核（三級復核制度）。

　　第四，沒有徵求被審計單位意見。

第一節　審計程序的定義與作用

一、審計程序的定義

　　審計程序是指審計機構和審計人員對審計項目從開始到結束的整個過程採取的系統性工作步驟。不同類型的審計，審計程序也略有不同。一般而言，審計程序包括三個階段，即準備階段、實施階段、終結階段。某些審計還需要考慮復審、后續審計、審計聽證等程序。

二、審計程序的作用

　　審計程序對審計人員而言，就好像地圖對旅行者一樣，沒有審計程序，審計人員可能出現查核方向錯誤或沒有使用最快最好的查核方法，以致浪費時間和成本。簡單而言，審計程序的作用就是可以提高審計工作效率和能夠保證審計工作效率。

第二節　審計準備階段

一、審計準備階段概述

審計準備階段也稱審計計劃階段，是指從確定審計任務開始，到具體實施審計工作之前的整個準備過程。對於任何一項審計工作，為了如期實現審計目標，審計人員都必須在具體執行審計程序之前，制訂科學、合理的計劃，有的放矢地去審查、取證，形成正確審計結論。不同的審計項目，計劃階段的準備內容不盡相同。

二、審計準備階段的內容

審計準備階段的內容主要包括：第一，接受審計業務，確定審計重點。第二，編製審計計劃。

三、審計通知書

審計通知書是指內部審計機構在實施審計前，通知被審計單位或個人接受審計的書面文件。內部審計機構應在實施審計前向被審計單位送達審計通知書。特殊審計業務可在實施審計時送達審計通知書。

審計通知書應包括以下基本內容：
第一，被審計單位及審計項目名稱。
第二，審計目的及審計範圍。
第三，審計時間。
第四，被審計單位應提供的具體資料和其他必要的協助。
第五，審計小組名單。
第六，內部審計機構及其負責人的簽章和簽發日期。
審計通知書具體格式如圖3-1所示。

四、審計業務約定書

審計業務約定書是指民間審計組織與委託人共同簽署的，以確認審計業務的委託與受託關係，明確委託目的、審計範圍以及雙方應負責任事項的書面文件。審計業務的約定書具有經濟合同性質，簽訂后具有法律效力。

審計業務約定書的主要內容如下：
第一，簽約雙方名稱。
第二，審計目的。
第三，審計範圍。
第四，雙方的責任與義務。
第五，出具審計報告的時間要求。

第六，審計收費。

第七，審計報告的使用責任。

第八，審計業務約定書的有效期間。

第九，違約責任。

第十，簽約時間。

第十一，其他有關事項。

```
                ×××（審計機關全稱）
              審  計  通  知  書
                ××審××通〔20××〕××號
─────────────────────────────────
×××（審計機關名稱）對×××（項目名稱）進行審計（專項審計調查）的通知

×××（主送單位全稱或者規範簡稱）：
    根據《中華人民共和國審計法》第×××條的規定，我署（廳、局、辦）決定派
出審計組，自201×年×月×日起，對你單位×××進行審計（專項審計調查），必要時
將追溯到相關年度或者延伸審計（調查）有關單位。請予以配合，並提供有關資料
（包括電子數據資料）和必要的工作條件。
    審計組組長：×××
    審計組副組長：×××
    審計組成員：×××（主審）   ×××   ×××   ×××
    附件：×××
                                              （審計機關印章）
                                                201×年×月×日
```

圖 3-1　審計通知書參考模板

五、編製審計計劃

(一) 審計計劃的概念與作用

1. 審計計劃的概念

審計計劃是指註冊會計師為了完成各項審計業務，達到預期的審計目標，在具體執行審計程序之前編製的工作規劃。

2. 審計計劃的作用

(1) 收集充分適當的審計證據。

(2) 保持合理的審計成本，提高審計工作效率和質量。

(3) 有利於協調審計人員之間的工作。

(二) 審計計劃的分類

1. 總體審計計劃

總體審計計劃是對審計的預期範圍和實施方式所做的規劃，是註冊會計師從接受審計委託到出具審計報告整個過程基本工作內容的綜合計劃。

2. 具體審計計劃

具體審計計劃是依據總體審計計劃制訂的，對實施總體審計計劃所規定的各項審計程序的性質、時間、範圍所做的詳細規劃與說明。

(三) 審計計劃的內容

審計計劃的內容主要包括：被審計單位概況、審計目的和審計範圍、重要性水平的確定和審計風險的評估、重要審計領域和重要會計問題、審計工作日程和時間及費用預算、審計人員的指派、審計程序、執行人及執行時間、審計工作底稿及索引號、其他有關內容。

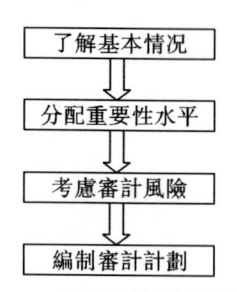

(四) 審計計劃的編製步驟

審計計劃的編製步驟如圖 3-2 所示：

```
了解基本情況
    ↓
分配重要性水平
    ↓
考慮審計風險
    ↓
編制審計計劃
```

圖 3-2　審計計劃的編製步驟

1. 瞭解基本情況

審計人員採取觀察、詢問、審閱和分析性復核等方法，瞭解被審計單位的基本情況。基本情況包括：業務類型、行業狀況、經營特點、內部控制、影響其行業的政府法規、關聯公司及交易存在情況、提交的審計報告的性質。

2. 分配重要性水平

(1) 重要性的定義。《中國註冊會計師審計準則第 1221 號——重要性》指出：重要性取決於在具體環境下對錯報金額和性質的判斷。如果一項錯報單獨或連同其他錯報可能影響財務報表使用者依據財務報表作出的經濟決策，則該項錯報是重大的。

從這個定義中可以看出重要性的實質就是一個臨界點，即報表中錯報影響到報表使用者的判斷、決策的金額。在此金額以上的錯報、漏報為重要的，否則是不重要的。

重要性水平是相對的，不同的企業規模、不同種類的會計報表、不同的經濟業務，其重要性的界定不同。

為了更好地理解重要性，需關注以下幾點：

第一，既要從報表使用者的角度衡量，也要從審計人員的角度衡量重要性。

第二，既要從錯報的數額來衡量，也要從錯報的性質來衡量重要性。

第三，既要從單個錯報的數額來衡量，也要從總額的角度來衡量重要性。

第四，既要從財務報表層次來衡量，又要從各類交易、帳戶餘額、列報認定層次來衡量重要性。

第五，重要性是在特定的環境下來衡量的。

例如，資產為 100 萬元和 10 萬元的兩個企業。如果它們的存貨價值在資產負債表上漏記 1 萬元，那麼對 100 萬元資產的企業來講，存貨 1 萬元的錯誤不是重大錯誤，不會導致報表使用者改變其決策；相反，對 10 萬元資產的企業來講，存貨 1 萬元的錯誤就是重大錯誤，將導致報表使用者改變其決策。

在編製審計計劃時，要對重要性作出初步判斷，即認為會計報表中可以出現而又不致影響報表使用者作出決策的最大錯報數額，來確定註冊會計師在運用審計程序時允許會計報表的錯報或漏報所允許的錯報範圍，確定審計程序的性質、範圍和時間。

（2）財務報表層次重要性的確定。

①確定財務報表層次重要性水平的方法。通常，會計報表層次的重要性水平的確定方法有固定比率法和變動比率法兩種。

固定比率法是在選定判斷基礎后，乘上重要性固定百分比，求出會計報表層次的重要性水平。目前，在實務中可以選用的固定比率（經驗數值）有：稅前利潤的 5%～10%（稅前利潤較小時用 10%，稅前利潤較大時用 5%）；資產總額的 0.5%～1%；淨資產的 1%～2%；營業收入的 0.5%～1%。

變動比率法的基本原理是規模越大的企業，允許錯報的金額比率就越小，一般是根據資產總額或營業收入總額來確定企業規模，以兩者中較大一項確定一個變動百分比。

②財務報表層次重要性的選取。如果同一被審計期間各財務報表的重要性水平不同，審計人員應當選取其中最低金額作為財務報表層次的重要性水平。

③性質上的考慮。在確定重要性水平時，審計人員還應當考慮錯報的性質，即錯報的原因判斷重要性。一些錯報從數量上考慮並不重要，但從其性質方面考慮，卻可能是重要的。

（3）交易、帳戶餘額等認定層次重要性的確定。在實務中有以下兩種確定方法可以選擇：

第一，將會計報表層次的重要性水平分配至各帳戶或各類交易。

第二，單獨確定各帳戶或各類交易的重要性水平。

在採用分配報表層次重要性水平到帳戶或交易層的方法時，分配絕不是簡單地在各項目中的平均分配，而是在保證審計效果的基礎上，以盡可能降低審計成本的原則為指導，綜合考慮相關因素，對報表層次的重要性分配進行的合理判斷。需考慮的因素包括：項目的性質、發生差錯的可能性、審計難易程度等。

審計人員在進行分配時採取了以下分配原則：

第一，避免將重要性水平全部分配至某一項目中。因為不可能要求其他項目不產生任何誤差。

第二，貨幣資金項目能夠進行詳細的逐筆審計，以較低成本進行審計，因此不允許產生誤差或分配很少的可容忍錯報。

第三，應收帳款、存貨往往發生舞弊的可能性較大，審計時應重點關注，其可容忍錯報較低。

第四，其他流動資產一般應用分析程序，即可檢驗其總體合理性，審計成本較低，僅用分析程序時應允許有較大的可容忍錯報。

第五，固定資產一般情況下不會出現較大的變動，應允許有較大的可容忍錯報。

(4) 運用重要性評價錯報的影響。在完成階段，審計人員需估計審計的各個帳戶的錯報，將各個帳戶的錯報加以匯總，從而將匯總錯報額與報表層次的重要性水平加以比較，以確定發表審計意見的類型。

①重新審視報表層次的重要性水平。在審計過程中如果發現以下兩種情況，審計人員需修改重要性水平的判斷數：一是審計人員據以確定報表層次重要性的某一因素發生了變化；二是審計人員認為確定的報表層次重要性水平過大或過小。

在評價審計結果時，審計人員就需要審視在審計過程中出現以上兩種情況后，是否及時進行修正，而且修正后的重要性水平是否與被審計單位的實際情況相符，確保正確地評價審計結果。

②確定尚未更正錯報的匯總數。尚未更正錯報的匯總數包括：一是審計人員已識別的具體錯報，即在以前期間審計中已識別但尚未更正錯報的淨影響額；二是審計人員對不能明確識別的其他錯報的最佳估計數，即推斷誤差。

對各項目進行審計，往往不需採用詳細的審查方法，可以運用抽樣方法在各項目的總體中抽取樣本，通過對樣本運用適當的審計程序，找出其中的錯報。然后，根據樣本中的錯報、漏報推斷此項目的錯報總數。最后，將報表中各項目的錯報總數予以合計，確定會計報表匯總的尚未更正的錯報金額。

③評價錯報的影響。審計人員應將核定的重要性水平與匯總的尚未更正的錯誤進行比較，以評價對財務報表的影響。這可以從以下幾方面考慮：

第一，如果所有報表項目都初步認定為公允，或在被審計單位進行了調整后，經審計人員重新抽查，認為都是公允的。在這種情況下，如果匯總錯誤大大低於核定后報表層次重要性水平且錯誤的性質並不重要，則審計人員可以認定會計報表總體是公允的，發表無保留意見。

第二，如果超過核定后重要性水平或錯誤屬性質重要，審計人員應考慮擴大審計程序的範圍或要求被審計單位管理層調整財務報表，以降低審計風險。如果管理層拒絕調整財務報表，並且擴大審計程序範圍的結果不能使審計人員認為尚未更正錯報的匯總數不重大，審計人員應當考慮出具非無保留意見的審計報告。

第三，如果尚未更正錯報匯總數接近重要性水平，審計人員應考慮尚未檢查出的錯報連同累計尚未更正錯報額是否可能超過重要性水平，並考慮通過實施追加的審計程序，或要求管理層調整財務報表以降低審計風險。

3. 考慮審計風險

(1) 審計風險的定義。審計風險是指財務報表存在重大錯報而審計人員發表不恰

當審計意見的可能性。可接受的審計風險的確定，需要考慮審計機構對審計風險的態度、審計失敗對審計機構可能造成損失的大小等因素。其中，審計失敗對審計機構可能造成的損失大小又受所審計財務報表的用途、使用者的範圍等因素的影響。但必須注意，審計業務是一種保證程度高的鑒證業務，可接受的審計風險應當足夠低，以使審計人員能夠合理保證所審計財務報表不含有重大錯報。這包括兩種情形：一種是被審計單位的會計報表公允反應而審計人員發表的意見卻認為其未公允反應；另一種是被審計單位的會計報表未公允反應而審計人員認為已公允反應。

（2）審計風險的特徵。

第一，審計風險具有客觀性。現代審計的一個重要特徵是廣泛採用抽樣審計方法。採用抽樣審計方法，就不可能查清被審計對象總體中的所有重大錯弊，就必然存在一定程度的審計風險。即使採用詳細審計，也會由於經濟活動中存在不確定因素、被審計單位內控制度具有局限性、被審計單位管理人員不一定都誠實勝任以及審計人員經驗、能力的有限性和工作中可能出現的疏忽，使審計意見發生偏差，致使審計風險難以消除。另外，受成本效益關係的制約，要進行有效的審計，也不能將審計風險控制在零的水平上。

第二，審計風險具有利害雙重性。審計風險總是與審計效率相聯繫的。為了有效地進行審計，審計人員必須接受一定水平的風險。審計人員要想獲得較高的審計效益，就必須冒較高的審計風險。但是冒較高的審計風險，並不一定會得到較高的審計效益。因為審計風險同時也是有害的，是一種潛在的損失。當審計人員承擔的風險超過一定限度時，就可能顯化為現實的審計損失，形成審計失敗。審計風險的大小通常是以可能引起的審計損失的大小來衡量的。

第三，審計風險具有可控制性。審計風險雖然是客觀的、不能消除的，但是其水平的高低是可以控制的。審計人員可以採用適當的審計程、擴大抽樣規模、提高職業謹慎水平等來控制審計風險。

（3）審計風險的構成要素及其關係。《中國註冊會計師審計準則第1101號——財務報表審計的目標和一般原則》指出：審計風險取決於重大錯報風險和檢查風險。由此可知，審計風險是由重大錯報風險和檢查風險這兩個要素構成的，它們之間的關係可以通過以下的審計風險模型描述出來：

審計風險＝重大錯報風險×檢查風險

①重大錯報風險（Risk of Material Misstatement）。重大錯報風險是指財務報表在審計前存在重大錯報的可能性。重大錯報風險包括兩個層次，即認定層次（Assertion Level）和財務報表整體層次（Overall Financial Statement Level）。

認定層次的重大錯報風險指交易類別、帳戶餘額、披露和其他相關具體認定層次的風險，主要是由於經濟交易的事項本身的性質和複雜程度引起的錯報以及企業管理當局由於本身的認識和技術水平造成的錯報等。

財務報表整體層次的重大錯報風險指戰略經營風險。戰略經營風險是審計風險的一個高層次構成要素，是財務報表整體不能反應企業經營實際情況的風險。這種風險來源於企業客觀的經營風險或企業高層的共同舞弊、虛構交易。

②檢查風險。檢查風險是指某一認定存在錯報，該錯報單獨或連同其他錯報是重大的，但審計人員未能發現這種錯報的可能性。檢查風險取決於審計程序設計和執行的有效性。審計人員設計和執行的程序越有效，檢查風險越低。

審計風險的兩個構成要素不是孤立存在的，而是相互聯繫、相互作用的。

第一，審計風險的兩個要素排列是有序的，它們發生的順序是重大錯報風險→檢查風險。

第二，審計風險是由各個構成要素共同作用的結果。

第三，審計風險各要素與審計人員的關係不同，審計人員只能評估而不能控制重大錯報風險，審計人員通過對重大錯報風險的評估而控制檢查風險。

第四，審計要素存在如表3-1所示的變動關係，即在特定的審計風險水平下，重大錯報風險與檢查風險成反向關係。

表 3-1　　　　　　　　　審計風險各要素間的變動關係

重大錯報風險	審計人員可接受的檢查風險
高	低
中	中
低	高

（4）審計風險的評估。對財務報表進行的審計的實質是風險導向審計，即以評估重大錯報風險和降低重大錯報風險為重點的審計活動，將識別風險、評估風險、降低風險貫穿於整個審計項目中。風險導向審計是以審計風險模型為指導，從而確定審計工作的思路，決定審計工作的程序。

①根據審計風險模型，審計人員的業務流程。

第一，瞭解被審計單位及其環境，包括內部控制，以評估財務報表總體層次和認定層次的重大錯報風險。

第二，必要時進行控制測試，以測試內部控制在防止、發現和糾正認定層次重大錯報方面的有效性。

第三，實施實質性程序，以發現認定層次的重大錯報。

②識別和評估重大錯報風險。審計風險的評估實質上就是重大錯報風險的評估。本部分主要討論重大錯報風險的評估。

第一，識別和評估重大錯報風險。審計人員應當識別和評估財務報表層次以及各類交易、帳戶餘額、列報與披露認定層次的重大錯報風險。在識別和評估重大錯報風險時，審計人員應當做好以下工作：

一是在瞭解被審計單位及其環境的整個過程中識別風險，並考慮各類交易、帳戶餘額、列報與披露。

二是將識別的風險與認定層次可能發生錯報的領域相聯繫。

三是考慮識別的風險是否重大，足以導致財務報表發生重大錯報。

四是考慮識別的風險導致財務報表發生重大錯報的可能性。

如果被審計單位會計記錄的狀況和可靠性存在重大問題，不能獲取充分、適當的審計證據以發表無保留意見；對管理層的誠信存在嚴重疑慮，並對財務報表局部或整體的可審計性產生疑問，審計人員應當考慮出具保留意見或無法表示意見的審計報告。必要時，審計人員應當考慮解除業務約定。

第二，需特別考慮的重大錯報風險（以下簡稱特別風險）。特別風險通常與重大的非常規交易和判斷事項有關。非常規交易是指由於金額或性質異常而不經常發生的交易，判斷事項通常包括作出的會計估計。非常規交易的性質可能使被審計單位難以對由此產生的特別風險實施有效控制，它與重大非常規交易相關的特別風險可能導致更高的重大錯報風險。

對於特別風險，審計人員應當評價相關控制的設計情況，並確定其是否已經得到執行。與重大非常規交易或判斷事項相關的風險很少受到日常控制的約束，審計人員應當瞭解被審計單位是否針對該特別風險設計和實施了控制。如果管理層未能實施控制以恰當應對特別風險，審計人員應當認為內部控制存在重大缺陷，並考慮對風險評估的影響。

第三，僅通過實質性程序無法應對的重大錯報風險。作為風險評估的一部分，如果認為僅通過實質性程序獲取的審計證據無法將認定層次的重大錯報風險降至可接受的低水平，審計人員應當評價被審計單位針對這些風險設計的控制，並確定其執行情況。

第四，對風險評估的修正。審計人員對認定層次重大錯報風險的評估應以獲取審計證據為基礎，並可能隨著不斷獲取審計證據而作出相應的變化。如果通過實施進一步審計程序獲取的審計證據與初始評估獲取的審計證據相矛盾，審計人員應當修正風險評估結果，並相應修改計劃實施的進一步審計程序。

4. 編製審計計劃

編製總體審計計劃時，時間預算是對執行審計程序每一步驟需要的人員和工作時間所作的計劃安排。

編製具體審計計劃時，應通過編製審計程序表來完成。

審計計劃的繁簡程度取決於被審計單位的經營規模和計劃審計工作的複雜程度。

審計計劃的復核，主要復核以下內容：

第一，內容是否全面，審計目的、審計範圍、審計重點領域的確定是否恰當。

第二，對被審計單位的瞭解是否全面，審計計劃的編製基礎是否可靠。

第三，人員分工是否恰當，時間安排是否合理。

第四，審計程序的制定是否恰當。

第三節　審計實施階段

一、審計實施階段概述

審計實施階段也稱審計外勤工作階段。它是審計人員根據審計計劃確定的審計範

圍、審計重點、審計步驟和方法，對各種審計項目進行詳細審計，收集審計證據並進行評價，借以形成審計結論，實現審計目標的過程。審計實施階段的工作主要是審計測試，包括符合性測試和實質性測試。通過審計測試，取得審計證據，形成審計工作底稿。

二、審計實施階段的內容

（一）進駐被審計單位

審計人員在進駐被審計單位以後，進一步瞭解被審計單位的情況，並使被審計單位瞭解審計目的、範圍。

（二）進行符合性測試

進行符合性測試是指對被審計單位的內部控制進行符合性測試。符合性測試是指為了證實被審計單位內部控制政策和程序設計是否適當、運行是否有效而實施的審計程序。通過符合性測試，可以評價對內容控制的可信賴程度，並根據符合性測試的結果確定或修正實質性測試程序。

進行符合性測試的審計步驟如圖3-3所示：

```
┌─────────────┐
│   簡易抽查   │
└─────────────┘
       ↓
┌─────────────┐
│ 初步評價內部控制 │
└─────────────┘
       ↓
┌─────────────┐
│ 實施符合性測試 │
└─────────────┘
```

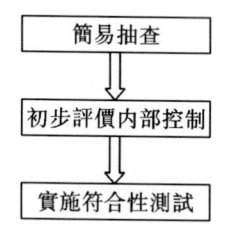

圖3-3　符合性測試的審計步驟

1. 簡易抽查

抽查若干筆經濟業務，以驗證各項業務的授權、核准、執行、記錄是否同已記錄在工作底稿中的調查結果相符。

2. 初步評價內部控制

對內部控制進行初步評價，確定內部控制的設計是否恰當，確定符合性測試是否必要。

3. 實施符合性測試

運用各種審計方法確定內部控制的設計是否科學、執行是否有效、是否得到一貫遵守，從而確定內部控制的可信賴程度。

對測試過程進行記錄，形成工作底稿。

（三）進行實質性測試（審計實施階段最重要的工作）

進行實質性測試是指對被審計單位的會計資料及其反應的經濟活動進行實質性測試。實質性測試是指對審計項目所進行的檢查和評價而實施的審計程序，如對帳戶餘額的檢查和評價。實質性測試是在符合性測試基礎上進行的，目的是為了證實會計信

息的公允性、真實性，糾正經濟業務處理中的錯誤，揭露經濟活動中的弊端等。

1. 實質性測試的對象

實質性測試的對象是被審計單位的會計報表及其生成的憑證、帳簿。

2. 實質性測試的方法

（1）檢查憑證、帳簿記錄數據的正確性和經濟業務的合法性。
（2）進行帳帳、帳實核對。
（3）運用監盤程序。
（4）對重要比率或趨勢進行分析性復核。
（5）對計算結果進行驗算。
（6）向有關人員和單位進行查詢和函證。

（四）收集審計證據，形成審計工作底稿

審計工作底稿是審計證據的載體，審計證據是審計工作底稿的內容。

第四節　審計終結階段

一、審計終結階段概述

審計終結階段指經過深入細緻的審計工作，審計人員取得了充分有效的審計證據后，可以編寫審計報告，並做好審計的結束工作。

二、審計終結階段的內容

（一）整理、評價審計證據

整理、評價審計證據是審計人員運用專業知識和職業經驗對證據進行分析研究的過程。

整理、評價審計證據的目的是通過整理和評價審計證據，選出一些最具有說服力的證據，作為編製審計報告的依據。

（二）復核審計工作底稿

根據審計工作底稿中記載的有關問題，徵求被審計單位意見，獲取審計證據真實性與恰當性予以認可的有關資料。

復核事項如下：

第一，審計工作是否已按照法律法規、相關職業道德要求和審計準則的規定執行。
第二，重大事項是否已提請進一步考慮。
第三，相關事項是否已進行適當諮詢，由此形成的結論是否得到記錄和執行。
第四，是否需要修改已執行審計工作的性質、時間安排和範圍。
第五，已執行的審計工作是否支持形成的結論，並已得到適當記錄。
第六，獲取的審計證據是否充分、適當，足以支持審計結論。

第七，審計程序的目標是否已經實現。

（三）期后事項的審計

1. 期后事項

期后事項指資產負債表日與審計報告日期間發生的，以及審計報告日到會計報表公布日期間發生的對會計報表產生影響的事項。

2. 期后事項的分類

期后事項分為對會計報表有直接影響需要調整的事項和對會計報表沒有直接影響但應予以披露的事項（見表3-2）。

表3-2　　　　　　　　　　　期后事項

類別	舉例	備註
對會計報表有直接影響需要調整的事項	被審計單位被起訴，資產負債表日后法院判決被審計單位應當賠償對方的損失	為資產負債表日已存在情況補充證據
對會計報表沒有直接影響但應予以披露的事項	被審計單位在資產負債表日后發生嚴重火災，損失較大	至資產負債表日並未發生

3. 期后事項的審計

對期后事項審計的原因是期后事項很可能影響審計人員對被審計單位的審計意見。

對期后事項審計的目的是確定期后事項是否存在和期后事項的類型和重要性處理是否恰當。

期后事項的審計應當在整個審計工作即將結束前完成。

（四）撰寫審計報告

審計報告的撰寫人是審計項目負責人。

審計報告的撰寫程序如圖3-4所示：

擬提綱 → 初稿 → 修改、定稿 → 蓋章、送稿

圖3-4　審計報告的撰寫程序

（五）后續審計

后續審計是指審計機關在審計結論和決定發出后的規定期內，對被審計單位執行審計結論和決定的情況所進行的審計。

（六）審計行政復議

審計行政復議（復審）是指上級審計機構對被審計單位因不同意原審計結論和處理意見而提出的復審申請所進行的審查。

復審的原因包括被審計單位對審計結論提出異議和法律訴訟。

與原審計範圍一致，重點放在有爭議的問題上。復審對原有工作底稿進行檢查。原結論正確，維持原結論；原結論不正確，應予以糾正。對復審結論不服時，可以向

終審機構或上級審計機關提出申訴。

(七) 審計行政應訴

審計機關作為國家行政序列行使經濟監督職能的行政單位，需要接受司法監督。

當被審計單位對審計機關所作出的審計結論和決定不服時，除通過申請復審外，可向人民法院提起起訴。

【拓展閱讀】

我國香港商人張某在海南省註冊成立一家註冊資本為 1,000 萬美元（1 美元約等於 6.20 元人民幣，下同）的港商獨資企業 X 公司。根據我國相關管理辦法，海南省工商管理局要求港商投資企業必須辦理年檢，以審核公司現行的註冊資本與實收資本情況。這一舉措對於已取得營業執照，但尚未投入實收資本的 X 公司來說，無疑是當頭一棒。如果不能通過年檢，就意味著要被註銷登記，並被吊銷營業執照。因此，作為 X 公司總經理的張某決定不惜一切代價，打通關節，一定要通過年檢。在對其公司的有關材料進行了一番「精心」整理后，張某首先來到了海南省工商管理局，提出要進行年檢。工商管理局人員在審閱了材料之后，明確告知張某材料中缺少一份重要證明文件，即驗資報告。對於註冊資本並未投入的 X 公司而言，如何才能順利通過審計人員的年檢呢？張某絞盡腦汁，終於想出「良策」。首先，他將 1,000 美元存入銀行。銀行按照通常手續開具了 1,000 美元的現金解款單。然後，張某又要求銀行開具 1,000 美元的存款證明單。在取得了這兩張憑證后，張某使用塗改液將現金解款單上「1,000 美元」改寫為「1,000 萬美元」。而在存款證明單上，由於數字后面的空白較多，張某就輕易地加上了 4 個「0」，這樣存款證明單上的金額就變成了「＄10,000,000」。由於使用了塗改液，而解款單和證明單上均註明了「此件塗改無效」的字樣，因此張某將「此件塗改無效」的字樣用紙貼去，然后再用複印機一複印，便幾乎看不出塗改的痕跡了。「美中不足」的是，這是兩張複印件。但是張某仍抱著僥幸的心理，開始尋找會計師事務所。幾經周折，他找到了海南省 ABC 會計師事務所。該所審計人員僅用半個多小時時間匆匆瀏覽了一遍全部文件，就動手起草驗資報告，唰唰幾筆，一份證明有 1,000 萬美元實收資本的驗資報告草稿擬成。

如果當時審計人員保持了應有的職業謹慎，對驗資業務中最重要的證據加以重視，最起碼會要求 X 公司出具兩份證明憑證的原件。與此同時，還可以採用其他一些審計常用程序，比如前往開戶銀行進行查詢、核實等，那麼張某的把戲很容易就會被戳穿。即使不採取這些行動，稍有經驗的審計人員也會發現現金解款單上的「1,000 萬美元」一欄存在著可疑之處，即正式憑證上不可能將 1,000 萬元表述成「1,000」與「萬元」。但是該案例中的審計人員連這一破綻也沒有發現，僅憑 X 公司提供的一些文件，在並未採取其他任何審計程序的情況下，就出具了驗資報告，可謂大意之極。張某正是通過這份驗資報告，開始了其通過騙取商業信用、詐欺以牟取暴利的行動。

【思考與練習】

一、單項選擇題

1. 註冊會計師可以通過設定審計程序而控制的風險是（　　）。
    A. 固有風險   B. 控制風險
    C. 檢查風險   D. 重大錯報風險

2. 註冊會計師執行年度財務報表審計時，下列各項中最有可能幫助其對重要性水平作出初步判斷的是（　　）。
    A. 計劃實施實質性程序時確定的預期樣本量
    B. 被審計單位的中期財務報表
    C. 內部控制調查問卷
    D. 與管理層的溝通函

3. 重要性與審計風險之間存在密切關係，註冊會計師在確定審計程序的性質、時間和範圍時應當考慮這種關係。下列提法中，不正確的是（　　）。
    A. 重要性與審計風險之間呈反向關係，即重要性水平越低，審計風險越高
    B. 在確定審計程序后，如果註冊會計師決定接受更低的重要性水平，審計風險將增加
    C. 對重要的帳戶或交易，相應的重要性水平應越低，以便提高效果
    D. 對重要的帳戶或交易，相應的重要性水平應越低，以便提高效率

4. 以下關於重要性概念的錯誤理解是（　　）。
    A. 重要性就是影響財務報表使用者的判斷或決策的錯報的臨界值
    B. 重要性的確定離不開具體環境
    C. 重要性概念是從註冊會計師的角度來考慮
    D. 註冊會計師在運用重要性原則時，應當考慮錯報的金額和性質

5. 註冊會計師在編製審計計劃時，確定的重要性水平越高，應當獲取的審計證據（　　）。
    A. 越多   B. 越少
    C. 質量越高   D. 質量越低

二、多項選擇題

1. 下列關於總體審計策略和具體審計計劃的敍述正確的是（　　）。
    A. 具體審計計劃比總體審計策略更加詳細，其內容包括為獲取充分、適當的審計證據以將審計風險降至可接受的低水平，項目組成員擬實施的審計程序的性質、時間和範圍
    B. 為了足夠識別和評估財務報表重大錯報風險，具體審計計劃中註冊會計師應確定計劃實施的風險評估程序的性質、時間和範圍

C. 針對評估的認定層次的重大錯報風險，具體審計計劃中應確定註冊會計師計劃實施的進一步審計程序的性質、時間和範圍

D. 為了能發表恰當的審計意見，具體審計計劃中註冊會計師應確定審計意見類型

2. 註冊會計師在審計過程中應當運用重要性原則，運用重要性原則的主要目的有（　　）。

　　A. 提高審計效率　　　　　　　　B. 查出錯誤與舞弊
　　C. 保證審計質量　　　　　　　　D. 提高會計信息質量

3. 在以下與財務報表層重要性水平相關的說法中，正確的是（　　）。

　　A. 既可以按資產負債表中的資產總額、淨資產作為確定重要性的判斷基礎，也可以按利潤表中的淨利潤作為確定重要性的判斷基礎
　　B. 如按資產負債表和按利潤表確定的重要性水平有所不同，應從中選取最低者作為財務報表重要性水平
　　C. 如所依據的財務報表尚未編製完成，可根據上年報表適當估計本年財務報表，再確定財務報表重要性水平
　　D. 財務報表層次的重要性水平重要性等於帳戶及交易層次的可容忍誤差

4. 重大錯報風險是指財務報表在審計前存在重大錯報的可能性。在設計審計程序以確定財務報表整體是否存在重大錯報時，註冊會計師應當從財務報表層次和各類交易、帳戶餘額、列報認定層次考慮重大錯報風險。認定層次的重大錯報風險又可以進一步細分為（　　）。

　　A. 固有風險　　　　　　　　　　B. 控制風險
　　C. 誤受風險　　　　　　　　　　D. 誤拒風險

5. 註冊會計師應當在總體審計策略中清楚地說明下列（　　）內容。

　　A. 向特定審計領域調配的資源，包括向高風險領域分派有適當經驗的項目組成員，就複雜的問題利用專家工作等
　　B. 向特定審計領域分配資源的數量，包括安排到重要存貨存放地觀察存貨盤點的項目組成員的數量以及在企業集團審計業務中，對其他註冊會計師工作的復核的範圍、對高風險領域安排的審計時間預算等
　　C. 何時調配這些資源，包括是在期中審計階段還是在關鍵的截止日期調配資源等
　　D. 如何管理、指導、監督這些資源的利用，包括預期何時召開項目組預備會和總結會、預期項目負責人和經理如何進行復核、是否需要實施項目質量控制復核

三、判斷題

1. 為提高計劃過程的效率和效果，審計項目負責人和項目組中有其經驗和見解的其他關鍵成員均應參與計劃審計工作。　　　　　　　　　　　　　　（　　）

2. 註冊會計師對項目組成員工作的指導、監督與復核的性質、時間和範圍主要取

決於會計師事務所業務務質量控制的具體規定，與被審計單位的具體情況無關。

（　　）

3. 註冊會計師應當評估在審計過程中已識別但尚未更正錯報的匯總數是否重大。其中，尚未更正錯報的匯總數既包括在本期已識別但尚未更正錯報，也包括以前期間審計中已識別但尚未更正錯報的淨影響額。　　　　　　　　　　　（　　）

4. 風險導向審計就是註冊會計師通過對被審計單位內部控制進行測試，將審計資源分配到可能導致報表存在重大錯報的領域。　　　　　　　　　　　　（　　）

5. 在鑒證業務中，註冊會計師應當將鑒證業務風險降至具體業務環境下可接受的低水平。　　　　　　　　　　　　　　　　　　　　　　　　　　（　　）

6. 簽字註冊會計師應當對質量控制制度承擔最終責任。　　　　　　（　　）

7. 如果已識別但尚未更正錯報的匯總數接近重要性水平，註冊會計師應當考慮該匯總數連同尚未發現的錯報是否可能超過重要性水平，並考慮通過實施追加的審計程序，或要求管理層調整財務報表降低審計風險。　　　　　　　　　（　　）

8. 出具審計報告之前，會計師事務所可根據需要委派未直接參與審計的人員進行復核，以保證審計質量。　　　　　　　　　　　　　　　　　　　（　　）

9. 註冊會計師在執行財務報表審計業務時保持職業懷疑態度，並不要求其假設管理層是不誠信的，也不要求將審計中發現的舞弊事項看作一系列舞弊事件中暴露出來的一個。　　　　　　　　　　　　　　　　　　　　　　　　　　（　　）

四、簡答題

1. A註冊會計師和B註冊會計師對XYZ股份有限公司201×年會計報表進行審計，其未經審計的有關會計報表項目金額如下（單位為萬元）：資產總計為180,000，股東權益合計為95,000，主營業務收入為220,000，淨利潤為24,000。

要求：（1）如以資產總額、淨資產（股東權益）、主營業務收入和淨利潤作為判斷基礎，採用固定比率法，並假定資產總額、淨資產、主營業務收入和淨利潤的固定百分比數值分別為0.5%、1%、0.5%和5%，請代A註冊會計師和B註冊會計師計算確定該公司201×年度會計報表層次的重要性水平。

（2）簡要說明重要性水平與審計風險的關係。

（3）簡要說明重要性水平與審計證據的關係。

2. ABC會計師事務所承辦了T公司2015年度會計報表審計業務。2016年8月，T公司的股東U公司以T公司2015年度會計報表審計工作存在重大過失，導致其發生重大投資損失為由，向法院提起訴訟，要求ABC會計師事務所承擔民事賠償責任。

要求：ABC會計師事務所擬運用審計重要性概念應訴，其聘請的律師在準備應訴材料時，提出了以下問題：

（1）何謂審計重要性？

（2）註冊會計師運用審計重要性概念的目的是什麼？

（3）你認為註冊會計師犯的是普通過失還是重大過失？

（4）審計重要性概念在區分普通過失和重大過失時有何重要作用？

第四章　審計工作底稿和審計證據

【引導案例】

　　A上市公司業績蒸蒸日上，逐步確立以房地產和股權投資為主導的投資方向，先後在北京、上海、天津、青島等重點城市進行房地產投資。同時，該公司還投資參股了十多家企業，投資總額高達8,000萬元以上。為了獲得更為理想的投資回報和戰略效果，該公司用了近4,000萬元通過二級市場購買了上海某家上市公司5%的股份。按照我國證監會關於上市公司的期中會計報表須經獨立審計的規定，A上市公司委託B會計師事務所對其當年的期中會計報表進行審計。約定條件之一是：為避免公司遭受損失，要求註冊會計師在瞭解被審計單位有關的投資計劃和投資實施階段的情況後，能夠保守商業機密，尤其不能在審計工作底稿中公開。這對開展審計工作的註冊會計師提出了一個很大的難題：如果不在審計工作底稿中詳細記錄被審計單位的投資項目和投資過程，就無法形成與發表審計意見有關的審計證據，也不符合審計工作底稿的編寫要求；如果在審計工作底稿中詳細說明該信息，又會違背已經做出的承諾。在這艱難的抉擇和痛苦的思索中，註冊會計師冥思苦想，終於有了一個兩全其美的辦法：在填寫長期投資項目的審計工作底稿時，不直接用項目本身的名稱，而是根據不同性質的投資擬定審計工作底稿的秘密代碼。該代碼作為機密，單獨由審計組長親自保管，並存放於專門的保密檔案專櫃中。

　　案例點評如下：

　　第一，註冊會計師在審計過程中，像上述案情中的矛盾現象時有發生，這就要求註冊會計師在工作中應積極進取，勇於創新。本案例所介紹的審計工作底稿的密碼標示和保密檔案的管理是值得註冊會計師參考和借鑑的。

　　第二，對上市公司的審計監督是社會賦予註冊會計師的神聖職責，但是很多上市公司害怕自己的違法行為被註冊會計師發現后向社會披露，就常以商業機密為借口，阻撓註冊會計師的正常審計。在當前競爭激烈的審計市場上，有的註冊會計師屈從於客戶壓力而有意隱瞞事實真相的案例常有發生。本案例提醒人們，註冊會計師事業是維護公正的事業，如果偏離這一點，註冊會計師就會失去公眾的信任。

第一節　審計證據

一、審計證據的含義

審計證據是指審計人員在執行審計業務過程中採用各種方法獲取的真實證據，用於證實或否定被審計單位會計報表所反應的財務狀況和經營成果的公允性、合法性的一切資料。

二、審計證據的特點

（一）相關性

相關性是指收集的審計證據要同審計目標和所提出的審計意見有關。

（二）重要性

重要性是指審計證據對審計評價和審計結論有重要的影響。重要性取決於事實的性質和數額。

（三）客觀性

客觀性是指審計證據必須是客觀存在的事實，不能是主觀虛構的產物。

（四）可靠性

可靠性是指審計證據本身及其來源必須是真實可靠的，是依據法定審計程序和科學的方法取得的。

（五）足夠性（充分性）

足夠性是針對審計證據應有多少數量而言的，即必須有足夠數量的證據來支持審計人員的審計意見。

【例4-1】L註冊會計師在對F公司201×年度會計報表進行審計時，收集到以下6組審計證據：

（1）收料單與購貨發票；

（2）銷貨發票副本與產品出庫單；

（3）領料單與材料成本計算表；

（4）工資計算單與工資發放單；

（5）存貨盤點表與存貨監盤記錄；

（6）銀行詢證函回函與銀行對帳單。

要求：請分別說明每組審計證據中哪項審計證據較為可靠，並簡要說明理由。

解析：

（1）購貨發票較為可靠。購貨發票是註冊會計師從被審計單位以外的單位獲取的審計證據，比被審計單位提供的收料單更可靠。

（2）銷貨發票副本較為可靠。銷貨發票副本屬於被審計單位在外部流轉的證據，比僅在被審計單位內部流轉的產品出庫單更可靠。

（3）領料單較為可靠。材料成本計算表所依據的原始憑證是領料單，因此領料單較材料成本計算表更可靠。

（4）工資發放單較為可靠。工資發放單上有受領人的簽字，因此工資發放單較工資計算單更可靠。

（5）存貨監盤記錄較為可靠。存貨盤點表是被審計單位對存貨盤點的記錄，而存貨監盤記錄是註冊會計師實施存貨監盤程序的記錄，因此存貨監盤記錄較存貨盤點表更可靠。

（6）銀行詢證函回函較為可靠。註冊會計師直接獲取的銀行存款函證的回函較被審計單位提供的銀行對帳單更可靠（直接獲取的審計證據比間接獲取或推論得出的審計證據更可靠）。

三、審計證據的分類

審計證據的分類如圖 4-1 所示：

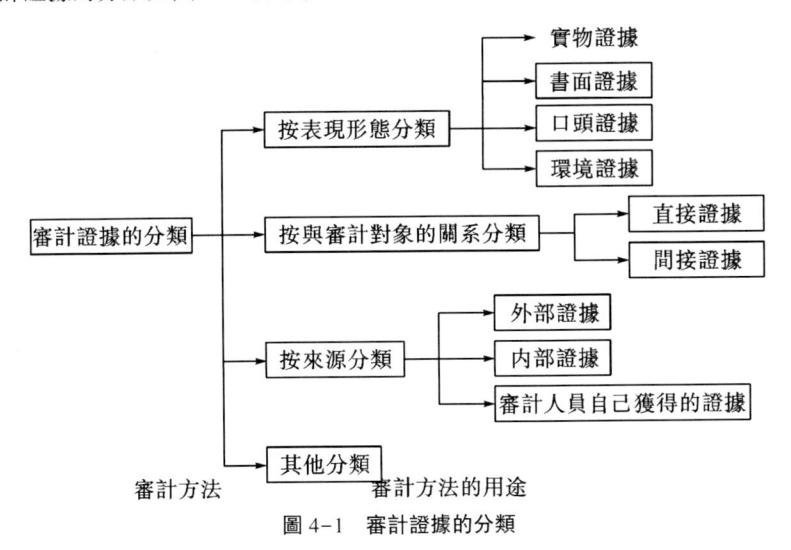

```
                            ┌─ 實物證據
                            ├─ 書面證據
              ┌─ 按表現形態分類 ┤
              │             ├─ 口頭證據
              │             └─ 環境證據
              │
              │             ┌─ 直接證據
審計證據的分類 ─┼─ 按與審計對象的關係分類 ┤
              │             └─ 間接證據
              │
              │             ┌─ 外部證據
              ├─ 按來源分類 ─┼─ 內部證據
              │             └─ 審計人員自己獲得的證據
              │
              └─ 其他分類
                    審計方法    審計方法的用途
```

圖 4-1 審計證據的分類

（一）按表現形態分類

1. 實物證據

實物證據是指通過實際觀察或盤點所取得的，用以確定某些實物資產是否確實存在的證據。例如，對存貨、固定資產、現金、有價證券等盤點后得到的證據，對建築物、在建工程等進行觀察得到的證據等。

實物證據的證明力：可證實實物的存在性，但不能證實實物的所有權和計價。

2. 書面證據

書面證據是註冊會計師所獲取的各種以書面文件為形式的一類證據。例如，各種

原始憑證、帳冊、報表、合同、函件、會議記錄、通知書、報告書等。書面證據的客觀性比較強，可稱為基本證據。

書面證據的證明力：可證實各種審計具體目標。

3. 口頭證據

口頭證據是被審計單位職員或其他有關人員對註冊會計師的提問作口頭答覆所形成的一類證據。例如，調查筆錄、檢舉信等。口頭證據是反應個人想法、看法的證據，主觀性較強。

口頭證據的證明力：證明力較差，不能單獨證實被審計事項，需要得到其他相應證據的支持；可為獲取其他證據提供線索。

4. 環境證據

環境證據也稱狀況證據，是指對被審計單位產生影響的各種環境事實。例如，各種規章制度、管理條件和管理水平、人員素質等。

環境證據的證明力：證明力較差，不能單獨證實被審計事項，可以幫助註冊會計師瞭解被審計單位及經濟活動所處的環境，是註冊會計師進行判斷必須掌握的資料。

環境證據包括以下內容：

（1）被審計單位內部控制狀況；

（2）被審計單位管理人員的素質；

（3）各種管理條件和管理水平。

（二）按與審計對象的關係分類

1. 直接證據

直接證據是指對審計事項具有直接證明力，能單獨、直接地證明審計真相的資料和事實。例如，在審計人員親自監督實物和現金盤點情況下的盤點實物和現金記錄，就是證明實物和現金實存數的直接證據。審計人員有了直接證據，就無須再收集其他證據，即可根據直接證據得出審計事項的結論。

2. 間接證據

間接證據又稱旁證，是指對審計事項只起間接作用，需要與其他證據結合起來，經過分析、判斷、核實才能證明審計事項真實的資料和事實。

（三）按來源分類

1. 外部證據

外部證據是由被審計單位以外的組織機構或人士所編製的書面證據，一般具有較強的證明力。外部證據包括以下 3 類：

（1）由外部編製，直接遞交註冊會計師；

（2）由外部編製，由被審計單位持有並遞交註冊會計師；

（3）由註冊會計師自己動手編製。

函證回函、外來證明文件，註冊會計師為證明某個事項自己動手編製的各種計算表、分析表等，由審計人員直接獲得，證明力最強。採購發票、銀行對帳單、應收票據、顧客訂單、合同等，由被審計單位首先獲得，證明力較強。

2. 內部證據

內部證據是由被審計單位內部機構或職員編製和提供的書面證據。內部證據包括以下 3 類：

（1）會計記錄；

（2）被審計單位管理當局說明書；

（3）其他書面文件。

銷售發票、領料單、帳冊、報表、管理當局聲明書及其他各種由被審計單位編製或提供的書面文件等內部證據沒有外部證據可靠，但內部證據在外流轉並獲其他單位或個人承認，或內部控制良好，也具有較強的可靠性。

3. 審計人員自己獲得的證據

審計人員自己獲得的證據是指審計人員通過檢查、觀察、詢問、外部調查、重新計算、重新操作、分析等獲得的證據。

（四）其他分類

按審計證據的重要性分類，審計證據分為基本證據、輔助證據。

1. 基本證據

基本證據是指對審計人員形成審計意見、得出審計結論具有直接影響作用的審計證據。基本審計證據具有較強的證明力，是審計證據的主要部分。例如，證明被審計單位財務狀況好壞時，被審計單位的會計報表、帳簿等就是基本證據。

2. 輔助證據

輔助證據是作為基本證據的一種必要的補充，是補充說明基本證據的證據。如果要證明帳簿記錄的真實性，各種記帳憑證是基本證據。附在記帳憑證后面的各種原始憑證，是編製記帳憑證的依據，它們補充說明記帳憑證，證明帳簿的真實性，因而是輔助證據。

第二節　審計證據的形成過程

一、審計證據的收集

（一）收集審計證據的基本要求

收集審計證據的基本要求包括充分性、成本效益性、重要性、相關性。

（二）收集審計證據的方法

1. 檢查法

檢查法是指審計人員對財務報表、帳簿、憑證等會計記錄和其他書面文件的可靠程度進行審閱和復核。

審閱是對會計資料和其他資料進行審查性的閱讀，得到的是書面證據。審閱包括形式上的審閱和內容上的審閱。

復核是將兩處或兩處以上相互關聯的數字與內容進行核對，檢查是否正確。

2. 監盤法

監盤法是指審計人員在被審計單位對各種實物資產進行盤點時親臨現場監督盤點，並進行適當抽查。這種方式一般能取得可靠的證據，即實物證據。

3. 觀察法

觀察法是指審計人員對被審計單位的經營場所、實物資產和有關業務活動及其內部控制的執行情況進行實地觀察。

4. 查詢法與函證法

查詢法是就某一問題向有關人員提問並獲得的口頭答覆。

函證法是指為了證實被審計單位會計記錄所記載的某一事項而向第三者發函詢證（對「應收帳款」的審計可採用此方法）。

5. 計算法

計算法是指審計人員對被審計單位的原始憑證及會計記錄中的數據進行的驗算或另行計算。

6. 分析性復核法

分析性復核法是指審計人員對被審計單位重要的比率或趨勢進行的分析。對分析中發現的差異，特別是異常變動進行調查，必要時要適當追加審計程序。

分析性復核法常用的方法包括比較分析法、比率分析法、趨勢分析法。

二、審計證據的鑒定

（一）鑒定證據的作用

鑒定證據的作用主要表現在如下兩個方面：

第一，保證審計證據的質量。

第二，支持審計意見和結論。

（二）鑒定證據的內容

1. 鑒定證據的客觀性

（1）應真實客觀地反應經濟活動；

（2）審計證據中涉及的時間、地點、事實等要確切無誤。

2. 鑒定證據的充分性

數量多的證據比數量少的證據更有充分性，需要證據數量的多少以滿足審計事項的需要為度。

3. 鑒定證據的相關性

鑒定證據應與審計目標的實現程度相關。

4. 鑒定證據的可靠性

（1）書面證據比口頭證據可靠；

（2）外部證據比內部證據可靠；

（3）審計人員自己獲得的證據比被審計單位提供的證據可靠；

（4）內部控制較好的內部證據比內部控制較差的內部證據可靠；
（5）不同來源的審計證據相互印證后，審計證據更可靠。
5. 鑒定證據的重要性
（1）審計證據的重要性是鑒定審計質量的一個重要標準；
（2）審計證據的重要性與該審計證據影響審計結論的程度有關。
6. 鑒定證據的經濟性
鑒定證據的經濟性是指鑒定證據的收集成本與證據的有效性間的關係的問題。

（三）鑒定證據的方法

1. 分類
分類是指將各種審計證據按證明力的強弱或與審計目標的關係是否直接等分門別類地排列成序。
2. 計算
計算是指對數據方面的審計證據進行計算，並從計算中得出所需要的證據。
3. 比較
比較是指將各種證據進行反覆比較，分析被審計單位經濟業務的變動趨勢及特徵。

三、審計證據的整理與分析

（一）為什麼要整理與分析審計證據

第一，通過適當的程序獲取的大部分審計證據，在註冊會計師對其進行分析評價之前，都還是一種原始狀態的證據。因此，註冊會計師只有按照一定的程序、目的和方法進行科學的加工整理，才能使其變成有序的、系統化的、彼此聯繫的審計證據。

第二，初始狀態的審計證據必須與審計目的相聯繫，並就其性質和重要程度以及同其他證據之間的關係進行分析、計算和比較，對被審計單位的各個方面做出評價，並形成比較完整的認識。

第三，在審計過程中，通過註冊會計師的分析、研究，還可能產生一些有價值的新的證據，從而對被審計單位做出較為恰當的結論。

（二）審計證據的整理與分析的方法

審計證據的整理、分析沒有一個固定的模式，審計的目標不同，審計證據的種類不同，其整理、分析的方法也就不同。一般而言，審計證據的整理、分析的方法如下：

1. 分類和排序
一般對審計證據的分類是將各種審計證據按其證明力的強弱，或按與審計目標的關係是否直接等因素分門別類排列成序，也可以按照審計事項分類、按照審計證據與審計事項相關程度排序，從而使審計方案確定的審計事項脈絡清楚、重點突出。

2. 比較
比較包括兩方面的內容：一方面是將各種審計證據進行反覆對比，從中分析出被審計單位財務狀況或經營成果的變動趨勢及特徵；另一方面是與審計目標進行對比，

判斷其是否符合要求、是否與審計目標相關，如不符合要求，則需補充收集新的與審計目標直接相關的審計證據。

3. 取捨

審計人員沒有必要也不可能把審計證據所反應的內容全部都包含在審計報告中。在撰寫審計報告之前，必須對反應不同內容的審計證據進行適當的取捨，捨棄那些無關緊要的、與審計目標相關度低的次要審計證據，只保留那些具有代表性的、典型的審計證據在審計報告中加以反應。

取捨的標準通常包括兩個方面：一方面是金額大小，對於涉及的違規事項金額較大、足以對被審計單位的財務狀況或者經營成果的反應產生重大影響的證據，應當作為重要的審計證據在審計報告中反應；另一方面是問題性質的嚴重程度，有的審計證據本身所揭露問題的金額也許並不是很大，但這類問題的性質較為嚴重，可能導致其他重要問題的產生或與其他可能存在的重要問題有關，這類審計證據也應作為重要的證據在審計報告中反應。

另外，不同形式和來源的審計證據其證明力強弱也不同。一般而言，內部證據不如外部證據可靠。但如果內部證據獲得其他單位或個人的認可，則其也具有較強的可靠性。因此，當同一審計事項有不同形式和來源的審計證據時，應注意選取保留證明力較強的審計證據。

4. 匯總和分析

匯總和分析是對審計證據在上述分類、比較和取捨的基礎上，審計人員通過審計工作底稿對其進行綜合、匯總，將缺乏聯繫、甚至相互矛盾的審計證據去粗取精、去偽存真、填平補缺、相互印證，得出具有說服力的各個審計事項的結論。然後審計人員對各類審計證據及其所形成的局部的審計結論進行綜合分析，最終形成整體的審計結論。

【例 4-2】某註冊會計師在對某客戶進行審計的過程中，收集到下列 4 組審計證據：

(1) 銷貨發票副本與購貨發票；
(2) 審計助理人員監盤存貨的記錄與客戶自編的存貨盤點表；
(3) 審計人員收回的應收帳款函證回函與通過詢問客戶應收帳款負責人得到的記錄；
(4) 銀行存款余額調節表與銀行函證的回函。

要求：請分別說明每組審計證據中的哪項審計證據更為可靠？為什麼？

解析：

(1) 購貨發票比銷貨發票副本可靠。因為購貨發票來自於被審計單位外部，銷貨發票是被審計單位自己填寫的，所以購貨發票比銷貨發票更可靠。

(2) 審計助理人員監盤存貨的記錄比客戶自編的存貨盤點表可靠。因為註冊會計師自行獲得的證據比由被審計單位提供的證據可靠。

(3) 審計人員收回的應收帳款函證回函比通過詢問客戶應收帳款負責人得到的記錄可靠。因為函證回函是註冊會計師從獨立於被審計單位外部獲得的，所以比直接從

被審計單位人員得到的記錄更可靠。

（4）銀行函證的回函比銀行存款余額調節表可靠。因為銀行回函是從被審計單位外部得到的，銀行存款余額調節表是被審計單位自己編製的，所以銀行函證的回函更可靠。

第三節　審計工作底稿

一、審計工作底稿的定義

審計工作底稿是指審計人員對制訂的審計計劃、實施的審計程序、獲取的相關審計證據以及得出的審計結論做出的記錄。審計工作底稿不僅是形成審計結論、發表審計意見的直接依據，也是證明審計人員完成審計工作、履行應盡職責的依據。

審計工作底稿形成於審計全過程之中，它與審計證據的關係是：審計工作底稿是審計證據的載體，審計證據是審計工作底稿記錄的主要內容，兩者是形式與內容的關係，必須將兩者有機結合起來，才能形成正確的審計意見。一般而言，審計證據是審計意見的客觀基礎，但不是審計意見的全部基礎，正確的審計意見應當建立在充分、適當的審計證據和準確的專業判斷基礎上。審計工作底稿是連接審計證據與審計報告的紐帶。

應對審計工作底稿實施適當的控制程序，以滿足下列要求：安全保管審計工作底稿並對審計工作底稿保密；保證審計工作底稿的完整性；便於對審計工作底稿的使用和檢索；按照規定的期限保存審計工作底稿。

二、審計工作底稿的作用

審計工作底稿的作用如下：
第一，有利於組織協調審計工作。
第二，有利於形成審計結論和發表審計意見。
第三，有利於審計工作質量控制。
第四，有利於減輕審計人員的責任及評價工作成績。
第五，有利於未來審計業務的開展。

三、審計工作底稿的分類

審計人員編製或取得的審計工作底稿按性質和作用一般分為以下三類：

（一）綜合類工作底稿

綜合類工作底稿是指審計人員在審計計劃階段和審計報告階段，為規劃、控制和總結整個審計工作並發表審計意見所形成的工作底稿。其內容主要包括審計業務約定書、審計計劃、未審計會計報表、試算平衡表、審計差異調整表、審計總結、管理建議書、被審計單位管理當局聲明書以及審計人員對整個審計工作進行組織管理的所有

記錄和資料。

（二）業務類工作底稿。

業務類工作底稿是指審計人員在審計實施階段，為執行具體審計程序所形成的審計工作底稿。其內容主要包括審計人員對各審計循環或審計項目所做的符合性測試或實質性測試的記錄和資料，如各種抽查表、測試表、審計程序表及審定表等。這類工作底稿主要記錄審計人員在審計實施階段針對各被審計事項所獲取的審計證據所做的專業判斷及審計結論等。

（三）備查類工作底稿

備查類工作底稿是指審計人員在審計過程中形成的，對審計工作一般具有參考、備查作用的審計工作底稿。其內容主要包括被審計單位的設立批准書、營業執照、合營合同、協議、章程、組織機構及管理人員結構圖表、董事會會議紀要、重要經濟合同、相關內部控制制度及其研究與評價記錄、驗資報告等資料的複印件或摘要等。

四、審計工作底稿的內容和格式

（一）審計工作底稿的內容

被審計單位的名稱、審計項目名稱、審計項目的時間或期間、審計過程記錄、審計標示及其說明、審計結論、審計索引及頁次、編製者姓名及復核日期、復核者姓名及復核日期、其他應說明事項。

（二）審計工作底稿的格式

常見的審計工作底稿的格式包括業務類工作底稿、試算平衡表、審計差異調整表（調整分錄匯總表）、審計程序表、詢證函、庫存現金盤點表。

五、審計工作底稿的編製

（一）總體要求

審計工作底稿的編製的總體要求如下：
第一，每一具體審計事項均應單獨編製一份審計工作底稿。
第二，所有審計過程中取得的審計證據、面談詢問過的人員、觀察過的場所等，均應一一明確列示。
第三，應編製一份工作備忘錄，列明尚待解決的問題。
第四，為了便於查閱，審計工作底稿應編製索引。
通常先列設計報告底稿，再列財務報表草稿，之后列計劃工作底稿，最后列各種測算表、試算表等。
第五，審計人員在編製審計工作底稿時，對其中的問題要中肯地表述自己的意見。

（二）編製原則

由於審計工作底稿不僅是形成審計結論的依據，而且是評價審計人員業績、控制

和監督審計質量的基礎，因此對於審計工作底稿的編製應該遵循以下原則：

1. 完整性原則

審計工作底稿的完整性主要表現在兩個方面：一方面是資料的完整性，也就是審計人員應將收集到的資料全部編入審計工作底稿中；另一方面是要素內容的完整性，即審計人員必須保證審計工作底稿的若干基本內容編寫齊全，不重複或遺漏。

2. 重要性原則

審計工作底稿的重要性要求是指審計工作底稿應包括被審計單位所有重要的事項。例如，能支持審計報告及審計結論的事項，能證明審計報告中某一項目的資料，能證明交易事項及會計記錄的正確性、真實性的資料，對於下一步調查有用的資料等屬於重要的資料，因此必須列入審計工作底稿。對於一些不重要的、與應證明事項沒有必然聯繫的資料盡量不列入審計工作底稿。

3. 真實性和相關性原則

審計工作底稿的真實性和相關性直接影響審計結論的可信性和審計工作的成敗。因此，審計人員在編製審計工作底稿時，必須將已確認為真實、客觀的審計工作底稿，根據與審計結論和意見相關聯的原則，以此作為支持審計結論和發表審計意見的主要依據。

4. 責任性原則

審計工作底稿必須經審計工作人員、製表人簽名蓋章，並由審計項目負責人審批核實，以明確各自的責任。

(三) 編製的具體要求

審計工作底稿在內容上應做到資料完整、重點突出、繁簡得當、結論明確，在形式上應做到要素齊全、格式規範、標示一致、記錄清晰。

資料完整，即記錄在審計工作底稿上的各類資料來源要真實可靠，內容要完整。

重點突出，即審計工作底稿應力求反應對審計結論有重大影響的內容。

繁簡得當，即審計工作底稿應當根據記錄內容的不同，對重要內容詳細記錄，對一般內容簡要記錄。

結論明確，即按審計程序對審計項目實施審計后，審計人員應對該審計項目明確表達其最終的專業判斷意見。

要素齊全，即構成審計工作底稿的基本內容應全部包括在內。

格式規範，即審計人員應當使用審計機關或會計師事務所統一規定的格式。

標示一致，即每張審計工作底稿和不同時期的審計工作底稿所使用的審計標示應當含義一致，同一含義所使用的應當是同一標示。

記錄清晰，即審計工作底稿上記錄的內容要連貫，文字要端正，計算要正確。

六、審計工作底稿的審核

(一) 審計工作底稿復核的要點和基本要求

1. 復核的要點

第一，實施審計程序時引用的有關資料是否真實可靠。

第二，獲取的審計證據是否充分有效。
第三，審計判斷是否有理有據，符合審計專業標準。
第四，審計論結論是否恰當。

2. 復核的基本要求

第一，做好復核記錄。
第二，復核人簽署姓名和復核日期。
第三，簽署復核意見。各級復核人員完成復核工作後應明確地表示復核意見，並簽署在審計工作底稿上。
第四，督促編製人員及時修正存在的問題，完善、補充有關資料。

(二) 審計工作底稿的三級復核制度

第一，項目經理復核（一級復核）。
第二，部門經理復核（二級復核）。
第三，主任會計師復核（三級復核，這是復核最重要的環節）。

七、審計工作底稿的歸檔保管

(一) 審計工作底稿歸檔的期限

審計人員應當按照審計質量控制政策和程序的規定，及時將審計工作底稿歸整為最終審計檔案。審計工作底稿的歸檔期限為審計報告日後60天內。如果審計人員未能完成審計業務，審計工作底稿的歸檔期限為審計業務中止後的60天內。

(二) 審計工作底稿的分類

根據審計檔案的內容和作用，將其分為永久性檔案和當期檔案。永久性檔案是指記錄內容相對穩定，具有長期使用價值，並對以後的審計工作具有重要影響和直接作用的審計檔案。例如，被審計單位的營業執照、章程、組織結構等。當期檔案是指記錄內容經常變化，只供當期使用和下期審計參考的審計檔案。例如，總體審計策略和具體審計計劃、特殊項目審計程序表等。

(三) 審計工作底稿的性質

在審計報告日前，審計人員應完成所有必要的審計程序，取得充分、適當的審計證據並得出適當的審計結論。如果在歸檔期間對審計工作底稿作出的變動屬於事務性的，審計人員可以作出的變動，主要包括如下內容：

(1) 刪除或廢棄被取代的審計工作底稿。
(2) 對審計工作底稿進行分類、整理和交叉索引。
(3) 對審計檔案歸整工作的完成核對表簽字認可。
(4) 記錄在審計報告日前獲取的、與審計項目組相關成員進行討論並取得一致意見的審計證據。

(四) 審計工作底稿歸檔後的變動

在完成最終審計檔案的歸整工作後，如果發現有必要修改現有審計工作底稿或增

加新的審計工作底稿，無論修改或增加的性質如何，審計人員均應當記錄下列事項：
(1) 修改或增加審計工作底稿的時間和人員以及復核的時間和人員。
(2) 修改或增加審計工作底稿的具體理由。
(3) 修改或增加審計工作底稿對審計結論產生的影響。

(五) 審計工作底稿的歸檔保存期限

審計工作底稿是審計人員完成的，所有權屬於接受委託進行審計的審計機構。審計機構應制定檔案保管制度，對於當期檔案，自審計報告簽發之日起至少保管 10 年；永久性檔案應長期保存。如果審計人員未能完成審計業務，審計機構應當自審計業務中止日起，對審計工作底稿至少保存 10 年。審計機構不得洩露審計檔案中涉及的商業秘密。

八、審計報告日后對審計工作底稿的變動

在審計報告日後，如果發現例外情況要求審計人員實施新的或追加的審計程序，或導致審計人員得出新的結論，審計人員應當記錄以下內容：

第一，遇到的例外情況。
第二，實施新的或追加的審計程序，獲取的審計證據以及得出的結論。
第三，對審計工作底稿作出的變動及其復核的時間和人員。

例外情況主要是指審計報告日後發現與已審計財務信息相關，並且在審計報告日已經存在的事實。該事實如果被審計人員在審計報告日前獲知，可能影響審計報告。例如，審計人員在審計報告日後才獲知法院在審計報告日前已對被審計單位的訴訟、索賠事項做出最終判決結果。

【拓展閱讀】

201×年 12 月 31 日，助理人員小張經註冊會計師王玲的安排，前去廣生公司驗證存貨的帳面余額。在盤點前，小張在過道上聽幾個工人在議論，得知存貨中可能存在不少無法出售的變質產品。為此，小張對存貨進行實地抽點，並比較庫存量與最近銷量。抽點結果表明，存貨數量合理，收發亦較為有序。由於該產品技術含量較高，小張無法鑑別出存貨中是否有變質產品，於是他不得不詢問該公司的存貨部高級主管。高級主管的答覆是該產品絕無質量問題。

小張在盤點工作結束後，開始編製工作底稿。在備註中，小張將聽說有變質產品的事填入其中，並建議在下階段的存貨審計程序中，應特別注意是否存在變質產品。王玲在復核工作底稿時，再一次向小張詳細瞭解存貨盤點情況，特別是有關變質產品的情況。為此，王玲還特別請當時議論此事的工人來進行詢問。但這些工人矢口否認有此事。王玲與存貨部高級主管商討後，得出結論，認為「存貨價值公允且均可出售」。底稿復核後，王玲在備註欄後填寫了「變質產品問題經核實尚無證據，但下次審計時應加以考慮」。由於廣生公司總經理抱怨王玲前幾次出具了有保留意見的審計報告，使得他們貸款遇到了不少麻煩，因此此次審計結束後，註冊會計師王玲對廣生公

63

司該年的財務報表出具了無保留意見的審計報告。

兩個月後，廣生公司資金週轉不靈，主要是存貨中存在大量變質產品無法出售，致使到期的銀行貸款無法償還。銀行擬向會計師事務所索賠，認為註冊會計師在審核存貨時，具有重大過失。債權人在法庭上出示了王玲的工作底稿，認為註冊會計師明知存貨高估，但迫於總經理的壓力，沒有揭示財務報表中存在問題，因此應該承擔銀行的貸款損失。

請問：

（1）引述工人在過道上關於變質產品的議論是否應列入工作底稿？

（2）註冊會計師王玲是否已盡到了責任？

（3）對於銀行的指控，這些工作底稿能否作為支持或不利於註冊會計師的抗辯立場？

（4）銀行的指控是否具有充分證據？請說明理由。

案例分析：

（1）不應列入。工人議論並非是有效證據，但提供了審計線索與範圍。註冊會計師沒有擴大審計程序而只是簡單地詢問公司主管，顯屬冒昧。如果註冊會計師已對存貨有明確結論，就不應再將上述不負責任的議論寫在工作底稿之中，更不應該將「下次審計時應加以考慮」的字眼留在工作底稿之中。

（2）王玲沒有盡到責任。王玲既沒有利用專門的審計程序去追查審核存貨有否變質問題，又沒有在工作底稿中刪去那些不負責任的字眼，以致混淆了工作底稿與審計結論之間的結論關係。

（3）這些工作底稿有損註冊會計師的抗辯立場。從工作底稿看，說明註冊會計師缺乏信心，並且對證據的判斷有誤，已有的審計證據無法支持審計結論。

（4）銀行指控王玲犯有重大過失證據不充分。審計程序雖然基本合理，但是沒有完全遵守審計準則，特別是在證據方面，缺乏專業判斷能力。因此，沒有重大過失，但是存在一般過失。

【思考與練習】

一、單項選擇題

1. 下列資料中屬於可用作審計證據其他信息的是（　　）。
   A. 發票　　　　　　　　B. 詢證函的回函
   C. 記帳憑證　　　　　　D. 總帳
2. （　　）是指以實物形態存在的證據，主要用以查明實物的存在性。
   A. 環境證據　　　　　　B. 口頭證據
   C. 書面證據　　　　　　D. 實物證據
3. （　　）是以文字記載的內容來證明被審事項的各種書面資料。
   A. 實物證據　　　　　　B. 直接證據

C. 書面證據　　　　　　　　D. 外部證據
4. 註冊會計師獲取的下列書面證據中，證明力最強的是（　　）。
   A. 管理當局聲明書
   B. 用作記帳聯的銷售發票
   C. 被審計單位工資結算單
   D. 註冊會計師編製的「原材料抽查盤點表」
5. 下列事項中，難以通過觀察的方法來獲取審計證據的是（　　）。
   A. 實物資產的存在　　　　B. 內部控制的執行情況
   C. 存貨的所有權　　　　　D. 經營場所
6. 下列關於評價審計證據的充分性和適當性的說法中不正確的是（　　）。
   A. 審計工作通常不涉及鑒定文件記錄的真偽，註冊會計師也不是鑒定文件記錄真偽的專家，但應當考慮用作審計證據的信息的可靠性，並考慮與這些信息生成與維護相關的控制的有效性
   B. 如果在實施審計程序時使用被審計單位生成的信息，註冊會計師應當就這些信息的準確性和完整性獲取審計證據
   C. 如果從不同來源獲取的審計證據或獲取的不同性質的審計證據不一致，表明某項審計證據不可靠，註冊會計師應當追加必要的審計程序
   D. 註冊會計師可以考慮獲取審計證據的成本與所獲取信息的有用性之間的關係，因此可以減少某些不可替代的審計程序
7. 註冊會計師需要獲取的審計證據的數量受錯報風險和審計證據質量的影響。錯報風險越（　　），需要的審計證據可能越（　　）。審計證據質量越（　　），需要的審計證據可能越（　　）。
   A. 大，多，高，少　　　　B. 大，少，高，少
   C. 大，多，高，多　　　　D. 大，少，高，多
8. 註冊會計師對被審計單位重要的比率或趨勢進行分析以獲取審計證據的方法，稱為（　　）。
   A. 計算　　　　　　　　　B. 檢查
   C. 分析程序　　　　　　　D. 比較
9. 註冊會計師在對 ABC 有限責任公司 2015 年度財務報表進行審計，為查清某項固定資產的原始價值，查閱了事務所 2012 年審計該項固定資產的工作底稿。本次審計於 2016 年 3 月完成，則註冊會計師查閱的該項固定資產的工作底稿應（　　）。
   A. 至少保存至 2022 年　　　B. 至少保存至 2025 年
   C. 至少保存至 2026 年　　　D. 長期保存
10. 下列審計工作底稿歸檔后屬於當期檔案的是（　　）。
    A. 審計調整分錄匯總表　　B. 企業營業執照
    C. 公司章程　　　　　　　D. 關聯方資料

二、多項選擇題

1. 下列各項審計證據中，屬於內部證據的有（　　）。
   A. 被審計單位已對外報送的會計報表
   B. 被審計單位提供的銷售合同
   C. 被審計單位提供的供應商開具的發票
   D. 被審計單位管理當局聲明書

2. 審計證據的鑒定主要是指審計證據的（　　）。
   A. 充分性   B. 真實性
   C. 合法性   D. 可靠性

3. 按審計證據的外表形式分類，可以分為（　　）。
   A. 環境證據   B. 實物證據
   C. 書面證據   D. 口頭證據

4. 註冊會計師獲取審計工作底稿的基本要求包括（　　）。
   A. 註明資料來源
   B. 對獲取的資料實施必要的審計程序加以確認
   C. 形成相應的文字記錄並簽名
   D. 聲明會計責任與審計責任

5. 註冊會計師在被審計單位收集的環境證據主要包括（　　）。
   A. 管理條件、管理水平   B. 內部控制是否良好
   C. 關聯方交易   D. 管理人員素質

6. 外部證據是由被審計單位以外的組織機構或人士所編製的書面證據，其中包括（　　）。
   A. 應收帳款函證回函   B. 被審計單位開具的支票
   C. 購貨發票   D. 被審計單位管理當局聲明書

7. 審計工作底稿的主要作用有（　　）。
   A. 有利於聯結整個審計工作   B. 有利於審計工作質量控制和檢查
   C. 有利於考核審計工作業績   D. 是形成審計意見的直接依據

8. 以下文件可以列為審計工作底稿的是（　　）。
   A. 總體審計策略和具體審計計劃 B. 管理層聲明書
   C. 管理建議書   D. 業務約定書

三、判斷題

1. 只要是外部證據，都具有很強的說服力，因此可以充分信賴。（　　）

2. 口頭證據是被審計單位有關人員對註冊會計師提問作出的口頭答覆，具有很強的主觀性和不確定性，因此不能用於證實具體審計目標。（　　）

3. 管理當局聲明書雖然屬於內部證據，但是由於出自管理當局之手，具有一定的嚴肅性和權威性，因此仍具有較強的可靠性。（　　）

4. 會計記錄中含有的信息本身並不足以提供充分的審計證據作為對財務報表發表審計意見的基礎，註冊會計師還應當獲取用作審計證據的其他信息。（　　）

5. 註冊會計師需要獲取的審計證據的數量受錯報風險的影響。錯報風險越大，需要的審計證據可能越多。（　　）

6. 註冊會計師需要獲取的審計證據的數量也受審計證據質量的影響。審計證據質量越高，需要的審計證據可能越少。（　　）

7. 以文件記錄形式存在的審計證據比口頭形式的審計證據更可靠。（　　）

8. 註冊會計師可能得到的審計證據很多是說服性而非結論性的，因此絕對肯定的審計意見是難以形成的。（　　）

9. 口頭證據往往需要得到其他相應證據的支持。（　　）

10. 實物證據的存在本身就具有很大的可靠性，因此實物證據具有較強的證明力。（　　）

11. 環境證據是指對審計事項產生影響的各種環境事實，一般屬於主要的審計證據。（　　）

12. 為了證實審計結論，審計人員取得相關的審計證據越多越好。（　　）

13. 審計工作底稿基本內容經常變動，只供當期審計使用和下期審計參考的資料，不列入審計檔案。（　　）

14. 檢查實物資產可為其存在性提供可靠的審計證據，也能夠為權利和義務或計價認定提供可靠的審計證據。（　　）

15. 註冊會計師對被審計單位進行審計所形成的審計工作底稿，應歸其所有。（　　）

16. 註冊會計師獲取審計證據時，不應將獲取審計證據的成本高低和難易程度作為減少不可替代的審計程序的理由。（　　）

四、案例分析題

1. 某企業2015年12月31日在產品帳面盤存數4萬件。2016年1月20日，某註冊會計師對該企業進行審計，發現該企業2015年1~11月各月月末的在產品數量為2萬~2.8萬件，這一情況引起審計人員的懷疑。經清點得知，2016年1月20日，在產品實際數量2.2萬件，2016年1月1~20日投料生產數量為13.5萬件，完工入庫成品為13.7萬件，假定在產品單位平均成本為20元，完工產品都已銷售，出、入庫數量經核實無誤。請分析該企業在產品盤存方面存在的問題（分析復核）。

2. 某註冊會計師審查某廠庫存現金，該廠現金庫存數經銀行核定為1,000元。2016年1月20日，審計人員審查該廠現金日記帳上的現金結餘數為1,380元。經過清點，實際庫存情況如下：

（1）現金實有數1,002元。

（2）已收款而為入帳的收入憑證兩張，計180元。

（3）已付款而未出帳的支出憑證3張，計230元，均經有關人員核簽。其中，有一張憑證金額為80元，未經受領人簽收。

（4）採購員因出差急需，向出納暫支 300 元，過 15 天未辦報銷轉帳手續。

（5）有郵票 25 元，是財務科購入，供寄發郵件使用，已在管理費用中列支。

要求：編製現金清點表，指出該企業存在的問題（監盤法）。

3. 某企業 2015 年利潤表列示的稅前利潤總額為 1,000,000 元，審計人員審查後，初步查明下列情況：

（1）該企業從利潤中衝減 80,000 元，轉給投資單位，作為對方投資企業分得的利潤。

（2）名牌產品按規定價格上浮 15%，上浮收入 140,000 元直接列入公積金。

（3）因受臺風襲擊，該企業房屋及設備損失 100,000 元，全部列入營業外支出，現查明保險公司賠償 50,000 元。

（4）該企業將提前報廢的固定資產淨損失為 50,000 元，不提折舊，計入管理費用。

（5）該企業專利權轉讓收入為 90,000 元，計入營業外收入。

該企業增值稅稅率為 17%，營業稅稅率為 5%。請指出該企業財務處理上存在的問題，並調整計算企業稅前利潤總額（計算法）。

4. 註冊會計師小李通過對 A 公司存貨項目的相關內部控制制度進行分析評價後，發現該公司存在下列 5 種狀況：

（1）庫存現金未經認真盤點。

（2）接近資產負債表日前入庫的 A 產品可能已計入存貨項目，但可能未進行相關的會計記錄。

（3）由 X 公司代管的甲材料可能並不存在。

（4）Y 公司存放在 A 公司倉庫的乙材料可能已計入 A 公司的存貨項目。

（5）本次審計為 A 公司成立以來的首次審計。

要求：請根據上述情況分別指出各自的審計程序、審計目標和應收集哪些審計證據。

第五章　審計方法

【引導案例】

基本案情：註冊會計師李東接受委託對東盛公司 2015 年度會計報表進行審計。李東在審查「其他業務收入」明細帳時發現這樣一筆業務：5 月 10 日東盛公司收到車隊提供的運輸服務獲得收入 58,500 元（含稅），東盛公司編製會計分錄為：

借：銀行存款　　　　　　　　　　　　　　　　　　　58,500
　　貸：其他業務收入——運輸收入　　　　　　　　　　58,500

李東進一步向被審單位查詢得知，這 58,500 元是東盛公司運輸車隊在銷售東盛公司應稅產品時提供運輸服務所獲取的，並且在「其他業務成本」帳戶無相關記錄（東盛公司適用的增值稅稅率為 17%，營業稅稅率為 3%，城市維護建設稅稅率為 7%，教育費附加為 3%）

要求：
（1）說明審計方法；
（2）指出東盛公司存在的問題；
（3）提出處理意見。

案例分析：
（1）審計方法：第一，檢查法。註冊會計師李東審閱「銀行存款」日記帳以及「其他業務收入」「其他業務成本」等明細帳戶，抽查有關憑證，進行帳證核對。第二，查詢法，向相關人員詢問業務情況。第三，計算法。驗算應交稅費。

應納增值稅 = 58,500÷（1+17%）×17% = 8,500（元）

應納城市維護建設稅 = 8,500×7% = 595（元）

應納教育費附加 = 8,500×3% = 255（元）

（2）存在的問題：該筆收入屬於混合銷售行為，應繳納增值稅。東盛公司的運輸收入 50,000 元屬於其他業務收入，另外 8,500 元應計入「應交稅費——應交增值稅」帳戶。

（3）處理意見（編製如下調帳分錄）：

借：其他業務收入——運輸收入　　　　　　　　　　　8,500
　　貸：應交稅費——應交增值稅（銷項稅額）　　　　　8,500
借：其他業務成本　　　　　　　　　　　　　　　　　850
　　貸：應交稅費——應交城建稅　　　　　　　　　　　595
　　　　　　　　——應交教育費附加　　　　　　　　　255

第一節　審計方法的定義與分類

一、審計方法的定義

審計方法是指審計人員檢查和分析審計對象、收集審計證據，並對照審計依據或標準進行評價，從而形成審計結論和意見的各種專門技術手段的總稱。審計方法貫穿於整個審計工作過程，而不只存在於某一審計階段或某幾個審計環節。

目前我國常用的審計方法有一般方法和技術方法。審計的一般方法也稱審計的基本方法或通用方法，是非直接取證的方法，是一種程序性方法，具有通用性。審計的技術方法也稱專門方法，是指專門應用於具體審計證據的收集和評價的方法。審計的技術方法主要包括查帳方法、證實方法、調查方法、鑒定方法和分析性復核方法。

審計方法的選用主要遵循以下幾條原則：

第一，審計方法的選用要服從審計目標。
第二，審計方法的選用需要符合被審計單位的實際情況。
第三，審計方法的選用要符合審計人員的能力。
第四，審計方法的選用要服從審計方式。
第五，審計方法的選用要考慮成本效益原則。

二、審計方法的分類

審計方法的分類如圖 5-1 所示：

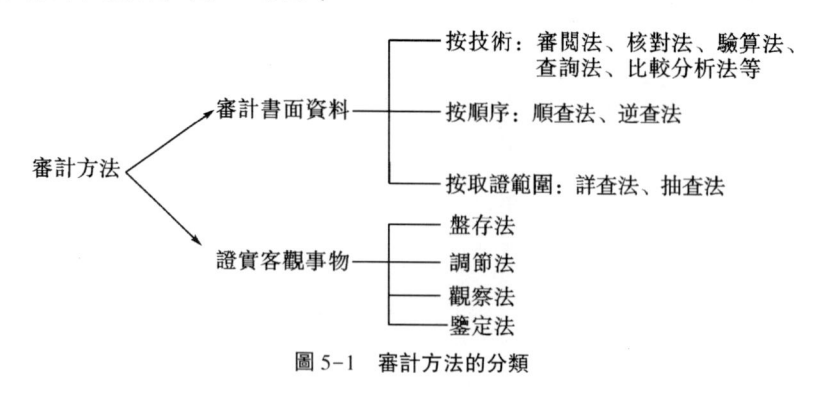

```
                            ┌─ 按技術：審閱法、核對法、驗算法、
                            │         查詢法、比較分析法等
              ┌─ 審計書面資料 ─┼─ 按順序：順查法、逆查法
              │             │
              │             └─ 按取證範圍：詳查法、抽查法
審計方法 ─────┤
              │             ┌─ 盤存法
              │             ├─ 調節法
              └─ 證實客觀事物 ┤
                            ├─ 觀察法
                            └─ 鑒定法
```

圖 5-1　審計方法的分類

第二節　審計的一般方法

一、按照取證的先后順序劃分，可分為順查法和逆查法

(一) 順查法

　　順查法也稱正查法，是指按照會計核算程序，依次對憑證、帳簿、報表各環節進行逐一檢查核對的一種審核方法。其具體操作過程包括：一是審閱和分析原始憑證，重點查明反應的經濟業務是否正確、真實、合法、合規。二是審查和分析記帳憑證，查明會計科目處理、數額計算是否正確、合規，核對證證是否相符。三是審查會計帳簿，查明記帳、過帳是否正確，核對帳證、帳帳是否相符。四是審查和分析會計報表，查明各個報表項目是否正確、完整、合規，核對帳表、表表是否相符。順查法的優點是審查仔細而全面，很少有疏忽和遺漏之處，並且容易發現會計記錄及財務處理上的弊端。順查法的缺點是面面俱到，不能抓住審計的重點和主要問題。因此，順查法只適用於規模小、業務量少的單位或管理混亂、內部控制較差的、存在嚴重問題的被審計單位。

(二) 逆查法

　　逆查法也稱倒查法，是指按照會計核算程序的相反順序，依次審查報表、帳簿和憑證資料的一種檢查方法。其具體操作過程包括：一是審閱和分析會計報表，判斷會計報表的哪些方面可能存在問題或者哪些項目有異常。二是根據會計報表分析所確定的審核重點，檢查有關的會計帳簿，並將帳簿與報表的相關內容進行核對。若是帳簿與報表核對還不能說明問題，需進一步檢查相關的記帳憑證。若是記帳憑證還無法為會計報表和帳簿存在的問題提供依據，就必須追溯到原始憑證以解釋會計報表中發現的問題和異常。逆查法的優點是突出重點，從大處著眼，能夠節約審計的時間和精力，有利於提高審計的工作效率。逆查法的缺點是不對被審計的資料進行全面而系統的檢查，僅僅根據審計人員的判斷做重點審查，容易遺漏會計上的各種錯弊。如果審計人員能力不強、經驗不足，很難保證審計的質量。因此，逆查法只適合對規模較大、業務較多的大中型企業以及內部控制健全的單位審計。

　　應注意的是，順查法和逆查法各有優缺點，因此在審計實務中，有時很難將兩者分開，而是常常將兩者結合起來運用。大多數情況下採用逆查法，在一些局部問題上，則可採用順查法。總之，應視具體情況將兩種方法結合起來使用。順查法和逆查法程序圖如圖5-2所示：

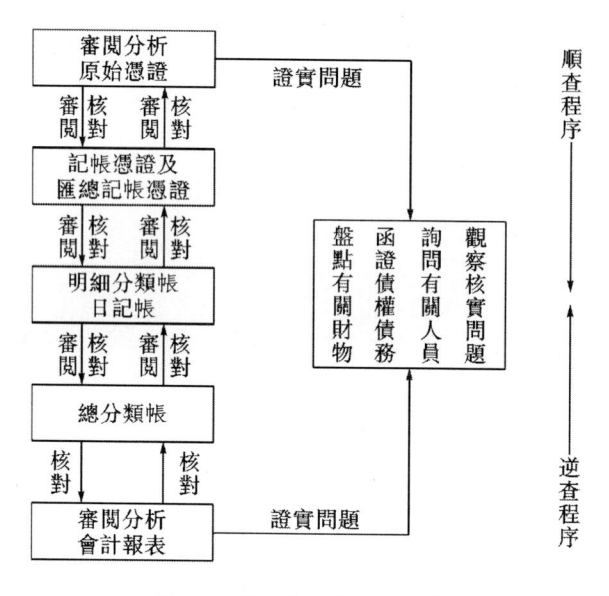

```
        ┌─────────────┐
        │ 審閱分析     │
        │ 原始憑證     │←──── 證實問題
        └─────────────┘
        審核  審核
        閱對  閱對
        ↓↑    ↓↑
        ┌─────────────┐         ┌──────────────────┐
        │ 記帳憑證及   │         │ 盤 函 詢 觀      │
        │ 匯總記帳憑證 │         │ 點 證 問 察      │
        └─────────────┘         │ 有 債 有 核      │
        審核  審核               │ 關 權 關 實      │
        閱對  閱對               │ 財 債 人 問      │
        ↓↑    ↓↑                │ 物 務 員 題      │
        ┌─────────────┐         └──────────────────┘
        │ 明細分類帳   │
        │ 日記帳       │
        └─────────────┘
        審核  審核
        閱對  閱對
        ↓↑    ↓↑
        ┌─────────────┐
        │ 總分類帳     │
        └─────────────┘
           核    核
           對    對
           ↓↑    ↓↑
        ┌─────────────┐
        │ 審閱分析     │
        │ 會計報表     │←──── 證實問題
        └─────────────┘
```

順查程序 ↓   逆查程序 ↑

圖 5-2　順查法、逆查法程序圖

二、按照取證的範圍劃分，可分為詳查法和抽查法

（一）詳查法

　　詳查法也稱精查法，是指對被審計單位審計期內的所有憑證、帳簿報表進行全部詳細審查的一種審計方法。詳查法的優點是能全面查清被審計單位存在的問題，特別是對弄虛作假、營私舞弊等違反財經法紀的行為，一般不易遺漏，審計質量較高。詳查法的缺點是工作量太大，審計成本較高。因此，對大中型企業不宜採用，只能用於規模較小、經濟業務較少的單位或問題特別嚴重（如財經法紀審計）的情況。

（二）抽查法

　　抽查法是指從作為特定審計對象的總體中，按照一定方法，有選擇地抽出其中一部分資料進行檢查，並根據其檢查結果來對其余部分的正確性與恰當性進行推斷的一種審計方法。運用抽查法有一個前提條件，即假定作為特定審計對象總體的每個項目都能代表總體的特徵，這是進行抽查的理論依據。抽查法的優點是審計成本較低，能明確審計重點，審計效率高。抽查法的缺點是審計過分依賴所審查部分的情況，如果所審查的部分不合理或缺乏代表性，抽查的結果往往不能發現問題，甚至以偏概全，得出錯誤的審計結論。

　　一般說來，對於要求審計的時期長、業務內容多、規模大的單位審計時，除個別對審計目標有重大影響的，或是認為存在錯誤和舞弊行為可能性大的審計項目，應採用詳查法外，其餘宜採用抽查法。總之，在使用抽查法審計時，並不完全排除進行詳細檢查，只有把兩者有機地結合起來，才能做到既可以保證審計質量又可以節約審計資源。

第三節　審計的技術方法

一、審閱法

審閱法是通過對被審計單位有關書面資料進行仔細觀察和閱讀來取得審計證據的一種審計技術方法。審閱法是一種十分有效的審計技術方法，不僅可以取得一些直接證據，同時還可以取得一些間接證據。

審閱法的技巧在於從有關數據的增減變動有無異常來鑑別判斷被審計單位可能在哪些方面存在問題。

審閱法的運用如圖 5-3 所示：

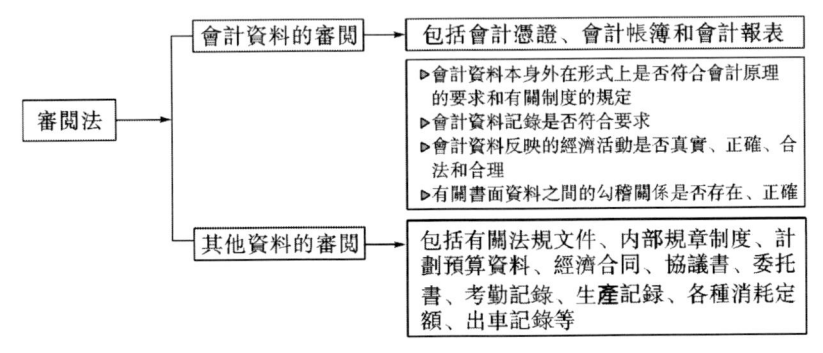

```
                   ┌─ 會計資料的審閱 ─── 包括會計憑證、會計帳簿和會計報表
                   │                   ▶會計資料本身外在形式上是否符合會計原理
                   │                     的要求和有關制度的規定
                   │                   ▶會計資料記錄是否符合要求
   審閱法 ────────┤                   ▶會計資料反映的經濟活動是否真實、正確、合
                   │                     法和合理
                   │                   ▶有關書面資料之間的勾稽關係是否存在、正確
                   │
                   └─ 其他資料的審閱 ── 包括有關法規文件、內部規章制度、計
                                        劃預算資料、經濟合同、協議書、委托
                                        書、考勤記錄、生產記錄、各種消耗定
                                        額、出車記錄等
```

圖 5-3　審閱法的運用

二、核對法

核對法是指將書面資料的相關記錄之間，或是書面資料的記錄與實物之間，進行相互勾對以驗證其是否相符的一種審計技術方法。

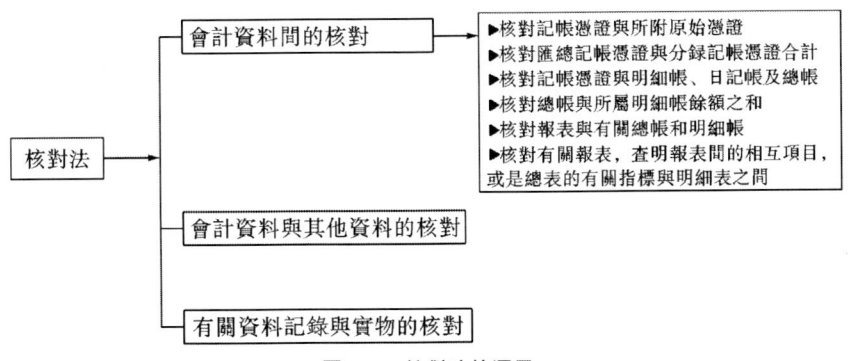

```
            ┌─ 會計資料間的核對 ──── ▶核對記帳憑證與所附原始憑證
            │                        ▶核對匯總記帳憑證與分錄記帳憑證合計
            │                        ▶核對記帳憑證與明細帳、日記帳及總帳
            │                        ▶核對總帳與所屬明細帳餘額之和
   核對法 ─┤                        ▶核對報表與有關總帳和明細帳
            │                        ▶核對有關報表，查明報表間的相互項目，
            │                          或是總表的有關指標與明細表之間
            │
            ├─ 會計資料與其他資料的核對
            │
            └─ 有關資料記錄與實物的核對
```

圖 5-4　核對法的運用

會計資料核對如圖 5-5 所示：

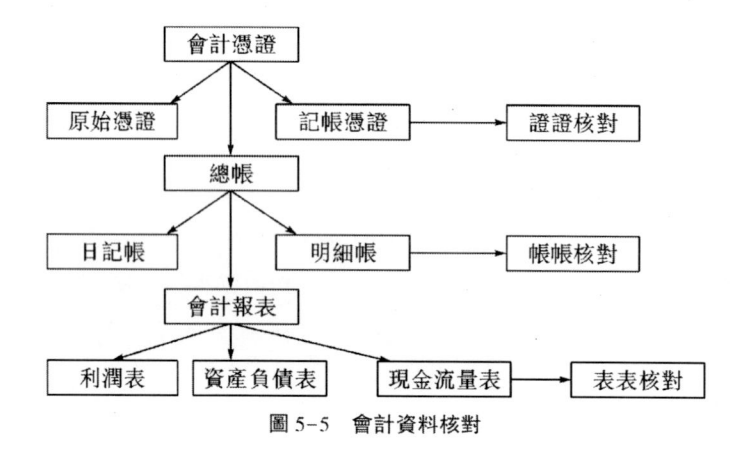

```
                    ┌─────────┐
                    │ 會計憑證 │
                    └────┬────┘
              ┌──────────┴──────────┐
        ┌─────▼────┐           ┌────▼─────┐        ┌─────────┐
        │ 原始憑證 │           │ 記帳憑證 │───────▶│ 證證核對 │
        └──────────┘           └────┬─────┘        └─────────┘
                          ┌─────────▼─────────┐
                          │      總帳         │
                          └─────────┬─────────┘
                    ┌───────────────┴───────────────┐
              ┌─────▼────┐                    ┌─────▼────┐       ┌─────────┐
              │  日記帳  │                    │  明細帳  │──────▶│ 帳帳核對 │
              └──────────┘                    └──────────┘       └─────────┘
                                    ┌──────────────┐
                                    │   會計報表   │
                                    └──────┬───────┘
                ┌──────────────┬───────────┴────────────┐
          ┌─────▼────┐   ┌─────▼──────┐         ┌───────▼────┐        ┌─────────┐
          │  利潤表  │   │ 資產負債表 │         │ 現金流量表 │───────▶│ 表表核對 │
          └──────────┘   └────────────┘         └────────────┘        └─────────┘
```

圖 5-5　會計資料核對

三、驗算法

驗算法也稱重新計算法，是指審計人員對被審計單位的書面資料的有關數據在審閱、核對的基礎上進行重新計算，以驗證原計算結果是否正確的一種方法。計算可根據需要進行，不一定按照審計單位原來的計算順序進行。計算過程中，不僅要注意計算結果是否正確，還要注意過賬、轉賬等方面的差錯。被審計單位需要驗算的內容很多，主要包括：有關審計項目小計、合計、累計、平均數和差積商的驗算；各種按規定計提比率的驗算；成本費用歸集和分配結果的驗算；各種財務分析指標數值的驗算；等等。

四、查詢法

查詢法是審計人員對審計過程中發現的疑點和問題，通過向被審計單位內外有關人員調查或詢問，核對賬務和經濟事實，弄清事實並取得審計證據的一種方法。查詢法包括面詢和函詢兩種調查方法。

查詢法主要用於查證應收帳款、應付帳款等往來款項，也可用於查證被審計單位委託外單位保管的財物、含混不清的外來憑證、某些購銷業務等，還可用於查證被審計單位銀行存款、借款的種類和數額情況、保險情況以及未決法律訴訟案件情況等。

查詢法的運用如圖 5-6 所示：

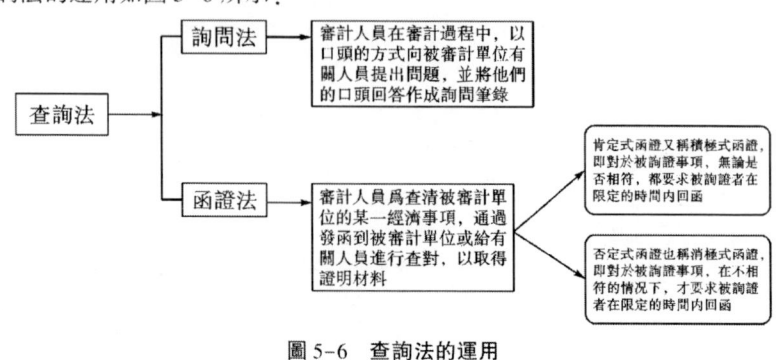

```
                    ┌─────────┐     ┌──────────────────────────┐
                    │ 詢問法  │────▶│ 審計人員在審計過程中，以 │
                    └─────────┘     │ 口頭的方式向被審計單位有 │
                         ▲          │ 關人員提出問題，並將他們 │
                         │          │ 的口頭回答作成詢問筆錄   │
  ┌──────────┐           │          └──────────────────────────┘
  │  查詢法  │───────────┤                                      ┌──────────────────────────┐
  └──────────┘           │                                   ┌─▶│ 肯定式函證又稱積極式函證，│
                         │                                   │  │ 即對於被詢證事項，無論是 │
                         │                                   │  │ 否相符，都要求被詢證者在 │
                         │                                   │  │ 限定的時間內回函         │
                         │          ┌──────────────────────┐ │  └──────────────────────────┘
                         │          │ 審計人員為查清被審計 │ │
                         └─────────▶│ 單位的某一經濟事項， │─┤
                    ┌─────────┐     │ 通過發函到被審計單位 │ │  ┌──────────────────────────┐
                    │ 函證法  │────▶│ 或給有關人員進行查對，│ └─▶│ 否定式函證也稱消極式函證，│
                    └─────────┘     │ 以取得證明材料       │    │ 即對於被詢證事項，在不相 │
                                    └──────────────────────┘    │ 符的情況下，才要求被詢證 │
                                                                │ 者在限定的時間內回函     │
                                                                └──────────────────────────┘
```

圖 5-6　查詢法的運用

五、比較分析法

比較分析法是審計人員通過對比相關數據，判斷各種變動趨勢是否正常的一種方法。比較法大多通過有關指標進行比較，包括指標絕對數比較和相對數比較。

比較分析法的運用如圖5-7所示：

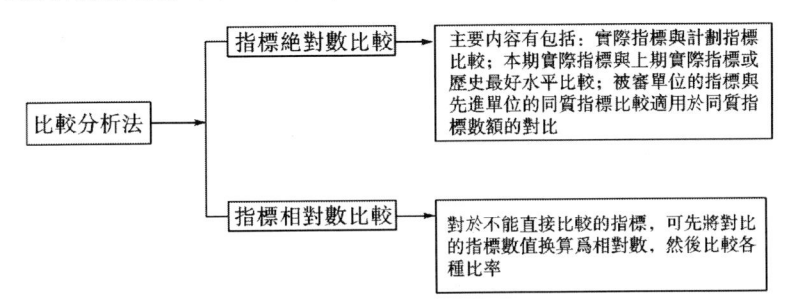

```
                    ┌── 指標絕對數比較 ── 主要內容有包括：實際指標與計劃指標
                    │                    比較；本期實際指標與上期實際指標或
                    │                    歷史最好水平比較；被審單位的指標與
  比較分析法 ──────┤                    先進單位的同質指標比較適用於同質指
                    │                    標數額的對比
                    │
                    └── 指標相對數比較 ── 對於不能直接比較的指標，可先將對比
                                         的指標數值換算為相對數，然後比較各
                                         種比率
```

圖5-7　比較分析法的運用

六、盤存法

盤存法是指通過對有關財產物資的清點、計量，來證實帳面反應的財物是否確實存在的一種審計技術。

盤存法適用於各種實物的檢查，如現金、有價證券、材料、產成品、在產品、庫存商品、低值易耗品、包裝物、固定資產等。

在審計過程中，審計人員只是對被審單位盤點工作進行監督，對於貴重物資才進行抽查復點。採取監督盤存法的目的是為了確定被審計單位實物形態的資產是否真實存在、是否與帳面反應一致以及有無短缺、毀損、貪污、盜竊等問題存在。實物盤點工作只能證實實物的存在性，而不能證實其所有權和質量的好壞。因此，審計人員還要另行審計，以證實其所有權和質量問題。無論是直接盤存還是監督盤存，均是重要的檢查有形資產的方法，可以為有形資產的存在性提供可靠的審計證據。

七、調節法

調節法是指在被審計單位報告日的數據和審計日的數據存在差異或者被審計項目存在未達帳項的情況下，審計人員通過對某些項目進行增減調節，來驗證報告日的數據是否帳實一致的一種方法。

調節法通常與盤存法結合使用，也可用於調節銀行存款及有關結算類帳戶的未達帳項。

調節法的調節公式如下：

結帳日帳面應存數＝盤點日帳面應存數＋盤點日與結帳日之間的發出數－盤點日與結帳日之間的收入數

結帳日實存數＝盤點日實存數＋盤點日與結帳日之間發出數－盤點日與結帳日之間收入數

【例5-1】某企業2015年12月31日帳面結存甲材料2,000千克,通過審查並無錯弊。2016年1月1~16日收入甲材料35,000千克,發出甲材料34,500千克。1月1日期初余額及收發額均經核對、審閱和復核無誤。2016年1月16日下班后監督盤點時甲材料存量為2,800千克。

要求:運用調節法審查該企業帳面記錄是否正確。

解析:審查日存量=2,800+34,500-35,000=2,300(千克)

經過上述調節計算2015年12月31日的實存量為2,300千克,與帳面記錄的甲材料存量2,000千克不一致。

審計人員應要求有關人員說明原因,並進行查帳核實。

八、觀察法

觀察法是指實地察看被審計單位的經營場所、實物資產和有關業務活動及其內部控制的執行情況等,以獲取審計證據的方法。

觀察法適用於對被審計單位經營環境的瞭解以及對內部控制制度的遵循測試和財產物資管理的調查。觀察法結合盤點法、詢問法使用,會取得更佳的效果。

觀察法除應用於對被審計單位經營環境的瞭解以外,主要應用於內部控制制度的遵循測試和財產物資管理的調查,如有關業務的處理是否遵守了既定的程序、是否辦理了應辦的手續;財產物資管理是否能保證其安全完整,是否有外在的廠房、物資等、外借的場地、設備是否確實需要;等等。觀察提供的審計證據僅限於觀察發生的時點,並且可能影響對相關人員從事活動或執行程序的真實情況的瞭解。

九、鑒定法

鑒定法是指審計工作中某些活動超出註冊會計師的專業能力時,聘請有關專門機構或專家對被審計事項進行鑑別和證明的方法。

鑒定法主要用於對書面資料真偽的鑑別,對實物性能、質量、價值以及經濟活動的合理性、有效性的鑑定等。鑒定法應用於涉及較多專門技術問題的審計領域。

應用鑒定法,在聘請有關人員時,應判斷被聘人員能否保持獨立性、與被鑒定事項所涉及的有關方面有無利害關係;鑒定后應正式出具鑒定報告並簽名,以明確責任。

第四節 審計抽樣

審計抽樣是一種重要的現代審計技術,其產生是審計方法的一大進步,使審計人員從機械而繁重的事務性工作中解脫出來,使現代審計以更低的成本、更高的效率,並以前所未有的廣度和深度展開。目前,在發達國家審計實踐中,抽樣審計已經成為最常用的技術方法。

在設計審計程序時,審計人員應當確定選取測試項目的適當方法,具體包括選取全部項目、選取特定項目、審計抽樣。

一、選取全部項目

通常存在下列情形之一時，審計人員應考慮選取全部項目進行測試：

第一，總體由少量的大額項目構成。

第二，存在特別風險且其他方法未提供充分、適當的審計證據。

第三，由於信息系統自動執行的計算或其他程序具有重複性，對全部項目進行檢查符合成本效益原則。

需要注意的是，對全部項目進行檢查，通常更適用於細節測試，而不適用於控制測試。

二、選取特定項目

選取特定項目時，審計人員只對審計對象總體中的部分項目進行測試。

選取的特定項目可能包括以下內容：

第一，大額或關鍵項目。第二，超過某一金額的全部項目。第三，被用於獲取某些信息的項目。第四，被用於測試控制活動的項目。

選取特定項目不同於審計抽樣，其不同點在於並非所有抽樣單元都有被選取的機會。

選取特定項目進行審計時，不符合審計人員選擇標準的項目將沒有機會被選取。因此，選取特定項目進行測試不能根據所測試項目中發現的誤差推斷審計對象總體的誤差。

當總體的剩余部分重大時，審計人員應當考慮是否需要針對該剩余部分獲取充分、適當的審計證據，即對剩余項目實施審計程序，包括實施分析程序和細節測試。

三、審計抽樣概述

（一）審計抽樣的定義

審計抽樣是指審計人員對某類交易或帳戶余額中低於100%的項目實施審計程序，使所有抽樣單位都有被選取的機會。抽樣單位是指構成總體的個體項目。總體是指審計人員從中選取樣本並據此得出結論的整套數據。總體可分為多個層次或子總體。每一層次或子總體可予以分別檢查。

採用審計抽樣，審計人員要根據審計目的，考慮被審計單位的具體情況，自身審計資源條件、能力等情況制定科學的抽樣決策，並嚴格按照規定的程序和抽樣方法要求來完成審計抽樣。審計抽樣的基本目標是在有限的審計資源條件下，收集充分、適當的審計證據，以形成和支持審計結論。

（二）審計抽樣的特徵

審計抽樣的特徵如下：

第一，對某類交易或帳戶余額中低於100%的項目實施審計程序。

第二，所有抽樣單元都有被選取的機會。

第三，審計測試目的是為評價該帳戶余額或交易類型的某一特徵。

(三) 審計抽樣的適用範圍

審計抽樣對控制測試和實質性程序都適用，但審計抽樣並非對這些測試中的所有技術方法都適用。一般來說，審計抽樣在檢查、監盤、函證中可以廣泛運用，但通常不適用於詢問、觀察和分析性程序。

審計抽樣的適用範圍如圖 5-8 所示：

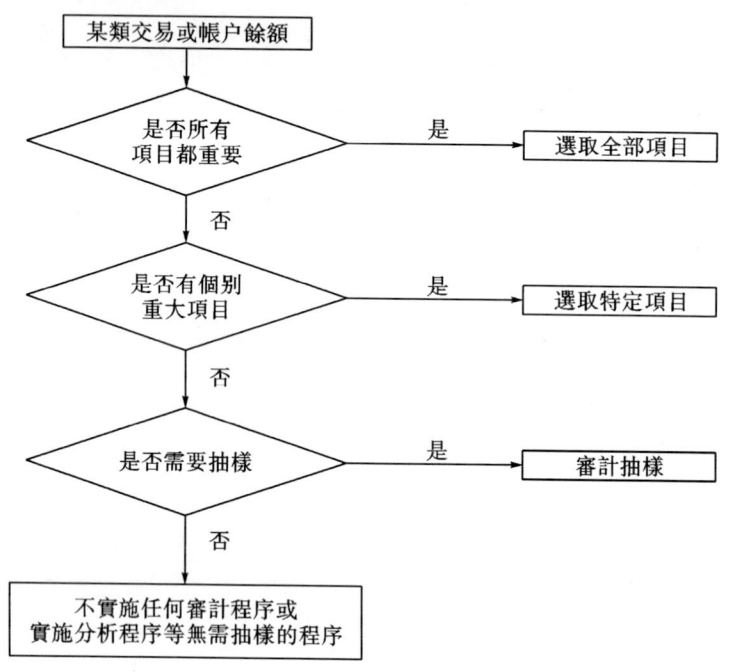

圖 5-8 審計抽樣的適用範圍

四、審計抽樣的過程

(一) 抽樣風險和非抽樣風險

1. 抽樣風險（見圖 5-9）

(1) 定義。抽樣風險是指審計人員根據樣本得出的結論，與對總體全部項目實施與樣本同樣的審計程序得出的結論存在差異的可能性。

(2) 分類。抽樣風險分為以下兩類：

①影響審計效果的抽樣風險可能導致審計人員發表不恰當的結論。

②影響審計效率的抽樣風險可能使審計人員增加不必要審計程序。

(3) 表現形式。

①在控制測試中：信賴過度風險和信賴不足風險。

信賴過度風險是指推斷的控制有效性高於其實際有效性的風險。

信賴不足風險是指推斷的控制有效性低於其實際有效性的風險。
②在實質性程序中：誤受風險和誤拒風險
誤受風險是指推斷某一重大錯報不存在而實際上存在的風險。
誤拒風險是指推斷某一重大錯報存在而實際上不存在的風險。

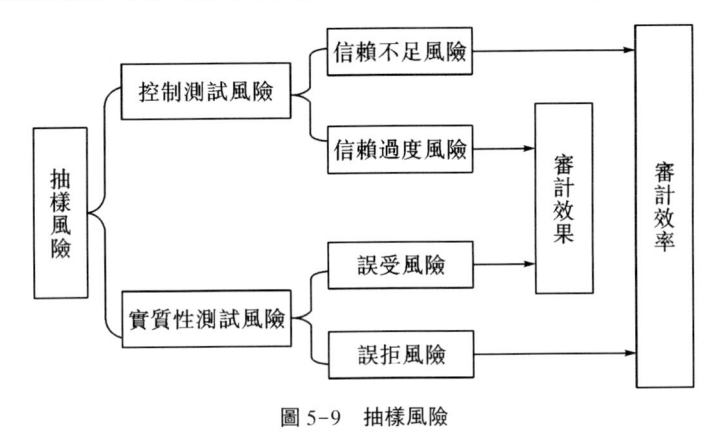

圖 5-9　抽樣風險

2. 非抽樣風險

（1）定義。非抽樣風險是指由於某些與樣本規模無關的因素而導致審計人員得出錯誤結論的可能性，包括審計風險中不是由抽樣所導致的所有風險。

（2）可能導致非抽樣風險的原因包括下列情況：

①審計人員選擇的總體不適合於測試目標。

②審計人員未能適當地定義控制偏差或錯報，導致審計人員未能發現樣本中存在的偏差或錯報。

③審計人員選擇了不適於實現特定目標的審計程序。

④審計人員未能適當地評價審計發現的情況。

⑤其他原因。在有些情況下，即使對總體中的所有項目實施檢查，審計程序也可能無效。

（3）抽樣風險和非抽樣風險的控制。

對於抽樣風險，只要使用了審計抽樣，抽樣風險就總會存在；無論是控制測試還是實質性測試，審計人員都可以通過擴大樣本規模降低抽樣風險。

對於非抽樣風險，非抽樣風險是由人為錯誤造成的，可以降低、消除或防範；雖然在任何一種抽樣方法中審計人員都不能量化非抽樣風險，但是通過採取適當的質量控制政策和程序，對審計工作進行適當的指導、監督和復核，以及對審計人員實務的適當改進，可以將非抽樣風險降至可以接受的水平。

（二）抽樣的方式

1. 非統計抽樣

任意抽樣，即任意選取一部分作為樣本進行審查。任意抽樣雖簡便但由於樣本選取任意、盲目，缺乏科學依據，審計質量缺乏保證，因此在審計實踐中應減少這種方

法的使用。

判斷抽樣，即審計人員根據審計項目的具體情況，結合自身的實際經驗和觀察能力，有重點、有選擇地從總體中選取一部分樣本進行審查的一種方法。

判斷抽樣的優點在於簡便、靈活，適用範圍廣。

判斷抽樣的缺點在於純粹依靠審計人員的實際經驗和判斷能力，是不可能保證審計抽樣對象、時期和範圍的科學性，抽樣風險難控制。若審計人員的能力較差，採用判斷抽樣法就很難獲得客觀、公正的審計結論。

2. 統計抽樣

統計抽樣是指審計人員運用概率論原理，遵循隨機原理，從審計對象總體中抽取一部分有效樣本進行審查，然後以樣本的審查結果來推斷總體的抽樣方法。

統計抽樣的意義在於科學地確定抽樣規模；機會均等，防止主觀判斷；能計算抽樣誤差在預先給定的範圍內其概率有多大，並根據抽樣推斷的要求，把這種誤差控制在預先給定的範圍之內。

同時具備下列特徵的抽樣方法才是統計抽樣：

（1）隨機選取樣本。

（2）運用概率論評價樣本結果，包括計量抽樣風險。

不同時具備上述兩個特徵的抽樣方法為非統計抽樣。

統計抽樣的優點如下：

（1）能夠客觀地計量抽樣風險，並通過調整樣本規模精確地控制風險。這是統計抽樣與非統計抽樣最重要的區別。

（2）有助於審計人員高效地設計樣本，計量所獲取證據的充分性，以及定量評價樣本結果。

統計抽樣的要求如下：

（1）統計抽樣需要特殊的專業技能。

（2）統計抽樣要求單個樣本項目符合統計要求。

統計抽樣應注意以下事項：

（1）統計抽樣、非統計抽樣兩者均需要審計師的專業判斷。

（2）非統計抽樣如果設計適當，也能提供與設計適當的統計抽樣方法同樣有效的結果。

（三）統計抽樣的方法

統計抽樣的方法如表 5-1 所示：

表 5-1　　　　　　　　　　統計抽樣的方法

統計抽樣的方法	測試特徵	測試環節
屬性抽樣	控制的偏差率 （評估控制運行是否有效）	控制測試
變量抽樣	錯報金額	實質性測試

1. 屬性抽樣

屬性抽樣是指在精確度界限和可靠程度一定的條件下，為了測定總體特徵的發生頻率而採用的一種方法。根據控制測試的目的和特點所採用的審計抽樣通常稱為屬性抽樣。屬性抽樣用於內部控制的符合性測試，目的是確定被審計單位的內部控制的有效程度。

屬性抽樣的步驟如下：

（1）確定預計差錯發生率。

（2）確定精確度（抽樣誤差的容許界限），以樣本結果為基礎，設定一個偏差區間，比如±1%就是精確度。

（3）確定可靠程度，又稱置信度，是測定抽樣可靠性的尺度。在95%的可靠程度下，精確度為±1%的含義是：審計人員有95%的把握保證總體某特徵的真實發生率在樣本發生率±1%的範圍內，另外還存在5%的風險。

（4）確定樣本數量（通過確定樣本容量的統計表來確定）。

（5）選擇隨機抽樣的方法。

①隨機數表法。對總體項目進行編號，建立總體中的項目與隨機數表中數字的一一對應關係。

確定連續選取隨機數的方法。

②系統抽樣法（等距選樣）。這是指按照相同的間隔從審計對象總體中等距離地選取樣本。選樣間距的計算公式如下：

選樣間距＝總體規模÷樣本規模

③分層抽樣法。分層抽樣法也叫類型抽樣法，是將總體單位按其屬性特徵分成若干類型或層，然後在類型或層中隨機抽取樣本單位。分層抽樣的特點是由於通過劃類分層，增大了各分層抽樣類型中單位間的共同性，容易抽出具有代表性的調查樣本。該方法適用於總體情況複雜、各單位之間差異較大、單位較多的情況。

分層抽樣的具體程序是把總體各單位分成兩個或兩個以上的相互獨立的完全的組（如男性和女性），從兩個或兩個以上的組中進行簡單隨機抽樣，樣本相互獨立。

④整群抽樣法。整群抽樣又稱聚類抽樣，是將總體中各單位歸並成若干個互不交叉、互不重複的集合，稱之為群；然後以群為抽樣單位抽取樣本的一種抽樣方式。應用整群抽樣法時，要求各群有較好的代表性，即群內各單位的差異要大，群間差異要小。

整群抽樣的優點是實施方便、節省經費；整群抽樣的缺點是往往由於不同群之間的差異較大，由此而引起的抽樣誤差往往大於簡單隨機抽樣。

整群抽樣法的實施步驟如下：

先將總體分為 n 個群，然後從 n 個群中隨機抽取若干個群，對這些群內所有個體或單元均進行調查。抽樣過程可分為以下幾個步驟：

第一，確定分群的標準；

第二，總體（N）分成若干個互不重疊的部分，每個部分為一個群；

第三，根據各樣本量，確定應該抽取的群數；

第四，採用簡單隨機抽樣或系統抽樣方法，從 n 個群中抽取確定的群數。

整群抽樣與分層抽樣的區別在於：分層抽樣要求各層之間的差異很大，層內個體或單元差異小，而整群抽樣要求群與群之間的差異比較小，群內個體或單元差異大；分層抽樣的樣本是從每個層內抽取若干單元或個體構成，而整群抽樣則是要麼整群抽取，要麼整群不被抽取。

從審計總體中抽取出來的樣本項目逐項進行對照、復核、審查，記錄所發現的錯誤，計算樣本差錯率，並將得到的樣本差錯率與確定樣本容量所使用的預計差錯率進行比較，根據抽樣審計的要求，決定是否要對抽樣的規模進行適當的調整。

第一，當樣本差錯率與總體差錯率或預計差錯率大致相同時，說明樣本容量大小符合抽樣審計的要求。

第二，當樣本差錯率小於總體差錯率時，說明所抽取的樣本容量過大。這是因為在確定樣本容量時，所選擇的預計差錯率較大造成的。這時樣本都已審查完畢，縮小樣本容量也無必要。

第三，當樣本差錯率大於總體差錯率時，說明樣本容量過小，這時可以用樣本差錯率代替預計差錯率，重新確定樣本容量，抽取並審查新增的樣本項目，重新計算增加項目后的樣本差錯率，直到樣本差錯率等於或小於計算樣本規模使用的預計差錯率為止。如果經過數次修正，樣本差錯率仍有上升趨勢，可考慮採用較高的預計差錯率來計算樣本容量。

計算出樣本差錯率后，便可以用樣本差錯率來推斷總體差錯率。但是由於樣本是隨機抽取的，肯定會出現抽樣誤差，因此要以一定的可靠性水平去推斷總體差錯率。屬性抽樣只使用精確度上限，因此屬性抽樣的審計結論通常以一定的可靠性水平確信總體差錯率不超過某一百分比，這個百分比就是樣本差錯率加上精確度所形成的精確度上限。

在屬性抽樣中，只要根據所確定的可靠性水平，已經審查的樣本規模和在審查樣本中發現的錯誤數，就可以直接從樣本結果評價表中查對精確度上限（錯誤上限）百分比。例如，確定的可靠性水平為95%，審計人員在審查了200張銷售發票后，發現有4張銷售發票有錯誤。從表的樣本規模200一行往右查到4個錯誤所在的欄次，該欄5%就是總體差錯率的精確度上限。審計人員可得出如下結論：以95%的把握，確信全部銷售發票的差錯率不超過5%。

2. 變量抽樣

變量抽樣通常用於帳戶余額或報表項目的實質性測試，通過樣本審查的結果估算被審計總體數額，一般用於應收帳款、存貨或費用等金額的實質性審查。

（1）均值估計抽樣法。變量抽樣中通過抽查確定樣本的平均值來推斷總體的平均值及總值的統計抽樣技術，稱為均值估計抽樣法。

均值估計抽樣法可以用來驗證帳戶余額或發生額的正確性。當查帳人員無法獲得被查總體數值或對被查單位提供的數字根本不可信賴時，此種方法仍可使用。但是應用這種方法時，計算標準差的工作量比較大。因為均值估計法中，標準差的計算需要考慮初始樣本或總體中的每一個項目的數值。

（2）差異估計抽樣法。差異估計抽樣法是利用審查樣本所得到的樣本平均差錯額來推斷總體差錯額或正確額的一種統計抽樣方法。

（四）平均值估計

平均值估計的步驟如下：

（1）確定審計的總體範圍，確定檢查哪段時間內的哪類業務。變量抽樣法中對總體的同質性要求較高。所謂同質性，是指總體中只包括同類性質的業務。如果定義的總體中包括不同性質的業務，如應收款中包括應收款和預付款兩類業務，由於各類業務會計記錄「借」「貸」方向不一致，規定的總體數額很容易被歪曲，最后的總體推算工作也過於複雜。因此，若不同類業務所占比重較大時，應將其作為不同的總體予以規定，分別進行抽樣檢查。

（2）擬定所需的精確度和可靠程度，並將估計總體所需精確度換算成單位平均精確度。

$$單位平均精確度（\bar{P}）= \frac{估計總體所需精確度（P）}{總體單位（N）}$$

（3）估計總體標準離差，即各個數值與總平均數的平均偏離程度。

$$\delta_x = \sqrt{\frac{\sum(\bar{X}-X)^2}{n-1}}$$

式中，$\bar{x} = \sum x/n$

（4）根據要求（見表5-2）計算所需樣本容量。

表 5-2 　　　　　　　　　　可靠程度和標準正態離差系數表

可靠程度（%）	標準正態離差系數（t）
70	1.04
75	1.15
80	1.28
85	1.44
90	1.64
95	1.96
99	2.58

$$n = \frac{N}{1+\frac{N\bar{P}^2}{t^2\sigma^2}}$$

（5）選取樣本。

（6）審查樣本的各個項目，計算審定樣本的實際平均數。

$$\bar{X} = \sum X/n$$

(7) 以樣本的平均數作為總體平均數的估計，對總體的總金額進行區間估計。

$N\bar{X} = N\bar{X} \pm P$

(8) 得出審計結論。

(五) 差異估計

差異估計的步驟如下：

(1) 確定審計的總體範圍。

(2) 擬定所需的精確度和可靠程度，精確度要以金額表示，並且還要用到精確度下限。

(3) 確定總體標準差。樣本標準差計算公式如下：

$$S = \sqrt{\frac{\sum_{i=1}^{n} d_i^2 - \bar{d}^2 n}{n-1}}$$

(4) 計算所需的樣本容量。

$$n' = \left(\frac{tSN}{P}\right)^2$$

$$n = \frac{n'}{1 + \frac{n'}{N}}$$

(5) 審查樣本項目。

(6) 根據樣本審查結果推斷總體。差異估計是根據總體記錄額（Y）加上總體差錯額（D）去估計總體正確額。其計算公式為：$D = \bar{d}N$

總體正確額的點估計（T）為：

$T = Y + D$

總體正確額精確區間的計算公式為：

$$\Delta = t \cdot \frac{S}{\sqrt{n}} \cdot N \sqrt{1 - \frac{n}{N}}$$

分析樣本誤差如下：

實際差錯率＜預計差錯率 ⎫
實際差錯率＝預計差錯率 ⎬ 可以接受

實際差錯率＞預計差錯率 → ⎰ 擴大樣本量
　　　　　　　　　　　　⎱ 改變實質性測試程序

(7) 得出審計結論。審計人員利用計算機程序或數學公式計算出總體錯報上限，並將計算的總體錯報上限與可容忍錯報比較。

如果計算的總體錯報上限低於可容忍錯報，則總體可以接受。這時審計人員對總體得出結論，所測試的交易或帳戶餘額不存在重大錯報。

如果計算的總體錯報上限大於或等於可容忍錯報，則總體不能接受。這時審計人員對總體得出結論，所測試的交易或帳戶餘額存在重大錯報。

在評價財務報表整體是否存在重大錯報時，審計人員應將該類交易或帳戶餘額的錯報與其他審計證據一起考慮。通常註冊會計師會建議被審計單位對錯報進行調查，並且在必要時調整帳面記錄。

【拓展閱讀】

基本案情：永晟股份有限公司所處行業為摩托車行業，主營業務為摩托車、助力車及其零部件的自製與開發。某審計項目組於 2016 年 2 月 15 至 3 月 5 日對該公司 2015 年度的會計報表進行了審計。

審計方法和過程如下：

（1）通過瞭解、調查、描述、測試與評價對被審計單位進行控制測試。

（2）編製了生產成本匯總明細表，並將其與總帳數、明細帳合計數進行核對，對生產成本進行了分析性復核，檢查了車間在產品盤存資料並將其與成本核算資料進行核對，檢查了生產成本在完工產品與在產品間的分配。

發現的問題和疑點：審計人員 A 對比了 2015 年各月同一產品的單位成本，發現 Q 型摩托車年度產品單位成本較上年度有較大幅度增長，在 2015 年度 12 月份產品單位成本尤其比其他月份和以前年度單位成本金額大。審計人員瞭解到的情況排除了材料價格上漲的因素。進一步抽查成本計算單後發現，Q 型摩托 2015 年度 12 月份成本計算單中直接材料的單位用量異常增高，需要進一步抽查憑證和進行材料盤點，以進一步確認是什麼原因導致年末材料的用量較大。

疑點及其查證：審計人員重點抽查了 2015 年度 12 月份的有關成本歸集與分配的憑證，發現了兩筆憑證需要進行調整。一筆是在建工程領用的材料價值 1,232,000 元，記入了 Q 型摩托車的 12 月份成本計算單中；另一筆是在建工程工人的工資及福利費用金額為 592,800 元，也記入了 Q 型摩托車的成本中。進一步審計，審計人員瞭解到被審計單位在 12 月份新上馬一項在建工程，有關該項工程的開支全部記入 Q 型摩托車產品成本開支中。審計人員經與有關人員詢問，確認無誤。

案例點評：本案例涉及生產與費用循環中生產成本的有關內容，生產成本是審計的重要內容。生產成本核算中，料、工、費的歸集和分配過程，涉及大量的相互有勾稽關係的單證和帳表，對於這些證據的收集和復核是實質性測試環節的重要程序之一。

【思考與練習】

一、單項選擇題

1. 根據控制測試的目的和特點所採用的審計抽樣稱為（ ）。

    A. 變量抽樣　　　　　　　　B. 屬性抽樣

    C. 統計抽樣　　　　　　　　D. 非統計抽樣

2. 有關審計抽樣的下列表述中，正確的是（ ）。

    A. 註冊會計師可採用統計抽樣或非統計抽樣方法選取樣本，只要運用得當，

均可獲得充分、適當的審計證據

 B. 審計抽樣可用於所有審計程序

 C. 統計抽樣和判斷抽樣的選用，往往判斷抽樣選取的樣本不如統計抽樣

 D. 信賴過度風險和誤受風險影響審計效率

3. 統計抽樣是指具備下列（　　）特徵的抽樣方法。

 A. 隨機選取樣本

 B. 運用概率論評價樣本結果，包括計量抽樣風險

 C. A 和 B

 D. A 或 B

4. 下列關於審計抽樣的說法中，不正確的是（　　）。

 A. 審計抽樣是對某類交易或帳戶餘額中低於百分之百的項目實施審計程序

 B. 在審計抽樣中，所有抽樣單元都有被選取的機會

 C. 審計抽樣的目的是為了評價該帳戶餘額或交易類型的某一特徵

 D. 選取特定項目進行測試屬於審計抽樣

5. 有關抽樣風險與非抽樣風險的下列表述中，註冊會計師不能認同的是（　　）。

 A. 信賴不足風險與誤拒風險會降低審計效率

 B. 信賴過度風險與誤受風險會降低審計效果

 C. 非抽樣風險對審計工作的效率和效果都有影響

 D. 審計抽樣只與審計風險中的控制風險相關

6. 由於任意抽樣是任意地抽取樣本，其審查結果缺乏科學性和可靠性，因此這一方法不久就被（　　）所替代。

 A. 統計抽樣法   B. 概率抽樣法

 C. 判斷抽樣法   D. 總體抽樣法

7. （　　）是指在精確度界限和可靠程度一定的條件下，為了測定總體特徵的發生頻率而採用的方法。

 A. 屬性抽樣   B. 變量抽樣

 C. 任意抽樣   D. 判斷抽樣

8. 從 8,000 張現金支出憑證中抽取 400 張進行審計，採用系統抽樣法，抽樣間隔數為（　　）。

 A. 10   B. 20

 C. 30   D. 40

9. 在隨機選樣條件中，選樣的起點、方向可以任意確定而不影響選樣的效果，是因為無論怎樣確定選樣的起點、方向，（　　）都是相同的。

 A. 選取樣本的隨機性   B. 所選的樣本編號

 C. 所選的第一個單位   D. 推斷的總體誤差

10. 將統計抽樣運用於下列（　　）項目，屬於屬性抽樣。

 A. 未經批准而賒銷的金額   B. 賒銷是否經過嚴格審批

 C. 因賒銷而引起的壞帳額   D. 應收帳款餘額的真實性

11. 順查法不適用於（   ）。
    A. 規模較小、業務量少的審計項目　　B. 內部控制制度較差的審計項目
    C. 規模較大、業務量較大的審計項目　D. 重要的審計事項
12. 審計調查、取證的方法不包括（   ）。
    A. 觀察法　　　　　　　　　　　　　B. 調帳法
    C. 查詢法　　　　　　　　　　　　　D. 專題調查法
13. 對庫存現金、有價證券、貴重物品的盤存，應採用（   ）。
    A. 監督盤存　　　　　　　　　　　　B. 觀察盤存
    C. 抽查盤存　　　　　　　　　　　　D. 直接盤存
14. 註冊會計師運用分層抽樣方法的主要目的是為了（   ）。
    A. 減少樣本的非抽樣風險
    B. 決定審計對象總體特徵的正確發生率
    C. 審計可能有較大錯誤的項目，並減少樣本量
    D. 無偏見地選取樣本項目

二、多項選擇題

1. 審計調查、取證的方法一般包括（   ）。
    A. 專題調查法　　　　　　　　　　　B. 專案調查法
    C. 觀察法　　　　　　　　　　　　　D. 查詢法
2. 審計人員在選用審計方法時，應注意（   ）。
    A. 審計方法的選用要考慮審計證據的數量
    B. 審計方法的選用要適應審計的目的
    C. 審計方法的選用要適合審計的方式
    D. 審計方法的選用要聯繫被審計單位的實際
    E. 審計方法的選用要考慮審計人員的勝任能力
3. 有關審計抽樣的下列表述中，註冊會計師不能認同的有（   ）。
    A. 審計抽樣適用於財務報表審計的所有審計程序
    B. 統計抽樣的產生並不意味著非統計抽樣的消亡
    C. 統計抽樣能夠減少審計過程中的專業判斷
    D. 對可信賴程度要求越高，需選取的樣本量就應越大
4. 審計抽樣應當具備三個基本特徵，即（   ）。
    A. 選樣方法能夠計量並控制審計風險在可接受的水平
    B. 所有抽樣單元都有被選取的機會
    C. 審計測試的目的是為了評價該帳戶餘額或交易類型的某一特徵
    D. 對某類交易或帳戶餘額中低於百分之百的項目實施審計程序
5. 在以下關於統計抽樣與非統計抽樣的論斷中，正確的是（   ）。
    A. 同等條件下，統計抽樣可能比非統計抽樣的成本高，但非統計抽樣可能比統計抽樣的效果差

B. 統計抽樣比非統計抽樣要運用更多的數學方法，非統計抽樣比統計抽樣要運用更多的專業判斷

C. 對於抽樣風險，統計抽樣可以定量化控制，而非統計抽樣至多是定性估計

D. 統計抽樣能夠科學地確定抽樣規模，而非統計抽樣可能在某個領域選用了過多的樣本，而在另一個領域選用了過少的樣本

6. 審計抽樣通常在（　　）程序中不採用。

　　A. 風險評估程序　　　　　　　B. 細節測試
　　C. 控制測試　　　　　　　　　D. 實質性分析程序

7. 註冊會計師在樣本的設計中，應考慮的基本因素有（　　）。

　　A. 審計目的　　　　　　　　　B. 抽樣風險以及非抽樣風險
　　C. 可信賴程度　　　　　　　　D. 可容忍誤差及預期總體誤差

8. 下列說法中正確的有（　　）。

　　A. 重要性水平越高，審計風險越低
　　B. 重要性水平越低，應當獲取的審計證據越多
　　C. 樣本量越大，抽樣風險越大
　　D. 可容忍誤差越小，需選取的樣本量越大

9. 在抽樣風險中，導致註冊會計師執行額外的審計程序。降低審計效率的風險有（　　）。

　　A. 信賴不足風險　　　　　　　B. 信賴過度風險
　　C. 誤拒風險　　　　　　　　　D. 誤受風險

三、判斷題

1. 順查法的審查順序與會計核算順序並不完全一致。　　　　　　　　　　（　　）

2. 詳查法的審計順序和過程基本上與順查法相同，因其優缺點和適用範圍也基本上與順查法相同。　　　　　　　　　　　　　　　　　　　　　　　　　（　　）

3. 審閱法審閱的內容很多，既包括審閱財務會計及其有關資料，又包括審閱與管理行為有關的內容。　　　　　　　　　　　　　　　　　　　　　　　　（　　）

4. 採用查詢法審計時，函證既可由審計人員直接寄發和收取，也可委託被審計單位代辦。　　　　　　　　　　　　　　　　　　　　　　　　　　　　　（　　）

5. 在實物盤存法下，可以通過比較盤點記錄與帳面記錄，來證實帳面記錄是否正確。　　　　　　　　　　　　　　　　　　　　　　　　　　　　　　　（　　）

6. 審查 Q 公司 2016 年度財務報表時，為證實 Q 公司 2016 年年末所有應入帳的應付帳款是否均已入帳，甲註冊會計師確定 Q 公司 2016 年度發生的所有賒購業務為抽樣總體，則這一總體不完整。　　　　　　　　　　　　　　　　　　（　　）

7. 統計抽樣是以概率論和數理統計為理論基礎的現代抽樣方法，因此採用統計抽樣能比採用非統計抽樣選用更加適當的樣本。　　　　　　　　　　　（　　）

8. 審計抽樣是指註冊會計師對某類交易或帳戶餘額中低於百分之百的項目實施審計程序，使所有抽樣單元都有被選取的機會。　　　　　　　　　　　（　　）

9. 無論是在控制測試中採用抽樣，還是在實質性程序中採用抽樣，如果依據樣本推斷的總體誤差超過可容忍誤差，經重估后的抽樣風險不可接受，應增加樣本量或執行替代審計程序。（　　）

10. 因為確認總體項目存在重大的差異性，註冊會計師決定對總體項目進行分層。不論是按照金額大小進行分層，還是按照業務發生的時間進行分層，註冊會計師應當對不同的層採用不同的抽樣比率，即應使屬於不同層次的抽樣單元被抽取的概率不同。（　　）

四、案例分析題

1. A 機械廠生產甲產品，材料一次投入，逐步消耗，每投入 100 千克 A 材料可以生產出甲產品 100 千克。20×2 年 12 月 31 日，該企業對在產品和產成品進行了盤點。盤點結果：在產品結存 2,100 千克，加工程度 50%；產成品結存 4,800 千克。期末在產品和產成品帳面記錄與盤點數一致。20×3 年 2 月 2 日，審計人員委託對該企業進行財務審計。當日，對在產品和產成品進行了盤點。盤點結果：在產品盤存 2,000 千克，加工程度 50%；產成品盤存 5,000 千克。

A 機械廠其他有關資料如下：20×3 年 1 月 1 日至 2 月 2 日，領料單記錄生產領用 A 材料 5,000 千克；產成品交庫單記錄甲產品入庫數為 4,000 千克；產品發貨單記錄甲產品出庫數為 4,500 千克。

要求：運用調節法驗證 20×2 年 12 月 31 日有關會計資料的準確性。

2. 假定某被審計單位的發票的編號為 1,001～9,000，註冊會計師擬採用系統抽樣法選擇其中 5% 進行函證。

（1）確定隨機起點為 1,011 號，註冊會計師選取的前 5 張發票的編號分別為多少？

（2）若確定隨機起點為 1,018 號，試寫出所抽取的第 194、226、387 張發票的號碼分別為多少？

3. 註冊會計師陳華對 B 工業有限公司的產成品成本進行審查時獲得如下資料：B 公司全年共生產 2,000 批產品，入帳成本為 5,900,000 元，審計人員抽取其中的 200 批產品作為樣本，其帳面總價值為 600,000 元，審查時發現在 200 批產品中有 52 批產品成本不實，樣本的審定價值為 582,000 元。試運用下列各種抽樣審計方法（暫不考慮可容忍誤差和可信賴程度），估計本年度產品的總成本。

（1）均值估計抽樣審計；

（2）比率估計抽樣審計；

（3）差額估計抽樣審計。

第六章　審計報告

【引導案例】

　　基本案情：1992年9月11日，重慶渝港鈦白粉股份有限公司宣告成立，並於1992年10月11日以重慶渝港鈦白粉有限公司作為發起人，以社會募集方式設立了股票上市的股份有限公司（以下簡稱「渝鈦白」）。1998年4月29日，「渝鈦白」公布1997年年度報告，其中在財務報告部分刊登了重慶會計師事務所於1998年3月8日出具的否定意見審計報告。這是我國首份否定意見審計報告，對中國的證券市場和審計行業都有著巨大的意義。那麼重慶會計師事務所為什麼會對「渝鈦白」簽發否定意見審計報告呢？我們首先來看一看審計報告中指出的問題。審計報告中指出：「1997年度應計入財務費用的借款及應付債券利息8,064萬元，貴公司將其資本化計入了鈦白粉工程成本；欠付中國銀行重慶市分行的美元借款利息89.8萬美元（折合人民幣743萬元），貴公司未計提入帳。兩項共影響利潤8,807萬元。我們認為，由於本報告第二段所述事項的重大影響，貴公司1997年12月31日資產負債表、1997年度利潤及利潤分配表、財務狀況變動表未能公允地反應貴公司1997年12月31日財務狀況和1997年年度經營成果及資金變動情況。」該份審計報告的發布，引起中國證券市場的極大震動，中國註冊會計師協會秘書長發表談話，開門見山地肯定了重慶會計師事務所的做法，並明確說明註冊會計師審計「渝鈦白」使用的規章是準確的。他還特別強調：「財政部是國家財務主管部門，其他部門或地區制定的規章，文件中涉及財務問題，如與財政部規章不一致，是不發生效力的。」

　　審計報告全文如下：

審計報告

重慶渝鈦白粉股份有限公司全體股東：

　　我們接受委託，審計了貴公司1997年12月31日資產負債表和1997年度利潤及利潤分配表、財務狀況變動表。這些報表由貴公司負責，我們的責任是對這些會計報表發表審計意見。我們的審計是依據中國註冊會計師獨立審計準則進行的。在審計過程中，我們結合貴公司的實際情況，實施包括抽查會計記錄等我們認為必要的審計程序。

　　1997年應計入財務費用的借款及應付債券利息8,064萬元，貴公司將其資本化計入鈦白粉工程成本；欠付中國銀行重慶市分行的美元借款利息89.8萬美元（折合人民幣743萬元），貴公司未計提入帳。兩項共影響利潤8,807萬元。我們認為，由於本報告第二段所述事項的重大影響，貴公司1997年12月31日資產負債表、1997年度利潤分配表、財務狀況變動表未能公允地反應貴公司1997年12月31日財務狀況和1997年年度經營成果及資金變動情況。

此外，我們在審計過程中注意到：貴公司目前正面臨沉重的債務負擔和巨額的資產折舊壓力，除非貴公司能盡快達到正常生產經營狀況並能與有關債權人就債務重整達成協議，並且市場形勢在短期內發生有利於貴公司的重大變化，否則貴公司的財務狀況和生產經營將陷入極為嚴峻的困境。如果貴公司出現不能持續經營的情況，則應對其資產和負債重新加以評價、分類，並據以重新編製1997年年度財務報表。

重慶會計師事務所　　　　　　　　　　中國註冊會計師：石義杰
　　　　　　　　　　　　　　　　　　中國註冊會計師：鄧興政
中國·重慶　　　　　　　　　　　　　1998年3月8日

第一節　審計報告的定義、作用和種類

一、審計報告的定義

審計報告是指審計人員對審計事項實施審計后，就審計實施情況和審計結果向審計授權人或委託人提出的，反應審計結果，闡明審計意見和建議的書面文件。審計人員對審計事項實施審計，並完成既定的審計目標后，必須向審計授權人或委託人提出審計報告。

審計報告作為審計工作的成果，是審計活動的結晶和客觀描述，是審計工作質量的主要標誌。審計報告不僅是審計人員對審計經過和審計結果的全面總結，也是審計機構對審計事項做出評價，以及對違反國家規定的行為，在法定職權範圍內做出審計決定或者向其他有關部門移送的依據。

二、審計報告的作用

通常情況下，審計報告具有鑒定和證明作用，具體表現在以下幾個方面：

第一，審計報告全面地總結了審計過程和結果，表明了審計人員的審計意見和建議。

第二，審計報告是審計機關據以出具審計決定書的主要依據，也是審計機關據以出具審計移送處理書的主要依據。

第三，審計報告是具有法律效力的審計法律文書，向社會公布審計結果，可以起到公證或鑒證的作用，是被審計單位的利害關係人做出決策的主要依據。

第四，審計報告對被審計單位是一份指導性文件，便於被審計單位糾錯防弊，改善經營管理，提高經濟效益。

第五，審計報告是評價審計人員工作業績、控制審計質量的重要依據，也是重要的審計檔案，是考查審計工作的依據。

三、審計報告的種類

審計報告的種類如表6-1所示：

表 6-1　　　　　　　　　　　審計報告的種類

按審計報告的性質分類	標準審計報告
	非標準審計報告
按審計報告的使用目的分類	公布目的的審計報告
	非公布目的的審計報告
按審計報告的詳略程度分類	簡式審計報告
	詳式審計報告
按審計報告的撰寫主體分類	內部審計報告
	外部審計報告

（一）按審計報告的使用目的分類

（1）公布目的的審計報告。一般適用於對企業股東、投資人、債權人等非特定利益關係者公布的附有會計報表的審計報告。

（2）非公布目的的審計報告。一般適用於經營管理、合併或轉讓、資金融通等特定目的而實施審計的審計報告。這類審計報告是專供特定使用者使用的。

（二）按審計報告的性質分類

（1）標準審計報告。這類審計報告是指格式和措辭基本統一的審計報告，一般適用於對外公布。

（2）非標準審計報告。這類審計報告是指格式和措辭基本不統一，可以根據具體審計項目的問題來決定的審計報告，一般適用於非對外公布的審計報告。

（三）按審計報告的詳略程度分類

（1）簡式審計報告。這類審計報告又稱短式審計報告，是審計人員對應公布的會計報表進行審計後所撰寫的簡明扼要的審計報告。簡式審計報告所反應的內容是非特定多數的利害關係人共同認為必要的審計事項，具有記載法規或審計準則所規定的特徵，一般適用於公布目的，具有標準審計報告的特點。

（2）詳式審計報告。這類審計報告又稱長式審計報告，是指對被審計單位所有重要的經濟業務和情況都要做詳細說明和分析的審計報告。詳式審計報告一般適用於非公布目的，具有非標準審計報告的特點，主要用來幫助被審計單位改善經營管理服務。

（四）按審計報告的撰寫主體分類

（1）內部審計報告。內部審計報告是由內部審計機構和人員撰寫的審計報告。內部審計的獨立性決定了審計報告具有一定的局限性，一般只供部門、單位領導人瞭解情況和內部決策之用，對外不具備鑒證之類的作用。

（2）外部審計報告。根據外部審計主體的不同，外部審計報告又分為國家審計機關的審計報告和註冊會計師的審計報告。外部審計報告一般都具有鑒證和證明作用，具有法律效力。

第二節　審計報告的基本內容

一、審計報告的標題

審計報告要在標題裡體現審計報告屬於何種類型，準確地反應審計活動的主題，讓審計報告的使用者對被審計單位、審計的時間、審計的內容範圍等一目了然。國家審計和內部審計在這方面尤為突出，報告的標題一般由報告事由加文名組成，如「關於××的審計報告」，而註冊會計師審計報告的標題則統一規範為「審計報告」。

二、審計報告的接受者和收件人

因審計授權人和委託人的不同，審計報告的接受者或收件人也不同。如果是授權審計，審計報告的接受者往往是授權機關。如果是註冊會計師審計，審計人員按照業務約定書的要求致送審計報告的對象，一般是指審計業務的委託人。

三、說明段或引言段

說明段或引言段應當說明審計對象和範圍，以及審計的主要方式等內容。如註冊會計師撰寫的年度報表審計報告，必須列出整套財務報表的每張財務報表的名稱，提及會計報表附註以及財務報表的日期和涵蓋的期間等。

四、被審計單位的責任段

審計報告中被審計單位的責任段應當說明被審計單位已經按照會計準則和相關會計制度的規定，對被審計期間單位的所有經濟業務均進行了會計處理，並由此承擔責任。這種責任包括如下內容：

第一，設計、實施和維護相關的內部控制，以使財務會計信息不存在由於舞弊或錯誤而導致的重大錯報。

第二，選擇和運用恰當的會計政策。

第三，做出合理的會計估計等。

五、審計人員的責任

審計報告中關於審計人員的責任段應當說明下列內容：

第一，審計責任是在實施審計工作的基礎上發表審計意見，並體現是否按照審計準則的規定執行了審計工作。

第二，審計工作是否實施了必要的審計程序，以獲取充分有效的審計證據，據以支持審計意見和結論。

六、問題段

問題段為審計報告的關鍵部分，羅列審計過程中查出的違反財經法律法規的會計

業務。需要注意的是，此部分問題必須有審計證據的支撐。當然並非所有審計報告都具備問題段。例如，註冊會計師發表的標準的無保留意見的審計報告就沒有問題段。

七、結論段

結論段是指審計報告中用於描述審計人員對所審計事項發表審計結論的段落。不同的審計報告，發表結論的方式也略有區別。例如，註冊會計師的年度財務報表審計報告中，審計結論段應當說明會計報表是否按照企業會計準則和企業會計制度的規定，在所有重大方面公允地反應了被審計單位的財務狀況、經營成果和現金流量。國家審計中，重在總結反應被審計單位遵守財經法律法規方面的情況。內部審計報告往往重於效益方面的概括總結。

八、審計人員的簽名和蓋章

審計報告應當由審計人員簽名並蓋章，以明確法律責任。

九、審計機構的名稱、地址和蓋章

並非所有的審計報告都具有此項內容，如審計授權人組成的審計組，在審計報告中一般沒有此項內容。註冊會計師的審計報告應當載明會計師事務所的名稱和地址，並加蓋會計師事務所公章。

十、報告日期

審計報告日期是指審計人員完成審計工作的日期。審計報告的日期不應早於審計人員獲取充分、適當的審計證據，並在此基礎上形成審計意見和結論的日期。審計人員在確定審計報告日期時，應當考慮以下內容：

第一，應當實施的審計程序已經完成。

第二，應當提請被審計單位調整的事項已經提出，被審計單位已經調整或拒絕調整。必要的時候，審計人員根據期後事項的具體情況，可以簽署雙重日期。

【例 6-1】

審計報告

×××號

ABC 股份有限公司全體股東：

我們審計了后附的 ABC 股份有限公司（以下簡稱 ABC 公司）財務報表，包括 20×5 年 12 月 31 日的合併及公司資產負債表以及 20×5 年度的合併及公司利潤表、合併及公司現金流量表、合併及公司股東權益變動表及財務報表附註。

1. 管理層對財務報表的責任

編製和公允列報財務報表是 ABC 公司管理層的責任，這種責任包括：第一，按照企業會計準則的規定編製財務報表，並使其實現公允反應；第二，設計、執行和維護必要的內部控制，以使財務報表不存在由於舞弊或錯誤導致的重大錯報。

2. 註冊會計師的責任

我們的責任是在執行審計工作的基礎上對財務報表發表審計意見。我們按照中國註冊會計師審計準則的規定執行了審計工作。中國註冊會計師審計準則要求我們遵守中國註冊會計師職業道德守則，計劃和執行審計工作以對財務報表是否不存在重大錯報獲取合理保證。

審計工作涉及實施審計程序，以獲取有關財務報表金額和披露的審計證據。選擇的審計程序取決於註冊會計師的判斷，包括對由於舞弊或錯誤導致的財務報表重大錯報風險的評估。在進行風險評估時，註冊會計師考慮與財務報表編製和公允列報相關的內部控制，以設計恰當的審計程序，但目的並非對內部控制的有效性發表意見。審計工作還包括評價管理層選用會計政策的恰當性和作出會計估計的合理性，以及評價財務報表的總體列報。

我們相信，我們獲取的審計證據是充分、適當的，為發表審計意見提供了基礎。

3. 審計意見

我們認為，ABC公司財務報表在所有重大方面按照企業會計準則的規定編製，公允反應了ABC公司20×5年12月31日的合併及公司財務狀況以及20×5年度的合併及公司經營成果和合併及公司現金流量。

會計師事務所　　　　　　　　　中國註冊會計師：
(特殊普通合夥)　　　　　　　　(簽章)

　　　　　　　　　　　　　　　中國註冊會計師：
　　　　　　　　　　　　　　　(簽章)

中國·北京　　　　　　　　　　20×6年×月×日

第三節　審計報告的撰寫

一、審計報告的撰寫要求

不同的審計報告，由於審計目標、對象和範圍的不同，撰寫的方法也有所不同。就其基本要求而言，有以下幾點共性：

(一) 邏輯結構方面的基本要求

一份高質量的審計報告，首先必須做到結構嚴謹、邏輯關係清晰。這要求具體表現在以下幾個方面：

第一，審計報告標題應當反應出審計類型與審計目標。

第二，說明段和責任段要寫明審計授權人或委託人、審計具體目標和任務、審計內容和範圍、審計具體程序和方法、會計責任和審計責任等。

第三，問題段應當按照重要性程度排列以利於閱讀，審計結論中肯。

（二）內容方面的基本要求

一份高質量的審計報告，在內容方面必須做到事實清楚、證據確鑿、內容完整、反應全面、評價公正、定性準確、處理恰當、建議可行。

（三）行文方面的基本要求

審計報告是重要文書，行文必須規範，做到文題相符、概念清晰、措辭恰當、有理有據、層次清楚、行文簡練。

（四）時間方面的基本要求

審計報告的時間要求主要根據授權人或委託人的要求而定。一般而言，審計實施終了后 15 日內，審計人員應當提交審計報告。

二、編製審計報告要點

第一，檢查審計工作底稿。
第二，是否遵循獨立審計準則的要求。
第三，被審計單位會計報表、會計核算是否合法合規提出公正、客觀、實事求是的審計意見。

三、審計報告撰寫的一般步驟

第一，匯總整理審計證據。
第二，分析提煉審計證據。
第三，擬訂審計報告提綱。
第四，撰寫審計報告初稿。
第五，徵求被審計單位意見。
第六，修改定稿，出具報告。

第四節　審計報告的基本類型

在進行年度財務報表審計時，審計人員根據審計結果和被審計單位對有關問題的處理情況，形成不同的審計意見，出具年度財務審計報告。審計報告的基本類型包括四種：無保留意見審計報告、保留意見審計報告、否定意見審計報告和無法表示意見審計報告。其中，無保留意見審計報告又稱為標準審計報告，而保留意見審計報告、否定意見審計報告和無法表示意見審計報告則屬於非標準審計報告。

一、標準審計報告

（一）標準審計報告的條件

標準審計報告是指審計人員出具的無保留意見的審計報告，不附加說明段、強調事項段或任何修飾性用語。審計人員對被審計單位的會計報表整體上的公允性持肯定態度。無保留意見是審計人員和客戶雙方最希望的，也是實際審計中數量最多的意見類型。被審計單位會計報表同時符合下述情況時，應出具無保留審計意見：

第一，審計人員已經按照審計準則的規定計劃和實施審計工作，在審計過程中未受到任何限制和阻礙。

第二，被審計單位的會計報表是按照企業會計準則和企業會計制度的規定，在所有重大方面公允地反應了被審計單位的財務狀況、經營成果和現金流量。審計人員出具無保留意見的審計報告時，一般以「我們認為」的術語作為意見段的開頭，不能使用「我們保證」、「完全正確」、「完全公允」、「大致反應」、「基本反應」的字樣。

（二）標準審計報告的格式範例

【例 6-2】

審計報告

ABC 股份有限公司全體股東：

我們審計了后附的 ABC 股份有限公司（以下簡稱 ABC 公司）財務報表，包括 20×5 年度 12 月 31 日的資產負債表、20×5 年度的利潤表、股東權益變動表、現金流量表以及財務報表附註。

1. 管理層對財務報表的責任

按照企業會計準則和企業會計制度的規定編製財務報表是 ABC 公司管理層的責任。這種責任包括：第一，設計、實施和維護與財務報表編製相關的內部控制，以使財務報表不存在由於舞弊或錯誤而導致的重大錯報；第二，選擇和運用恰當的會計政策；第三，做出合理的會計估計。

2. 註冊會計師的責任

我們的責任是在實施審計工作的基礎上對財務報表發表審計意見。我們按照中國註冊會計師審計準則的規定執行了審計工作。中國註冊會計師審計準則要求我們遵守職業道德規範，計劃和實施審計工作以對財務報表是否不存在重大錯報獲取合理保證。審計工作涉及實施審計程序，以獲取有關財務報表金額和披露的審計證據。選擇的審計程序取決於註冊會計師的判斷，包括對由於舞弊或錯誤導致的財務報表中重大錯報風險的評估。在進行風險評估時，我們考慮與財務報表編製相關的內部控制，以設計恰當的審計程序，但目的並非對內部控制的有效性發表意見。審計工作還包括評價管理層選用會計政策的恰當性和做出會計估計的合理性，以及評價財務報表的總體列報。我們相信，我們獲取的審計證據是充分、適當的，為發表審計意見提供了基礎。

3. 審計意見

我們認為，ABC 股份有限公司財務報表已經按照企業會計準則和企業會計制度的規定編製，在所有重大方面公允地反應了 ABC 股份有限公司 20×5 年 12 月 31 日的財務狀況以及 20×5 年度的經營成果和現金流量。

××會計師事務所　　　　　　　　　　　　　　中國註冊會計師：×××
　　（蓋章）　　　　　　　　　　　　　　　　　（簽名並蓋章）
　　　　　　　　　　　　　　　　　　　　　　中國註冊會計師：×××
　　　　　　　　　　　　　　　　　　　　　　　（簽名並蓋章）
　　（詳細地址）　　　　　　　　　　　　　　20×6 年×月×日

當審計人員出具無保留意見審計報告時，如果認為必要，可以在意見段之後，增加對重要事項的說明。

二、非標準審計報告

標準審計報告以外的其他審計報告統稱為非標準審計報告，包括帶強調事項段的無保留意見審計報告和非無保留意見審計報告。非無保留意見的審計報告包括保留意見的審計報告、否定意見的審計報告和無法表示意見的審計報告。

（一）帶強調事項段的無保留意見審計報告

1. 強調事項段

審計報告的強調事項段是指審計人員在審計意見段之後增加的對重大事項予以強調的段落。強調事項段應同時符合下列條件：一是可能對財務報表產生重大影響，但被審計單位進行了恰當的會計處理，並且在財務報表中進行充分披露；二是不影響審計人員發表的審計意見。

2. 增加強調事項段的情形

當存在可能導致對持續經營能力產生重大疑慮的事項或情況但不影響已發表的審計意見時，審計人員應當在審計意見段之後增加強調事項段對此予以強調。

當存在可能對財務報表產生重大影響的不確定事項（持續經營問題除外）但不影響已發表的審計意見時，審計人員應當考慮在審計意見段之後增加強調事項段對此予以強調。所謂不確定事項是指其結果依賴於未來行為或事項，不受被審計單位的直接控制，但可能影響財務報表的事項。

根據審計準則的規定，除上述規定的兩種情況外，審計人員不應在審計報告的意見段之後增加強調事項段或任何解釋性段落，以免財務報表使用人產生誤解。審計人員應當在強調事項段中說明，該段內容僅用於提醒財務報表使用人注意，並不影響已發表的審計意見。

以下是一份帶強調事項段的無保留意見審計報告的格式和措詞。

【例 6-3】

審計報告

ABC 股份有限公司全體股東：

我們審計了后附的 ABC 股份有限公司（以下簡稱 ABC 公司）財務報表，包括 20×5 年度 12 月 31 日的資產負債表，20×5 年度的利潤表、股東權益變動表、現金流量表以及財務報表附註。

1. 管理層對財務報表的責任

按照企業會計準則和企業會計制度的規定編製財務報表是 ABC 公司管理層的責任。這種責任包括：第一，設計、實施和維護與財務報表編製相關的內部控制，以使財務報表不存在由於舞弊或錯誤而導致的重大錯報；第二，選擇和運用恰當的會計政策；第三，做出合理的會計估計。

2. 註冊會計師的責任

我們的責任是在實施審計工作的基礎上對財務報表發表審計意見。我們按照中國註冊會計師審計準則的規定執行了審計工作。中國註冊會計師審計準則要求我們遵守職業道德規範，計劃和實施審計工作以對財務報表是否不存在重大錯報獲取合理保證。審計工作涉及實施審計程序，以獲取有關財務報表金額和披露的審計證據。選擇的審計程序取決於註冊會計師的判斷，包括對由於舞弊或錯誤導致的財務報表中重大錯報風險的評估。在進行風險評估時，我們考慮與財務報表編製相關的內部控制，以設計恰當的審計程序，但目的並非對內部控制的有效性發表意見。審計工作還包括評價管理層選用會計政策的恰當性和做出會計估計的合理性，以及評價財務報表的總體列報。

我們相信，我們獲取的審計證據是充分、適當的，為發表審計意見提供了基礎。

3. 審計意見

我們認為，ABC 股份有限公司財務報表已經按照企業會計準則和企業會計制度的規定編製，在所有重大方面公允反映了 ABC 股份有限公司 20×5 年 12 月 31 日的財務狀況以及 20×5 年度的經營成果和現金流量。

4. 強調事項

我們提醒財務報表使用者關注，如財務報表附註×所述，ABC 公司在 20×5 年發生虧損×萬元，在 20×5 年 12 月 31 日，流動負債高於資產總額×萬元，ABC 公司已在財務報表附註×充分披露了擬採用的改善措施，但其持續經營能力仍然存在重大不確定性。本段內容不影響已發表的審計意見。

××會計師事務所　　　　　　　　　　　　　中國註冊會計師：×××
　（蓋章）　　　　　　　　　　　　　　　　　　（簽名並蓋章）
　　　　　　　　　　　　　　　　　　　　　中國註冊會計師：×××
　　　　　　　　　　　　　　　　　　　　　　　（簽名並蓋章）
　（詳細地址）　　　　　　　　　　　　　　　20×6 年×月×日

（二）保留意見的審計報告

保留意見是指審計人員對被審計單位的會計報表某些表達的公允性持有所保留態

度。保留意見表達了對被審計會計報表大致和總體上的肯定，意味著某些或個別事項的存在，對報表產生較大的影響，使無保留意見的條件不完全具備。

存在下列情況之一時，應出具保留意見的審計報告：

第一，會計政策的選用、會計估計的確定或會計報表的披露不符合企業會計準則和企業會計制度的定，雖影響重大，但不至於出具否定意見的審計報告。

第二，因審計範圍受到限制，無法獲取充分、適當的審計證據，雖影響重大，但不至於出具無法表示意見的審計報告。

審計範圍的限制通常涉及存貨監盤的限制、應收帳款函證的限制以及審計長期投資時無法獲取被投資企業的已審計會計報表等。

當出具保留意見的審計報告時，應在意見段之前另設說明段，用來說明導致發表保留意見的事項，並且應當在審計意見段中使用「除……的影響外」等術語。如果審計單位受到限制，審計人員還應當在註冊會計師責任段提及這一情況。

以下是一份因審計範圍受到限制而出具保留意見的審計報告的標準格式和措詞。

【例6-4】

審計報告

ABC股份有限公司全體股東：

我們審計了后附的ABC股份有限公司（以下簡稱ABC公司）財務報表，包括20×5年度12月31日的資產負債表，20×5年度的利潤表、股東權益變動表、現金流量表以及財務報表附註。

1. 管理層對財務報表的責任

按照企業會計準則和企業會計制度的規定編製財務報表是ABC公司管理層的責任。這種責任包括：第一，設計、實施和維護與財務報表編製相關的內部控制，以使財務報表不存在由於舞弊或錯誤而導致的重大錯報；第二，選擇和運用恰當的會計政策；第三，做出合理的會計估計。

2. 註冊會計師的責任

我們的責任是在實施審計工作的基礎上對財務報表發表審計意見。除本報告「3. 導致保留意見的事項」所訴事項外，我們按照中國註冊會計師審計準則的規定執行了審計工作。中國註冊會計師審計準則要求註冊會計師遵守職業道德規範，計劃和實施審計工作以對財務報表是否不存在重大錯報獲取合理保證。

審計工作涉及實施審計程序，以獲取有關財務報表金額和披露的審計證據。選擇的審計程序取決於註冊會計師的判斷，包括對由於舞弊或錯誤導致的財務報表中重大錯報風險的評估。在進行風險評估時，我們考慮與財務報表編製相關的內部控制，以設計恰當的審計程序，但目的並非對內部控制的有效性發表意見。審計工作還包括評價管理層選用會計政策的恰當性和做出會計估計的合理性，以及評價財務報表的總體列報。

我們相信，我們獲取的審計證據是充分、適當的，為發表審計意見提供了基礎。

3. 導致保留意見的事項

ABC 公司 20×5 年 12 月 31 日的應收帳款額×萬元，占資產總額的×%。由於 ABC 公司未能提供債務人地址，我們無法實施函證以及其他審計程序，以獲取充分、適當的審計證據。

4. 審計意見

我們認為，除了前段所述未能實施函證可能產生的影響外，ABC 公司財務報表已經按照企業會計準則和企業會計制度的規定編製，在所有重大方面公允反應了 ABC 公司 20×5 年 12 月 31 日的財務狀況以及 20×5 年度的經營成果和現金流量。

××會計師事務所　　　　　　　　　　　中國註冊會計師：×××
　　（蓋章）　　　　　　　　　　　　　　　（簽名並蓋章）
　　　　　　　　　　　　　　　　　　　中國註冊會計師：×××
　　　　　　　　　　　　　　　　　　　　　（簽名並蓋章）
　（詳細地址）　　　　　　　　　　　　　　20×6 年×月×日

（三）否定意見的審計報告

否定意見是指審計人員對被審計單位的會計報表整體上的公允性持否定態度。審計人員經過審計后，認為被審計單位的會計報表整體沒有按照企業會計準則和企業會計制度的規定編製，未能在所有重大方面公允地反應被審計單位的財務狀況、經營成果和現金流量，應當出具否定意見的審計報告。

審計人員在出具否定意見的審計報告時，應於意見段之前另設說明段，說明導致發表否定意見的事項，並在意見段中使用「由於上述問題造成的重大影響」「由於受到前段所述事項的重大影響」等專業術語。

否定意見的審計報告的標準格式和措詞舉例如下。

【例 6-5】

審計報告

ABC 股份有限公司全體股東：

我們審計了后附的 ABC 股份有限公司（以下簡稱 ABC 公司）財務報表，包括 20×5 年度 12 月 31 日的資產負債表、20×5 年度的利潤表、股東權益變動表、現金流量表以及財務報表附註。

1. 管理層對財務報表的責任

按照企業會計準則和企業會計制度的規定編製財務報表是 ABC 公司管理層的責任。這種責任包括：第一，設計、實施和維護與財務報表編製相關的內部控制，以使財務報表不存在由於舞弊或錯誤而導致的重大錯報；第二，選擇和運用恰當的會計政策；第三，做出合理的會計估計。

2. 註冊會計師的責任

我們的責任是在實施審計工作的基礎上對財務報表發表審計意見。我們按照中國註冊會計師審計準則的規定執行了審計工作。中國註冊會計師審計準則要求我們遵守

職業道德規範，計劃和實施審計工作以對財務報表是否不存在重大錯報獲取合理保證。

審計工作涉及實施審計程序，以獲取有關財務報表金額和披露的審計證據。選擇的審計程序取決於註冊會計師的判斷，包括對由於舞弊或錯誤導致的財務報表中重大錯報風險的評估。在進行風險評估時，我們考慮與財務報表編製相關的內部控制，以設計恰當的審計程序，但目的並非對內部控制的有效性發表意見。審計工作還包括評價管理層選用會計政策的恰當性和做出會計估計的合理性，以及評價財務報表的總體列報。

我們相信，我們獲取的審計證據是充分、適當的，為發表審計意見提供了基礎。

3. 導致否定意見的事項

如財務報表附註×所述，ABC公司的長期股權投資未按企業會計準則的規定採用權益法核算。如果按照權益法核算，ABC公司的長期投資帳面價值將減少×萬元，淨利潤將減少×萬元，從而導致ABC公司由盈利×萬元變為虧損×萬元。

4. 審計意見

我們認為，由於受到前段所述的重大影響外，ABC股份有限公司財務報表沒有按照企業會計準則和企業會計制度的規定編製，未能在所有重大方面公允反應ABC股份有限公司20×5年12月31日的財務狀況以及20×5年度的經營成果和現金流量。

××會計師事務所　　　　　　　　　　　　　　　中國註冊會計師：×××

（蓋章）　　　　　　　　　　　　　　　　　　　（簽名並蓋章）

　　　　　　　　　　　　　　　　　　　　　　　中國註冊會計師：×××

　　　　　　　　　　　　　　　　　　　　　　　（簽名並蓋章）

（詳細地址）　　　　　　　　　　　　　　　　　20×6年×月×日

（四）無法表示意見的審計報告

無法表示意見是指審計人員在審計過程中，由於審計範圍受到委託人、被審計單位或客觀環境的嚴重限制，不能獲得審計證據，以致無法對會計報表整體表示審計意見。無法表示意見不等於否定意見，也不能代替否定意見。

當出具無法表示意見的審計報告時，審計人員應當刪除引言段中對自身責任的描述以及範圍段，並於意見段之前另設說明段，說明所持無法表示意見的理由，並在意見段中使用「由於審計範圍受到嚴重限制」「由於無法實施必要的審計程序」「由於無法獲取必要的審計證據」等專業術語。

無法表示意見的審計報告的標準格式和措詞舉例如下。

【例6-6】

審計報告

ABC股份有限公司全體股東：

我們接受委託，審計了后附的ABC股份有限公司（以下簡稱ABC公司）財務報表，包括20×5年度12月31日的資產負債表、20×5年度的利潤表、股東權益變動表、現金流量表以及財務報表附註。

1. 管理層對財務報表的責任

按照企業會計準則和企業會計制度的規定編製財務報表是 ABC 公司管理層的責任。這種責任包括：第一，設計、實施和維護與財務報表編製相關的內部控制，以使財務報表不存在由於舞弊或錯誤而導致的重大錯報；第二，選擇和運用恰當的會計政策；第三，做出合理的會計估計。

2. 導致無法表示意見的事項

ABC 公司未對 20×5 年 12 月 31 日的存貨進行盤點，金額為×萬元，占期末資產總額的×%。我們無法實施存貨監盤，也無法實施替代審計程序，以對期末存貨的數量和狀況獲取充分、適當的審計證據。

3. 審計意見

由於上述審計範圍受到限制可能產生的影響非常重大和廣泛，我們無法對上述會計報表發表意見。

　　　　　　　　　　　　　　　　　　中國註冊會計師：×××
　　　　　　　　　　　　　　　　　　　　（簽名並蓋章）
××會計師事務所
　　（蓋章）　　　　　　　　　　　　中國註冊會計師：×××
　（詳細地址）　　　　　　　　　　　　　（簽名並蓋章）
　　　　　　　　　　　　　　　　　　20×6 年×月×日

【例 6-7】（1）A 公司是一家生產和銷售炸藥的公司，因危險性較高，保險公司不願為其財產進行保險，而該公司未在會計報表附註中加以揭示。該公司財產有可能因一次爆炸事件而損壞無遺，但該公司管理非常有效，從未出現爆炸損失。

（2）B 公司已審計后的會計報表中反應出其當年虧損 1,200 萬元，淨資產已成-200 萬元，管理當局尚無具體改善措施，但已在會計報表附註中進行了充分披露。

（3）註冊會計師是第一次對 C 公司進行審計，在審計過程中，被審計單位不同意註冊會計師對期初餘額進行審計。審計完畢后，註冊會計師認為本期財務報表的編製符合企業會計準則的要求，也公允反應了被審單位的財務狀況、經營成果和現金流量。

（4）D 公司在審計期間的一筆 250 萬元的銷售款在審計報告日以后會計報表公布日之前被退回，註冊會計師提請被審計單位修訂會計報表，被審單位予以拒絕。

要求：你作為註冊會計師，在上列相互獨立的四種情況下，應出具何種審計意見？

解析：

（1）出具無保留意見的審計報告。通常保險公司不願意承擔財產保險的可能損失，「未保險」不需在會計報表附註中揭示。

（2）被審計單位存在對持續經營能力產生重大影響的情況，註冊會計師應出具附有強調事項段的無保留意見的審計報告。

（3）由於註冊會計師的審計範圍受到限制，註冊會計師可視期初餘額對本期財務報告的影響大小發表保留意見或無法表示意見的審計報告。

（4）該事項屬於需調整的期後事項，註冊會計師應提請被審計單位調整會計報表，若被審計單位拒絕調整，註冊會計師應出具保留意見的審計報告。

【拓展閱讀】

我國第一份無法表示意見審計報告

上海普華大華會計師事務所 1998 年對石家莊寶石電子玻璃股份有限公司（以下簡稱寶石公司）1997 年年報出具了拒絕表示意見的審計報告，以一種特殊的方式告訴投資者一種特殊的信息。

原因：寶石公司 1997 年每股虧損 0.878 元，註冊會計師認為寶石公司 1997 年產品積壓、生產停頓，無法判斷其持續經營能力，因此無法對其報表整體發表意見。

其一，寶石公司生產的黑白電視機在 1997 年市場價格混亂，降至原來價格的 60%，低於其成本；其二，彩殼子公司產品價格下降 20%；其三，黑白玻殼生產爐子按計劃停爐檢修，要其再生產已不可能。註冊會計師無法獲取該公司有持續生產能力的證據，也無法確定該公司的存貨計價是否合理；資產爐子變現能力無法確定；流動負債超過流動資產 7 億元，資產負債率高；該公司有 B 股（人民幣特種股票）。註冊會計師出於謹慎，只能出具拒絕表示意見的審計報告。

【思考與練習】

一、單項選擇題

1. 如果期初餘額對本期會計報表存在重大影響，但無法對其獲取充分、適當的審計證據，註冊會計師應當對本期會計報表發表（　　）。
   A. 無保留意見　　　　　　　　　B. 保留意見或否定意見
   C. 保留意見或無法表示意見　　　D. 否定意見或無法表示意見

2. 以下有關管理層聲明的表述中，不恰當的是（　　）。
   A. 管理層聲明是指被審計單位管理層向註冊會計師提供的關於財務報表的各項陳述
   B. 管理層聲明包括書面聲明和口頭聲明
   C. 在特定情況下，管理層聲明可以替代能夠合理預期獲取的其他審計理論證據
   D. 如果合理預期不存在其他充分、適當的審計證據，註冊會計師應當就財務報表具有重大影響的事項向管理層獲取書面聲明

3. ××有限責任公司委託會計師事務所審計，其審計報告的收件人應為（　　）。
   A. ××有限責任公司全體股東　　B. ××有限責任公司董事會
   C. ××有限責任公司全體職工　　D. ××有限責任公司董事長

4. 在（　　）情況下，註冊會計師應出具無保留意見的審計報告。
   A. 拒絕提供應收帳款明細帳　　　B. 拒絕提供實收資本明細帳
   C. 拒絕提供銀行存款憑證　　　　D. 拒絕提供應收帳款明細帳

5. 審計報告一般由（　　）編製。
   A. 業務助理人員　　　　　　　B. 註冊會計師
   C. 審計項目負責人　　　　　　D. 主任註冊會計師

6. 註冊會計師出具無保留意見審計報告，如果認為必要，可以在（　　）增加說明段，增加對重要事項的說明。
   A. 意見段之後　　　　　　　　B. 範圍段之後
   C. 意見段之前　　　　　　　　D. 範圍段之前

7. 甲註冊會計師對 A 公司 2015 年財務報表組成部分出具審計報告時，為避免財務報表使用者產生誤解，註冊會計師應當提請被審計單位不應在財務報表組成部分的審計報告后附送（　　）。
   A. 整體財務報表　　　　　　　B. 匯總財務報表
   C. 合併財務報表　　　　　　　D. 組成部分的財務報表

8. 註冊會計師對特定日期與財務報表相關的內部控制進行審核，其發表審核意見的對象是（　　）。
   A. 被審核單位內部控制的合理性　B. 被審核單位內部控制的一貫性
   C. 被審核單位內部控制的有效性　D. 被審核單位內部控制的完整性

9. 當被審計單位會計政策的選用、會計估計的作出或財務報表的披露不符合適用的會計準則和相關會計制度的規定，或因審計範圍受到限制，無法獲取充分、適當的審計證據，金額超過重要性水平且影響廣泛，將會全面影響財務報表使用者的決策，註冊會計師應當出具（　　）的審計報告。
   A. 保留意見加強調事項　　　　B. 否定意見
   C. 無法表示意見　　　　　　　D. 否定意見或無法表示意見

10. 註冊會計師對期后事項進行審計時，其應負責任的日期應以（　　）為限。
    A. 審計報告日　　　　　　　　B. 審計工作底稿復核完畢日
    C. 審計報表完成日　　　　　　D. 延長外勤審計工作結束日

二、多項選擇題

1. 保留意見審計報告的意見段可使用的專業術語有（　　）。
   A. 除上述問題造成的影響以外
   B. 由於上述問題造成的重大影響
   C. 除上述情況待定以外
   D. 由於審計範圍受到嚴重限制

2. 在評價財務報表是否實現公允反應時，註冊會計師應當考慮的內容有（　　）。
   A. 管理層作出的會計估計是否合理
   B. 財務報表是否作出充分披露，使財務報表使用者能夠理解重大交易和事項對被審計單位財務狀況、經營成果和現金流量的影響
   C. 財務報表的整體列報、結構和內容是否合理
   D. 財務報表（包括相關附註）是否公允地反應了相關交易和事項

3. 下列屬於管理層對財務報表責任的有（　　）。
   A. 按照適用的財務報告編製基礎編製財務報表，並使其實現公允反應
   B. 對財務報表是否不存在重大錯報獲取合理保證
   C. 設計、執行和維護必要的內部控制，以使財務報表不存在由於舞弊或錯誤導致的重大錯報
   D. 在執行審計工作的基礎上對財務報表發表審計意見
4. 註冊會計師在確定審計報告日期時，以下屬於確認審計報告日條件的有（　　）。
   A. 構成整套財務報表的所有報表已編製完成
   B. 被審計單位的董事會、管理層或類似機構已經認可其對財務報表負責
   C. 應當提請被審計單位調整的事項已經提出，但被審計單位還未進行調整
   D. 相關附註已編製完成
5. 註冊會計師與管理層在會計政策選用方面的分歧，主要體現在以下方面（　　）。
   A. 管理層選用的會計政策不符合適用的會計準則和相關會計制度的規定
   B. 管理層選用的會計政策不符合具體情況的需要
   C. 管理層選用了不適當的會計政策，導致財務報表在所有重大方面未能公允反應被審計單位的財務狀況、經營成果和現金流量
   D. 管理層選用的會計政策沒有按照適用的會計準則和相關會計制度的要求得到一貫運用，即沒有一貫地運用於不同期間相同的或者相似的交易和事項
6. 下列情況中，註冊會計師應當發表保留意見或無法表示意見的有（　　）。
   A. 因審計範圍受到被審計單位限制，註冊會計師無法就可能存在的對財務報表產生重大影響的錯誤與舞弊，獲取充分、適當的審計證據
   B. 因審計範圍受到被審計單位限制，註冊會計師無法就對財務報表可能產生重大影響的違反或可能違反法規行為，獲取充分適當的審計證據
   C. 註冊會計師已經按照中國註冊會計師審計準則的規定計劃和實施審計工作，在審計過程中未受到限制
   D. 被審計單位管理層拒絕就對財務報表具有重大影響的事項，提供必要的書面聲明，或拒絕就重要的口頭聲明予以書面確認
7. 下列情況中，註冊會計師應當發表保留意見或無法表示意見的有（　　）。
   A. 因審計範圍受到被審計單位限制，註冊會計師無法就可能存在的對財務報表產生重大影響的錯誤與舞弊，獲取充分、適當的審計證據
   B. 因審計範圍受到被審計單位限制，註冊會計師無法就對財務報表可能產生重大影響的違反或可能違反法規行為，獲取充分適當的審計證據
   C. 註冊會計師無法確定已發現的錯誤與舞弊對財務報表的影響程度
   D. 被審計單位管理層拒絕就對財務報表具有重大影響的事項，提供必要的書面聲明，或拒絕就重要的口頭聲明予以書面確認
8. 同時符合下列（　　）條件時，註冊會計師應當出具無保留意見的審計報告。

A. 註冊會計師已經按照中國註冊會計師審計準則的規定計劃和實施審計工作，在審計過程中未受到限制
B. 財務報表已經按照適用的財務報告編製基礎編製，在所有方面公允反應了被審計單位期末的財務狀況、經營成果和現金流量
C. 註冊會計師已經按照中國註冊會計師獨立審計準則的要求計劃和實施審計工作，在審計過程中未受到限制
D. 財務報表已經按照適用的財務報告編製基礎編製，在所有重大方面公允反應了被審計單位的財務狀況、經營成果和現金流量

9. 下列有關審計報告的描述中錯誤的有（　　）。
A. 如果因會計政策的選用、會計估計的作出或財務報表的披露不符合適用的會計準則和相關會計制度的規定而出具保留意見的審計報告時，註冊會計師還應當在註冊會計師的責任段中提及這一情況
B. 無法表示意見不同於否定意見，否定意見通常僅僅適用於註冊會計師不能獲取充分、適當的審計證據；如果註冊會計師發表無法表示意見，則必須獲得充分、適當的審計證據
C. 現金、銀行存款均屬於敏感性高、流動性強的資產帳戶，但是在審計過程中，如果註冊會計師發現這兩個帳戶在分類上出現錯誤，所作出的反應不會比發現銷售業務沒有入帳更加強烈
D. 當存在重大不確定事項時，如果被審計單位已在財務報表附註中進行了充分披露，註冊會計師應當出具保留意見的審計報告

10. 註冊會計師應針對下列（　　）事項出具帶強調事項段的審計報告。
A. 重大訴訟的未來結果存在不確定性
B. 存在已經或持續對被審計單位財務狀況產生重大影響的特大災難
C. 由於董事會未能達成一致，難以確定未來的經營方向和戰略
D. 提前應用對財務報表有廣泛影響的新會計準則

三、判斷題

1. 註冊會計師對審計報告的審計責任的時間劃分為被審計的財務報表報出日，即此前存在或產生的影響財務報表列報與披露的事項，註冊會計師應承擔審計責任，此後的則不承擔審計責任。（　　）

2. 在發生重大不確定事項時，如果被審計單位已在財務報表附註中進行了充分披露，註冊會計師應當出具保留意見的審計報告。（　　）

3. 註冊會計師應當按照中國註冊會計師審計準則的規定對財務報表發表審計意見，但沒有責任確定其他信息是否得到適當陳述。（　　）

4. 註冊會計師在出具保留意見或否定意見的內部控制審核報告時，應在審核報告的範圍段之後另設說明段。（　　）

5. 對於審計報告日至會計報表公布日所發生的期後事項，註冊會計師應專門向被審計單位詢問。（　　）

6. 如在會計報表公布日後獲知審計報告日已經存在但尚未發現的期後事項，註冊會計師應當與被審計單位討論如何處理，並考慮是否需要修改已審計會計報表，如被審計單位拒絕採取適當措施，註冊會計師應當考慮是否修改審計報告。（　）

7. 根據審計形成的相關審計結論對所審計會計報表的影響，決定發表審計意見的類型。（　）

四、簡答題

1. 甲註冊會計師作為Z會計師事務所審計項目負責人，在審計以下單位2015年度財務報表時分別遇到以下情況：

（1）A公司擁有一項長期股權投資，帳面價值為500萬元，持股比例為30%。2010年12月31日，A公司與K公司簽署投資轉讓協議，擬以450萬元的價格轉讓該項長期股權投資，已收到價款300萬元，但尚未辦理產權過戶手續，A公司以該項長期股權投資正在轉讓之中為由，不再計提減值準備。甲註冊會計師確定的重要性水平為30萬元，A公司未審計的利潤總額為120萬元。

（2）B公司於2014年5月為L公司1年期銀行借款1,000萬元提供擔保，因L公司不能及時償還，銀行於2015年11月向法院提起訴訟，要求B公司承擔連帶清償責任。2015年12月31日，B公司在諮詢律師後，根據L公司的財務狀況，計提了500萬元的預計負債。對上述預計負債，B公司已在財務報表附註中進行了適當披露。截至審計工作完成日，法院未對該項訴訟做出判決。

（3）C公司在2015年度向其控股股東M公司以市場價格銷售產品5,000萬元，以成本加成價格（公允價格）購入原材料3,000萬元，上述銷售和採購分別占C公司當年銷貨、購貨的比例為30%和40%，C公司已在財務報表附註中進行了適當披露。

（4）甲註冊會計師在審計時發現D公司應在2015年6月確認的一項銷售費用200萬元沒有進行確認。D公司在編製2014年度財務報表時，未對此項會計差錯進行任何處理。D公司2015年度利潤總額為180萬元。

（5）E公司於2015年年末更換了大股東，並成立了新的董事會，繼任法定代表人以剛上任而不瞭解以前年度情況為由，拒絕簽署2015年度已審計財務報表和提供管理層聲明書。原法定代表人以不再繼續履行職責為由，也拒絕簽署2015年度已審計財務報表和提供的管理層聲明書。

要求：假定上述情況對各被審計單位2015年度財務報表的影響都是重要的（各個事項相互獨立），並且對於各事項被審計單位均拒絕接受甲註冊會計師提出的審計處理建議（如有）。在不考慮其他因素影響的前提下，請分別針對上述5種情況，判斷甲註冊會計師應分別對其2015年度財務報表出具何種類型的審計報告，並簡要說明理由。

2. W公司2014年以前的年度會計報表均是委託X會計師事務所註冊會計師劉成、陳偉進行審計的。從2015年開始更換委託Y會計師事務所註冊會計師王有為、李同進行審計。王、李二人於2016年3月10日完成了對W公司2015年度會計報表的實地審計工作。在復核審計工作底稿時，王、李發現存在以下幾種主要情況：

（1）W公司在2015年年底將固定資產改良支出100萬元全部作為費用處理。對

此，前任會計師劉、陳二人已於 2015 年 3 月 5 日出具保留意見的審計報告，並作附註。2016 年 3 月，王、李二人再次提請 W 公司對與此有關期初余額進行調整，但 W 公司拒絕採納。

（2）M 公司 2015 年 6 月狀告 W 公司侵權案已於 2016 年 2 月 10 日審計完畢，W 公司將向 M 公司賠償 200 萬元，但 W 公司拒絕在 2016 年度的會計報表中進行調整。

（3）2015 年 10 月 25 日 W 公司銷售一批產品，其售價為 100 萬元，成本為 60 萬元，於 2016 年 1 月 8 日被退回，W 公司將此事項對 2015 年會計報表有關項目進行了調整。

（4）2016 年 3 月 2 日 W 公司一成品庫發生火災，帳面損失為 500 萬元，W 公司以該事項正在調查尚未公布調查結果為由拒絕在 2015 年度的會計報表附註中進行披露。

（5）W 公司於 2016 年 2 月 3 日起訴 N 公司違約案已於 2 月 10 日被法院正式受理，W 公司要求 N 公司賠償損失 380 萬元。據 W 公司的代理律師稱，此案有 80%的可能性勝訴。因此，在 2014 年度的會計報表中 W 公司堅持將與此有關的損失 180 萬元作為其他應收款掛帳處理，並在會計報表附註中對此進行了說明。

要求：分別對上述各種情況，指出王有為、李同應出具何種意見類型的審計意見。

第七章　內部控制

【引導案例】

基本案情：廣東核電集團有限公司因內部控制不得當、不嚴密而產生的貪污、受賄、信息失真等問題愈演愈烈，嚴重擾亂了社會主義經濟秩序，給國家和社會帶來嚴重損失。隨著我國政府對內部控制建設的逐漸加強，很多單位率先垂範，紛紛採取各種控制手段和方式加強對業務活動的控制，並已初見成效，廣東核電集團有限公司就是成功的典範之一。該公司成立於1994年9月，註冊資本102億元人民幣。該公司控股的廣東核電合資有限公司負責經營的大亞灣核電站擁有兩臺百萬千瓦級壓水堆核電機組，年發電量130億千瓦時以上，經濟效益良好。該公司還利用核電發展中形成的各種資源和優勢，積極發展實業、金融和商業等其他產業。

截至1998年年底該公司已擁有12個主要成員企業，總資產達426億元，擁有員工3,742人。

2001年12月27日的《人民日報》曾報導稱讚：中國廣東核電集團依靠一套行之有效的內部控制體系，集團不僅實現了良好的經濟效益，而且每年近250億元人民幣的現金流中沒發生過任何重大的失誤，更沒有為此倒下一個主要幹部。

案例點評：廣東核電集團有限公司建立和實施的內部控制，其經典之處主要表現在以下4個方面：

（1）注重控制程序。在廣東核電集團有限公司（以下簡稱中廣核公司），最重要的和最權威的不是「領導」，而是控制程序，是規章制度。在該公司，凡事有章可循、凡事有據可查、凡事有人負責、凡事有人監督。多年以來，中廣核公司上至總經理，下至每一位職工，已經形成了一切事情按程序辦的好習慣。這種習慣已昇華成一種企業文化，該文化又影響到企業的所有領域。

（2）控制環節細而全。以設備採購為例，每一筆採購業務都要經過預算、立項、合同、支付4個步驟，每一個合同從談判到簽字都要有這些部門的人員共同參加，任何一方都有否決權。這樣嚴密而又相互制約的程序就是為了安全。隨著業務熟練程度的加強，雖然環節較多，只要一切按程序做，就會一路綠燈，流程一點也不慢。

（3）突出審計監督。中廣核公司審計最大的特點是控制全過程，即監督任何一個部門甚至總經理是否按照程序辦事。從中廣核公司審計的獨立性來看，與其他公司相比，其地位較高，直接隸屬於董事會。這樣從總經理到每一位員工都是審計監督的對象。一旦查出問題，及時糾正，並嚴肅處理。在審計業務中，曾發生過「筆記本的故事」。故事的內容是這樣的：中廣核公司過節時給職工買筆記本。按照正常程序應該貨比三家，採購部門一位副處長沒有經過這個程序就簽訂了合同，每個筆記本是42元，

總金額不到 2 萬元。事後審計部門接到舉報,街面上同樣的筆記本賣 36 元。審計部門認為此事不正常,立項審計。雖然沒查出辦事人員拿回扣問題,但查出此事違反了規定程序,因此這個副處長被撤職。

(4) 合理的公司治理結構。大亞灣核電站是中廣核公司與香港中華電力公司合資的企業,雖然港方的投資股份只占 25%,但是香港投資者非常關注投資收益,由香港投資者參與董事會對公司管理層特別是總經理的監督和管理目標具體而又實在。這樣總經理有壓力,自然會將壓力分解到各個部門。由於產權明晰、責任明確,加上審計部門的監督,使整個控制系統有效運作而沒有流於形式。

第一節　內部控制概述

一、內部控制的定義

內部控制是被審計單位為了合理保證財務報告的可靠性、經營的效率和效果以及對法律法規的遵守,由治理層、管理層和其他人員設計和執行的政策和程序。良好的內部控制能保證會計信息的可靠性和完整性,保證遵循政策、計劃、程序、法律和法規,保護資產的安全,提高經營的經濟性和有效性,保證完成所制定的經營或項目的任務和目標。審計人員在進行審計時,首先要研究與評價被審計單位的內部控制,這是現代審計的重要特徵。

二、內部控制的目標

第一,保證業務活動按照適當的授權進行。
第二,保證所有交易和事項以正確的金額在恰當的會計期間及時記錄於適當的帳戶,使會計報表的編製符合會計準則的相關要求。
第三,保證對資產和記錄的接觸、處理均經過適當的授權。
第四,保證帳面資產與實存資產定期核對相符。

三、內部控制的作用與局限性

(一) 內部控制的作用

內部控制的作用是指內部控制的固有功能在實際工作中對企業生產經營活動及外部社會經濟活動所產生的影響和效果。內部控制的健全、實施與否是企業經營成敗的關鍵。

具體來講,內部控制的作用主要有以下幾個方面:
(1) 合理保證財務報告的可靠性。
(2) 合理保證企業經營效率和效果。
(3) 合理保證企業對法律法規的遵循。
(4) 為現代審計方法提供必要的基礎。

(5) 有效防範企業經營風險。

(二) 內部控制的局限性

(1) 在決策時人為判斷可能出現錯誤和由於人為失誤而導致內部控制失效。

(2) 可能由於兩個或更多的人員進行串通或管理層凌駕於內部控制之上而被迴避，內部控制一般僅針對常規業務活動而設計。

四、內部控制與現代審計的關係

內部控制既是被審計單位對其經濟活動進行組織、制約、考核和調節的重要工具，也是審計人員用以確定審計程序的重要依據。在確定內部控制與審計的關係時，應明確以下幾點：

第一，審計人員在執行會計報表審計業務時，不論被審計單位規模大小，都應當對相關的內部控制進行充分的瞭解。

第二，審計人員應根據其對被審計單位內部控制的瞭解情況，確定是否進行內部控制測試以及將要執行的控制測試的性質、時間和範圍。

第三，對被審計單位內部控制的瞭解和控制測試，並非會計報表審計工作的全部內容。內部控制良好的單位，審計人員可能評估其控制風險較低而減少實質性測試程序，但不能完全取消實質性測試

五、內部控制的設計原則

第一，相互牽制原則。
第二，協調配合原則。
第三，程式定位原則。
第四，成本效益原則。

第二節　內部控制整體框架的內容

一、內部控制的組成

(一) 內部控制思想的歷史演進

內部控制理論的發展大致可以劃分為內部牽制、內部控制制度、內部控制結構與內部控制整體框架等不同階段。

(二) 內部控制整體框架

內部控制是一個過程，受企業董事會、管理當局和其他員工影響，旨在保證財務報告的可靠性、經營的效果和效率以及現行法規的遵循。內部控制整體框架主要由控制環境、風險評估、信息系統與溝通、控制活動、對控制的監督五項要素構成。

1. 控制環境

控制環境包括治理職能和管理職能，以及治理層和管理層對內部控制及其重要性的態度、認識和措施。

在評價控制環境的設計時，註冊會計師應考慮下列要素：

（1）對誠信和道德價值觀念的溝通與落實。
（2）對勝任能力的重視。
（3）治理層的參與程度。
（4）管理層的理念和經營風格。
（5）組織結構。
（6）職權與責任的分配。
（7）人力資源政策與實務。

2. 風險評估

風險評估是對於經營相關的風險進行預見、識別的過程。該過程包括識別與財務報告相關的經營風險，以及針對這些風險所採取的措施。

在評價被審計單位風險評估過程的設計和執行時，註冊會計師應當確定管理層如何識別與財務報告相關的經營風險，如何估計該風險的重要性，如何評估風險發生的可能性，如何採取措施管理這些風險。

3. 信息系統與溝通

與財務報告相關的信息系統包括用以生成、記錄、處理和報告交易、事項和情況，對相關資產、負債和所有者權益履行經營管理責任的程序和記錄。交易可能通過人工或自動化程序生成。記錄包括識別和收集與交易、事項有關的信息。處理包括編輯、核對、計量、估價、匯總和調節活動，可由人工或自動化程序來執行。報告是指用電子或書面形式編製財務報告和其他信息，供被審計單位用於衡量和考核財務及其他方面的業績。

與財務報告相關的信息系統應當與業務流程相適應。業務流程是指被審計單位開發、採購、生產、銷售、發送產品和提供服務，保證遵守法律法規，記錄信息等一系列活動。與財務報告相關的信息系統所生成信息的質量對管理層能否做出恰當的經營管理決策以及編製可靠的財務報告具有重大影響。

與財務報告相關的信息系統通常包括下列職能：

（1）識別與記錄所有的有效交易。
（2）及時、詳細地描述交易，以便在財務報告中對交易做出恰當分類。
（3）恰當計量交易，以便在財務報告中對交易的金額進行準確記錄。
（4）恰當確定交易生成的會計期間。
（5）在財務報表中恰當列報交易。

4. 控制活動

控制活動是指有助於確保管理層的指令得以執行的政策和程序，包括授權、業績評價、信息處理、實物控制和職責分離等相關活動。

註冊會計師應當瞭解的控制活動主要包括下列要素：

（1）瞭解與授權有關的控制活動。
（2）瞭解與業績評價有關的控制活動。
（3）瞭解與信息處理有關的控制活動，包括信息技術一般控制和應用控制。
（4）瞭解實體控制。
（5）瞭解職責分離。

5. 對控制的監督

對控制的監督是指被審計單位評價內部控制在一段時間內運行有效性的過程。該過程包括及時評價控制的設計和運行，以及根據情況的變化採取必要的糾正措施。

以上5個要素實際內容廣泛、相互關聯。控制環境是其他控制要素的基礎，控制環境不理想，企業的內部控制就不可能有效；在規劃控制活動時必須對企業可能面臨的風險有全面的瞭解；控制活動、控制政策和程序必須在組織內部有效地溝通；內部控制的設計和執行必須受到有效的監控。

二、內部控制的內容

設計內部控制，可以根據企業特徵和需求（如企業規模、業務構成、管理水平等），對內部控制要素加以有機組合。我國企業目前內部控制的基本內容可從合規、合法性控制和組織規劃控制來考察。

組織規劃控制主要包括不相容職務的分離、組織機構的相互控制、授權批准控制、預算及目標計劃控制、信息質量控制、財產安全控制、人員素質控制、內部審計控制。

【例7-1】A公司是一家從事食品批發兼零售的商業企業，去年出現了如下錯誤和不法行為：

（1）貨物發出後，為向顧客收款而開具的銷售發票，銷售價格不對，因為在進行計算機輸入時，輸入了錯誤的銷售價格。

（2）有一筆購貨發生了重複付款。在第一次付款3周後，A公司收到供貨商發貨單的複印件，因而又付了一次款。

（3）收到購入的牛肉後，倉庫的員工將一小部分牛肉放入自己的手提袋帶回家，其餘部分則放入A公司的冷凍冰櫃，然後按照總共收到的數量而不是入庫的實際數量填寫入庫單，送交財會部。

（4）在對零售商店的存貨進行盤點時，某些櫃組將一些商品的數量誤記在另一些商品的名目下，在盤點數量時也出現了錯誤。

（5）12月31日，A公司有一批牛肉已經裝車，但尚未發運，存貨盤點時將其納入了盤點範圍。發貨單是12月31日填製的，因此這批存貨對應的銷售也在去年確認了。

要求：
（1）對每一個錯誤和不法行為，指出缺乏的一種或多種內部控制類型。
（2）對每一個錯誤和不法行為，指出沒有達到的交易相關審計目標。
（3）對每一個錯誤和不法行為，指出能克服它的一個控制措施。

解析：
（1）缺乏獨立稽核，沒有達到的審計目標是「記錄的交易按照正確的金額反應

（準確性）」。克服的控制措施如在銷售發票打印出來前，由另一個人將電腦中的銷售價格與供貨合同、發貨單核對。

（2）缺乏憑證和記錄控制（第一次付款沒有登記在相應的會計帳戶中，沒有在已經付過款的購貨憑證上作記號），經濟業務沒有經過適當授權（付款應該取得有關負責人的批准，而有關負責人在批准是否付款時將審核發貨單）。沒有達到的審計目標是「記錄的交易按照正確的金額反應（準確性）」。克服的控制措施如及時登記會計帳戶，付款時在購貨憑證上做標記，但凡購貨付款，都應核對購貨憑證，並取得有關負責人的審核同意。

（3）不相容職務沒有充分分離，倉庫的員工一面清點驗收貨物，一面填寫入庫單；缺乏必要的資產接觸控制，倉庫的員工能夠將牛肉帶出倉庫；缺乏必要的獨立稽核，內部審計部門沒有不定期地盤點存貨。沒有達到的審計目標是「記錄的交易按照正確的金額反應（準確性）」。克服的控制措施如設立購貨驗收部門，由驗收部門的員工會同倉庫的員工清點入庫的貨物，填寫入庫單，入庫單上必須有兩個部門人員的簽字；倉庫應設立門衛，員工出入攜帶物品應接受檢查；內部審計部門應不定期地對倉庫的存貨進行抽點。

（4）缺乏獨立稽核，沒有人對盤點進行監督。沒有達到的審計目標有記錄的交易按照正確的金額反應（準確性）以及交易被恰當分類（分類）。克服的控制措施如由兩個人獨立地對同一批商品進行盤點。

（5）會計系統出現差錯，沒有依據裝運單確認銷售（如果是起運點交貨）。沒有達到的審計目標是交易在正確的日期記錄（截止）。克服的控制措施如依據裝運單確認銷售的實現。

第三節　內部控制評審

內部控制評審又稱內部控制審計，是指在對企業內部控制瞭解和描述的基礎上所進行的測試、檢查、分析、判斷和評價活動。內部控制評審的最終目的是確定被審計單位內部控制的健全性、有效性和風險水平，從而決定對它的依賴（信賴）程度，確定採用抽樣還是詳查，以及抽取樣本的規模和數量。

一、瞭解內部控制

瞭解和掌握被審計單位的內部控制是審計人員檢查內部控制的首要步驟，主要包括以下幾個方面內容：

第一，詢問被審計單位的有關人員，並檢查相關內部控制文件。
第二，檢查內部控制生成的憑證和記錄。
第三，觀察被審計單位的業務活動和內部控制的運行狀況。
第四，選擇若干具有代表性的交易和事項進行穿行測試。

二、記錄對內部控制瞭解的情況

常用的內部控制的記錄和描述方法通常有文字敘述法、調查表法（調查問卷法）和流程圖三種。

（一）文字敘述

文字敘述法可以對調查對象進行比較深入和具體的描述，內容比較靈活，對任何單位、任何業務都可以使用。文字敘述法的缺點是採用文字敘述法進行描述時，有時很難用簡明易懂的語言來描述內部控制系統的細節，文字敘述較為冗長。對業務處理流程及其控制的反應不夠直觀，不利於審計人員對內部控制進行分析評價。因此，適用於內部控制程序比較簡單、比較容易描述的中小型企業。

（二）調查表法（調查問卷法）

調查表法的優點是調查範圍明確、問題突出、簡便易行、省時省力、直觀性強。調查表法的缺點是對被審計單位的內部控制只能按所提問題分別考察，無法反應內部控制實際情況和存在問題的嚴重程度。

表 7-1　　　　　　　　內部控制調查問卷——財務報告篇

填報單位：　　　　　　　　　　　　　　　　　　　　　日期：

	內容	是	否	不適用	現狀情況說明及合理化建議
崗位分工與職責安排	（1）企業是否建立財務報告編製與披露的崗位責任制，明確相關部門和崗位在財務報告編製與披露過程中的職責和權限，確保財務報告的編製與披露和審核相互分離、制約和監督				
	（2）企業內部參與財務報告編製的各單位、各部門是否及時向財會部門提供編製財務報告所需的信息，並對所提供信息的真實性和完整性負責				
	（3）企業是否建立投訴舉報制度，在確保維護舉報人員權益的同時，及時向董事會報告財務舞弊或造假行為				
	（4）企業是否規定有關人員對授意、指使、強令編製虛假或者隱瞞重要事實的財務報告的，有權拒絕並及時向有關部門和人員報告				

表7-1(續)

內容		是	否	不適用	現狀情況說明及合理化建議
財務報告編製準備及其控制	(1) 企業財會部門是否制訂年度財務報告編製方案，明確年度財務報告編製方法、年度財務報告會計調整政策、披露政策及報告的時間要求等				
	(2) 企業是否制定對會計報表可能產生重大影響的交易或事項的判斷標準，對會計報表可能產生重大影響的交易或事項，是否將其會計處理方法及時提交董事會審議				
	(3) 企業是否將涉及變更會計政策、調整會計估計的事項，及時提交董事會審議				
	(4) 企業是否在會計期末進行結帳，是否為趕編會計報表而提前結帳				
	(5) 企業是否及時對帳，將會計帳簿記錄與實物資產、會計憑證、往來單位或者個人等進行相互核對，保證帳證相符、帳帳相符、帳實相符				
	(6) 企業是否根據實際情況制定重大調帳事項的標準，明確相應的報批程序				
財務報告編製及其控制	(1) 企業是否按照國家統一的會計準則制度規定的會計報表格式和內容，根據登記完整、核對無誤的會計帳簿記錄和其他有關資料編製會計報表				
	(2) 企業是否真實、完整地在會計報表附註和財務情況說明書中說明需要說明的事項				
	(3) 對於需要編製合併報表的，財會部門是否將確定合併會計報表編製範圍的方法以及發生變更的情況及時提交董事會審議				

表7-1(續)

內容		是	否	不適用	現狀情況說明及合理化建議
財務報告的報送與披露及其控制	企業是否建立財務報告報送與披露的管理制度，確保在規定的時間，按照規定的方式，向內部相關負責人及其外部使用者及時報送財務報告				
	企業是否根據國家法律法規和有關監管規定，聘請會計師事務所對企業財務報告進行審計				
	企業總會計師或經理是否與負責審計的註冊會計師就其所出具的初步審計意見進行溝通，並將溝通的情況及意見簽字確認后，及時提交董事會審議				
	企業是否按照國家法律法規和有關監管規定，將經過審計的財務報告裝訂成冊，加蓋公章，並由企業經理、總會計師、會計機構負責人簽名				
自我評價：優秀（　）　良好（　）　一般（　）　差（　）					

(三) 流程圖法

流程圖法的優點是能夠清楚地反應各項業務活動的職責分工、授權批准、復核驗證等控制措施和功能，形象直觀並把文字敘述減少到最低限度，可以使審計人員全面瞭解內部控制的運行狀況，有助於發現內部控制的不足。流程圖法的缺點是編製流程圖需要一定的技術和花費較多的時間，而且內部控制某些弱點有時很難在流程圖中明確地表達出來。

三、內部控制測試

(一) 內部控制測試的內容

內部控制測試的內容包括內部控制設計的測試和內部控制執行的測試兩個方面。

1. 內部控制設計的測試

內部控制設計的測試主要是針對內部控制系統健全性、合理性的測試。目的在於判斷被審計單位的控制政策和程序設置得是否合理、適當以及是否能夠防止、發現和糾正特定會計報表認定的重大錯報或漏報。

2. 內部控制執行的測試

內部控制執行的測試主要是針對內部控制執行有效性的測試。目的在於判斷被審計單位的控制政策和程序是否實際發揮作用。

在審計工作中，出現下列情況之一時，審計人員不進行控制測試，直接實施實質性測試程序：

第一，相關內部控制不存在。

第二，相關內部控制雖然存在，但未有效運行。

第三，控制測試的工作量可能大於測試。

(二) 控制測試的方法

對被審計單位的內部控制進行測試，一般使用統計抽樣法，對抽出的樣本進行審核時，常用的方法如下：

第一，檢查證據法。

第二，驗證法。

第三，實地觀察法。

(三) 控制測試的種類

1. 同步控制測試

這種測試是審計人員取得對內部控制的瞭解時，同時執行的測試。這種控制測試不是必需的，而是審計人員有選擇地執行的。

2. 追加控制測試

這種測試在外勤工作中執行。執行追加控制測試是為了進一步降低審計人員對控制風險的評估水平。

3. 計劃控制測試

這種測試也在外勤工作中執行。在選用較低的控制風險估計水平法下必須執行這種測試。執行的目的是為了支持審計人員計劃的實質性測試水平。

(四) 控制測試的範圍

在審計實務中，審計人員執行控制測試的範圍並不是越大越好，而是要求審計人員從最經濟有效地實現審計目標的總體要求出發，合理地確定測試的範圍。

(五) 控制測試的時間

從審計有效性的角度來看，控制測試應盡可能安排在期中審計的后期執行。如期中審計已進行控制測試，審計人員在決定完全信賴其結果前，應考慮以下因素：

第一，以進一步獲取期中至期末的相關審計證據。

第二，期中審計控制測試的結論。

第三，期中審計后剩余時間的長短。

第四，期中審計后內部控制的變動情況。

第五，期中審計后發生的交易和事項的性質和金額。

第六，擬實施的實質性測試程序。

四、控制風險評估

(一) 控制風險評估的概念

控制風險評估是指評估企業內部控制在防止或者發現和更正會計報表裡的重大錯報有效程度的過程，即對內部控制的可信賴度做出評價。

(二) 控制風險評估水平的確定

審計人員只有在確認以下事項的情況下，才能將控制風險評價為高水平：
第一，控制測試和程序與認定不相關。
第二，控制政策和程序無效。
第三，取得證據來評價控制政策和程序顯得不經濟。
審計人員只有在確認以下事項的情況下，才能將控制風評價為低水平：
第一，控制政策和程序與認定相關。
第二，通過控制測試已獲得證據證明測試有效。

(三) 控制風險評估結果對實質性測試的影響

如果控制風險評估太低，將使審計人員可能沒有執行足夠的實質性測試，進而導致審計無效。

如果控制風險評估太高，審計人員將執行比所需要的還要多的實質性測試，致使審計測試不經濟、無效率。

第四節　管理建議書

一、管理建議書的定義

管理建議書是指註冊會計師在完成審計工作後，針對審計過程中注意到的、可能導致被審計單位會計報表產生重大錯報的內部控制重大缺陷提出的書面建議。提交管理建議書是註冊會計師的職業責任，是向被審計單位提供的最有價值的服務之一。

二、管理建議書的結構和內容

(一) 管理建議書的基本結構和內容

(1) 標題。
(2) 收件人。
(3) 會計報表的審計目的及管理建議書的性質。
(4) 前期建議改進但仍未改進的內部控制重大缺陷。
(5) 本期審計發現的內部控制重大缺陷及其影響和改進建議。
(6) 適用範圍及使用責任。

(7) 簽章。
(8) 日期。

(二) 管理建議書的結構和內容舉例

【例 7-2】

管理建議書

××有限公司管理部門：

我們已對貴公司 2015 年度的會計報表進行了審計。在審計中，根據規定的工作程序，我們瞭解了貴公司內部控制中有關會計制度、財務管理制度等有關方面的情況，並進行了分析和研究。我們認為，根據貴公司的生產經營規模和管理需要，現有的內部控制總體上是比較健全的，但為了適應貴公司進一步擴大經營和提高管理水平的需要，使內部控制更加完善，現將我們發現的內部控制方面的某些問題及改進建議提供給你們希望引起你們的注意，並能具有一定的參考價值。

一、關於會計制度方面問題的評價及建議

貴公司的會計核算符合要求，基本上能夠全面、正確地反應經濟業務，基本遵循了國家有關會計制度的規定。但在審計中我們也發現了以下一些問題：

(1) 貴公司在發生銷售退回時，只填製退貨發票；退款時，沒有取得對方的收款收據或匯款銀行憑證，會計人員根據退貨發票進行相應的會計處理。對這一做法的不當性，我們已向有關人員提出，他們願意考慮我們的意見。

(2) 貴公司的銀行存款日記帳與銀行對帳單沒有按月核對並編製銀行存款餘額調節表。由於沒有按月進行銀行對帳，貴公司財務部門不能及時瞭解未達帳項，在一定程度上影響了財務分析工作，也留下了錯弊的隱患。建議貴公司今后把銀行對帳工作制度化。

二、存貨管理中存在的問題及建議

貴公司存貨占用的流動資產數額過大。貴公司流動資產共計×萬元，其中存貨占用 85%，應當成為資產管理的重點。

我們建議貴公司應注意以下幾方面的工作：

(1) 認真做好存貨的盤點工作。貴公司自上一會計年度終了對存貨清查至今，再未進行盤點。貴公司的存貨帳與我們查帳中抽查結果出現一定差異。我們認為，只有及時獲得存貨的實存情況，才能夠加強對存貨的管理，並及時處理有關問題。

(2) 積極處理積壓產品。貴公司目前產成品占用資金達×萬元，占全部存貨的 50%，為了加速流動資產的週轉，減少倉儲成本和利息支出，建議貴公司加強市場預測，及時進行產品的推銷和處理。

我們提供的這份管理建議書，不在審計業務約定書約定項目之內，是我們基於為企業服務的目的，根據審計過程中發現的內部控制問題而提出的。因為我們主要從事的是對會計報表的審計，所實施的審計範圍是有限的，不可能全面瞭解企業所有的內部控制弱點可能或已經造成的影響。對於上述內部控制問題，我們已與有關管理部門

或人員交換過意見，他們已確認上述問題的真實性。

本管理建議書只提供給貴公司。另外，我們是接受貴公司董事會委託而進行此次審計工作，根據他們的要求，請將管理建議書內容轉達給他們。

會計師事務所（公章）　　　　　中國註冊會計師：（簽名蓋章）　　（地址）
2016年2月20日

三、管理建議書的編製和出具要求

第一，註冊會計師在編製管理建議書之前，應該對審計工作底稿記錄的內部控制重大缺陷及其改進建議進行復核，並以經過復核的審計工作底稿為依據，編製管理建議書。

第二，管理建議書反應的內部控制缺陷，可按其對會計報表的影響程度排列。

第三，在出具管理建議書之前，註冊會計師應當與被審計單位的有關人員討論管理建議書的相關內容，以確定所屬重大缺陷是否屬實。

【拓展閱讀】

豐田汽車公司是一家總部設在日本愛知縣豐田市和東京都文京區的汽車工業製造公司，隸屬於日本三井財閥。豐田汽車公司自2008年開始逐漸取代通用汽車公司而成為全世界排行第一位的汽車生產廠商，其旗下品牌主要包括凌志、豐田等高端和中低端車型。

豐田汽車的油門踏板因設計問題在踩下去之后可能無法恢復到正常位置，存在極大安全隱患，2010年1月起，豐田公司開始召回8款車型（RAV4、Matrix、Avalon等），全球召回總量接近1,000萬輛。2010年2月，繼「踏板門」後，豐田汽車因為混合動力車普銳斯煞車系統出現問題，再次進行全球範圍的大規模召回，在日、美兩大市場召回的混合動力汽車預計總量為27萬輛。大規模召回行動損害了豐田汽車安全、可靠的形象，可能給豐田汽車帶來長期的信用和品牌聲譽損失。「品質和安全」這一曾經的「看家法寶」，正在為頻繁出現的「召回門」事件所侵蝕。召回事件給豐田汽車公司帶來的損失不僅包括修復油門踏板的直接費用以及豐田汽車公司今后的促銷讓利，還包括聲譽上的損失以及相應的官司費用。據統計，2010年1月份，豐田汽車在美國市場銷量同比下降15.8%，市場份額環比下降4.1個百分點，降至14.1%。據摩根大通分析師估計，召回事件給豐田汽車公司帶來的直接損失將高達18億美元（2010年1美元約等於6.8元人民幣，下同）。此外，8種問題車型因修復油門踏板而被停售導致的損失也將高達7億美元。

豐田公司內部控制分析如下：

從各個廠家召回的原因來看，廠商設計不合理、生產管理不嚴格、供應商零配件不合格是造成召回的三大原因，尤其是供應商的零配件不合格問題更是突出。

1. 控制環境——瘋狂擴展的管理文化

一直以來，豐田汽車公司的管理和豐田汽車的質量都是國內外眾多企業爭相效仿和學習的榜樣。傳統的豐田汽車公司從來不追求市場份額、利潤等短期利益，做決定

也都是從長期著眼。正是憑藉這種策略，豐田汽車獲得了質優價廉的口碑。但從 1995 年奧田碩擔任豐田汽車公司董事長開始，豐田家族低調、保守的行事作風被拋棄，開始經歷從保守到激進的轉變。在瘋狂的擴張戰略目標下，速度和降低成本被放在了首位。在豐田汽車公司急遽擴張的同時，一些隱憂被驕傲的經營數字所取代。2005—2009 年是豐田汽車公司擴張最快的 5 年，同時也是豐田汽車公司在全球召回事件頻發的 5 年。豐田汽車公司盲目擴大規模又導致產能的大量過剩。據日本媒體報導，2007 年 2 月，豐田汽車公司宣布將在美國密西西比州建立其北美的第八家工廠。但到 2008 年，美國的汽車銷售陷入低迷，豐田汽車在北美的庫存積壓嚴重，豐田汽車公司幾乎陷入全面產能過剩的境地。豐田汽車公司虧損後受命挽救豐田汽車公司的總裁豐田章男表示，過去的飛速擴張浪費了豐田汽車公司的資源。

在市場競爭日趨激烈的背景下，企業的海外擴張是全球化發展戰略的需要，這有助於企業在全球範圍內合理、有效地配置資源，提高效率，節約成本。但是與此同時，企業會同時面臨要素整合、成本控制、管理模式、文化衝突等問題，在擴大規模、提高產能的同時，必須將相關各個方面都整合好、協調好，才算是真正成功的擴張。企業規模的擴張幅度和速度不能超出自身監管能力及人才培養速度。豐田汽車公司為了盡快登上「世界第一」的寶座，一味追求速度與規模，一方面通過「21 世紀成本競爭力建設」控制成本來保持利潤，另一方面又不斷增加產品類型、拓展新的業務區域。於是相應的管理層次逐漸增多，組織結構也變得異常龐大，這無疑大大降低了企業的營運效率，而更為致命的是，由於過分注重市場而忽視了產品本身，企業對產品質量的監管也因此出現了漏洞。

2. 控制活動——淡化的「精益生產」

談到豐田汽車公司，就不能不談它的「豐田生產方式」(TPS)，又稱「精益生產方式」，該生產方式曾被奉為製造業的經典，在世界範圍內廣為流行。所謂「豐田生產方式」，其核心思想是 Just In Time (JIT，準時制生產方式)，即只在需要的時候，按需要的數量生產所需的產品。也就是說，緊密結合市場需求，在逐步改善、提高質量的基礎上，最大限度地降低成本，通過秉承自動化和準時化兩大理念來確保一定的收益。「豐田生產方式」自 20 世紀后期推廣之後，成就了豐田汽車公司的飛速發展。不過，豐田汽車公司最初並沒有盲目擴張，而是在該生產方式的基礎上，養精蓄銳，在具備一定競爭實力之後，才果斷進軍海外市場。隨著豐田汽車公司在海外市場的不斷擴張，「精益生產方式」也隨之滲透到海外，豐田汽車公司供應體系內的零部件廠商要按此理念提供及時、高質量的零部件。同時，各分公司與總部之間要保持信息暢通。比如在技術要求、產品質量、成本控制、顧客投訴、售後服務等方面，都要與總公司建立及時、準確的聯繫和溝通。但是隨著豐田汽車公司海外擴張規模的不斷擴大，整個生產、供應鏈條開始變得異常冗長、繁雜，對整個鏈條的掌控便成為豐田汽車公司面臨的頭等難題。如果鏈條上任何一個環節出問題那將會拖累到很多環節，並且給企業造成無法估量的損失。無論是「腳墊門」「踏板門」還是「煞車門」，都讓豐田汽車公司深陷召回泥潭，而精益生產方式在海外市場的適用性也因此受到質疑。豐田汽車公司在高速擴張的過程中，成功實現了成本控制和利潤最大化，但卻在一定程度上忽

視了產品品質和監管等細節，而被忽視的恰恰是精益生產方式得以存在和發展的保障。儘管不能因為有「召回門」就對精益生產方式全盤否定，但必須正視這種生產及管理方式給豐田汽車公司帶來的困境。精益生產應該是將質量監管、品質監管、效率監管等貫穿於生產過程的始終，但是隨著零部件通用平臺的發展，利益追求似乎超越了對品質的掌控，豐田汽車公司的生產方式在成本、利潤、競爭等多重壓力的共同作用之下，逐漸偏離了原來的軌道，這是大家都不願看到的結果。

3. 風險評估——零部件通用的成本控制模式

豐田汽車公司快速擴張的主要方式是在海外直接設廠生產。在市場競爭與追逐利潤的雙重壓力下，豐田汽車公司盡最大可能壓縮生產成本，措施之一便是直接在當地採購零部件，並形成整車生產與零部件供應商專業化協作的關係，逐步搭建起零部件的通用平臺，即在不同級別的車型上採用相同零部件供應商，建立全球化的零部件供應體系。企業與供貨商的這種專業化協作，利於他們共同面對市場，降低成本。這一制度在過去的5年裡為豐田汽車公司節約了100億美元，保證了豐田汽車公司近年來利潤額的持續上升。也正是在豐田汽車公司的這種成本控制模式之下，豐田汽車公司才以低成本優勢趕超美國通用汽車公司。但是輝煌的背后，卻隱藏著相當大的風險。為盡可能地壓縮成本以獲取高額利潤，豐田汽車公司大量使用低價位產品的供貨商，因此產品質量難以保證。一個小部件的失誤，使得一系列使用同種零件的汽車受到牽連。據外電報導，豐田汽車公司這次大範圍召回的部分車型，如漢蘭達、卡羅拉、凱美瑞等所使用的油門踏板均是由美國印第安納州的零件生產商CTS公司獨家供應的，足以說明該零部件通用平臺的先天不足。當前汽車產業已經逐步實現全球化的生產與經營，產業分工越來越細、產業供應鏈越來越長、競爭越來越激烈。為降低成本、提高市場佔有率，除了改進自身技術，加強內部管理之外，降低原材料和零配件的成本就成為各大汽車企業的重要選擇。而汽車企業在此過程中，面臨的首要問題就是對分佈於全球範圍內的零部件供應商進行質量監督與控制。「豐田危機」告誡我們，整車生產企業與零部件供貨商的緊密合作關係，零部件通用化是一把雙刃劍，在為企業降低成本、帶來可觀利潤的同時，也會使企業置身於潛在的危險之中。在利用全球性的生產、供應網絡發揮規模經濟優勢的同時，任何企業都要恪守「質量第一」的生命線。只有這樣，企業才會在激烈的國際競爭中真正立足。

4. 信息溝通——突發事件應急處理機制不足

由召回演變為危機還有一個重要原因，即豐田汽車公司高層處理危機的態度。豐田汽車的煞車失靈、高速暴衝等問題早就見諸媒體，但這似乎並沒有引起豐田汽車公司高層領導的重視。2009年8月，美國某個豐田汽車車主一家四口亡於車禍，而豐田汽車公司於兩個月后才迫於美國政府和公眾壓力作出回應。即使豐田汽車開始大規模召回，豐田汽車公司總裁也沒有立即現身，這顯然不符合危機處理的「速度第一」原則。豐田汽車之後又因油門踏板、煞車系統有問題而大批召回，危機已經愈演愈烈。直到從全球召回540萬輛汽車后，豐田汽車公司才認識到問題的嚴重性，豐田汽車公司總裁豐田章男才首次在達沃斯世界經濟論壇上道歉。對豐田汽車公司來講，事情發展到現在這個結果是出乎意料的，而這又恰恰是豐田汽車公司管理層最初採取的迴避

態度所招致的惡果。面對一系列汽車質量和安全問題，他們沒有主動、積極面對，而是一拖再拖，「質量第一」和「顧客至上」成了空話。危機發生後，消費者最關心的是企業的態度。如果企業能夠站在受害者的立場上表示同情和安慰，勇於披露信息和承擔責任，主動向消費者致歉，便很容易贏得理解和信任。豐田汽車公司最初「猶抱琵琶半遮面」的態度無疑是作繭自縛，導致其陷入 70 多年發展史上最為嚴峻的品牌信任危機。

【思考與練習】

一、單項選擇題

1. （　　）是企業實施內部控制的基礎。
   A. 內部環境　　　　　　　　B. 風險評估
   C. 信息與溝通　　　　　　　D. 內部監督
2. 以下不屬於內部環境包括的內容是（　　）。
   A. 單位的治理結構　　　　　B. 授權審批控制
   C. 內部審計機制　　　　　　D. 單位的人力資源政策
3. 下列機構中，應當對內部控制評價報告的真實性負責的是（　　）。
   A. 股東會　　　　　　　　　B. 董事會
   C. 監事會　　　　　　　　　D. 總經理辦公會
4. 企業內部控制評價中的重大缺陷應當由（　　）予以最終認定。
   A. 股東（大）會　　　　　　B. 董事會
   C. 監事會　　　　　　　　　D. 經理層
5. 為避免企業文化建設流於形式，企業應當建立（　　）。
   A. 企業文化評估制度　　　　B. 內部控制制度
   C. 內部審計制度　　　　　　D. 內部監督
6. 控制活動不包括（　　）。
   A. 不相容職務分離控制　　　B. 財產保護控制
   C. 企業文化建設　　　　　　D. 預算控制

二、多項選擇題

1. 打造優秀的企業文化，需要注意的有（　　）。
   A. 要注重塑造企業核心價值觀
   B. 要打造顧客認可的品牌
   C. 要充分體現以人為本的理念
   D. 要強化企業文化建設中的領導責任
2. 企業建立與實施內部控制，應當遵循下列（　　）原則。
   A. 全面性原則　　　　　　　B. 重要性原則

C. 制衡性原則　　　　　　　　　D. 適應性原則
　3. 下列屬於企業採購業務不相容崗位的有（　　）。
　　A. 採購、驗收與相關記錄　　　　B. 付款的申請、審批與執行
　　C. 請購與審批　　　　　　　　　D. 供應商的選擇與審批
　4. 內部控制中的風險評估要素主要包括（　　）。
　　A. 目標設定　　　　　　　　　　B. 風險識別
　　C. 風險分析　　　　　　　　　　D. 風險應對
　5. 在企業中，需要分離的不相容崗位一般有（　　）。
　　A. 授權批准職務與執行業務職務
　　B. 執行業務職務與監督審核職務
　　C. 監督審核職務與財務保管職務
　　D. 授權批准職務與會計記錄職務
　6. 下列職務設置不合理的是（　　）。
　　A. 填寫銷貨發票的人員兼任審核人員
　　B. 審批材料採購的人員兼任採購員職務
　　C. 會計部門的出納員兼任記帳員
　　D. 銷貨人員兼任會計記帳工作

三、判斷題

　1. 內部控制措施，無論設計得多麼完美、運行得多麼好，組織目標實現的可能性都會受到內部控制制度所固有的局限性的影響。　　　　　　　　　　　　　　（　　）
　2. 為企業內部控制提供諮詢的會計師事務所不得同時為同一企業提供內部控制審計服務。　　　　　　　　　　　　　　　　　　　　　　　　　　　　　（　　）
　3. 為避免採購人員的舞弊，應該對採購人員定期輪崗。　　　　　　　　（　　）

四、案例分析題

　　大中華劇院的出納員在劇院專設的售票室負責售票、收款工作，每日各場次所出售的戲票、電影票均事先連續編號。顧客一手交錢，出納員一手交票。顧客買票後須將入場券交給收票員才能進入劇院，收票員將入場券撕成兩半，正券交還給顧客，副券則投入加鎖的票箱中。
　（1）請問本案例中在現金收入方面採取了哪些內部控制措施？
　（2）假設出納員與收票員串通竊取現金收入，他們將採取哪些行動？
　（3）對串通舞弊行為，採取何種措施可以揭發？
　（4）劇院經理可採取哪些手段使其現金內部控制達到最佳的效果？

第八章　貨幣資金的審計

【引導案例】

ABC 會計師事務所在 2016 年 1 月 15 日對某公司 2015 年 12 月 31 日的資產負債表審計中，發現「貨幣資金」項目中的庫存現金為 1,062.10 元。該公司 2016 年 1 月 15 日現金日記帳餘額是 932.10 元。1 月 16 日 7：30，註冊會計師對該公司的現金進行清點，結果如下：

（1）現金實有數為 627.34 元。
（2）存在下列未入帳的單據：
①職工李某，預借差旅費 300 元，經領導批准；
②職工王某，借據金額 140 元，未經批准，也未說明用途；
（3）另有 2 張收款憑證，金額為 135.24 元。
（4）銀行核定該公司現金限額為 800 元。
（5）核實該公司 1 月 1 日至 15 日的收入現金 2,350 元，支出現金 2,580 元。

要求：
（1）核實庫存現金實有數。
（2）確認 2015 年 12 月 31 日資產負債表所列數額是否公允。
（3）對現金收支、管理提出審計意見。

解析：
（1）該公司庫存現金帳實一致。
1 月 15 日現金帳面餘額＝932.10+135.24-300＝767.34（元）
1 月 15 日現金實有數為 627.34 元，加上職工王某「白條」140 元，與帳面餘額相等。
（2）2015 年 12 月 31 日庫存現金應存數＝767.34-2,350+2,580＝997.34（元）
與資產負債表中「貨幣資金」項目的庫存現金數額 1,062.10 元不相符，應調整為 997.34 元。
（3）該公司庫存現金收支、管理中存在不合法現象如下：
①白條抵庫 140 元，違反現金管理制度，應責成現金出納退回。
②庫存現金超限額，2015 年年末超限額＝997.34-800＝197.34（元）

第一節　貨幣資金的內部控制及其測試

一、貨幣資金的內部控制概述

貨幣資金是企業流動性最強的資產，企業必須加強對貨幣資金的管理，建立良好的貨幣資金內部控制，以確保全部應收進的貨幣資金均能收進，並及時正確地予以記錄；全部貨幣資金支出是按照經批准的用途進行的，並及時正確地予以記錄；庫存現金、銀行存款報告正確，並得以恰當保管；正確預測企業正常經營所需的貨幣資金收支額，確保企業有充足而又不過剩的貨幣資金余額。

貨幣資金的內部控制包括以下內容：

(一) 崗位分工及授權批准

(1) 單位應當建立貨幣資金業務的崗位責任制，明確相關部門和崗位的職責權限，確保辦理貨幣資金業務的不相容崗位相互分離、制約和監督。

(2) 單位應當對貨幣資金業務建立嚴格的授權批准制度，明確審批人對貨幣資金業務的授權批准方式、權限、程序、責任和相關控制措施，規定經辦人辦理貨幣資金業務的職責範圍和工作要求。

(3) 單位應當按照規定的程序辦理貨幣資金支付業務。具體包括以下四個步驟：

第一，支付申請。單位有關部門或個人用款時，應當提前向審批人提交貨幣資金支付申請，註明款項的用途、金額、預算、支付方式等內容，並附有效經濟合同或相關證明。

第二，支付審批。審批人根據其職責、權限和相應程序對支付申請進行審批。對不符合規定的貨幣資金支付申請，審批人應當拒絕批准。

第三，支付復核。復核人應當對批准后的貨幣資金支付申請進行復核，復核貨幣資金支付申請的批准範圍、權限、程序是否正確，手續及相關單證是否齊備，金額計算是否正確，支付方式、支付單位是否妥當等。復核無誤后，交由出納人員辦理支付手續。

第四，辦理支付。出納人員應當根據復核無誤的支付申請，按規定辦理貨幣資金支付手續，及時登記現金和銀行存款日記帳。

(4) 單位對於重要貨幣資金支付業務，應當實行集體決策和審批，並建立責任追究制度，防範貪污、侵占、挪用貨幣資金等行為。

(5) 嚴禁未經授權的機構或人員辦理貨幣資金業務或直接接觸貨幣資金。

(二) 現金和銀行存款的管理

(1) 單位應當加強現金庫存限額的管理，超過庫存限額的現金應及時存入銀行。

(2) 單位必須根據《現金管理暫行條例》的規定，結合本單位的實際情況，確定本單位現金的開支範圍。不屬於現金開支範圍的業務應當通過銀行辦理轉帳結算。

（3）單位現金收入應當及時存入銀行，不得用於直接支付單位自身的支出。因特殊情況需坐支現金的，應事先報經開戶銀行審查批准。單位借出款項必須執行嚴格的授權批准程序，嚴禁擅自挪用、借出貨幣資金。

（4）單位取得的貨幣資金收入必須及時入帳，不得私設「小金庫」，不得帳外設帳，嚴禁收款不入帳。

（5）單位應當嚴格按照《支付結算辦法》等國家有關規定，加強銀行帳戶的管理，嚴格按照規定開立帳戶，辦理存款、取款和結算。單位應當定期檢查、清理銀行帳戶的開立及使用情況，發現問題，及時處理。單位應當加強對銀行結算憑證的填製、傳遞及保管等環節的管理與控制。

（6）單位應當嚴格遵守銀行結算紀律，不準簽發沒有資金保證的票據或遠期支票，套取銀行信用；不準簽發、取得和轉讓沒有真實交易和債權債務的票據，套取銀行和他人資金；不準無理拒絕付款，任意占用他人資金；不準違反規定開立和使用銀行帳戶。

（7）單位應當指定專人定期核對銀行帳戶，每月至少核對一次，編製銀行存款餘額調節表，使銀行存款帳面餘額與銀行對帳單調節相符。如調節不符，應查明原因，及時處理。

（8）單位應當定期和不定期地進行現金盤點，確保現金帳面餘額與實際庫存相符。發現不符，應及時查明原因，做出處理。

(三) 票據及有關印章的管理

（1）單位應當加強與貨幣資金相關的票據的管理，明確各種票據的購買、保管、領用、背書轉讓、註銷等環節的職責權限和程序，並專設登記簿進行記錄，防止空白票據的遺失和被盜用。

（2）單位應當加強銀行預留印鑒的管理。財務專用章應由專人保管，個人名章必須由本人或其授權人員保管。嚴禁一人保管支付款項所需的全部印章。按規定需要有關負責人簽字或蓋章的經濟業務，必須嚴格履行簽字或蓋章手續。

(四) 監督檢查

（1）單位應當建立對貨幣資金業務的監督檢查制度，明確監督檢查機構或人員的職責權限，定期和不定期地進行檢查。

（2）貨幣資金監督檢查的內容主要如下：

第一，貨幣資金業務相關崗位及人員的設置情況。重點檢查是否存在貨幣資金業務不相容職務混崗的現象。

第二，貨幣資金授權批准制度的執行情況。重點檢查貨幣資金支出的授權批准手續是否健全，是否存在越權審批行為。

第三，支付款項印章的保管情況。重點檢查是否存在辦理付款業務所需的全部印章交由一人保管的現象。

第四，票據的保管情況。重點檢查票據的購買、領用、保管手續是否健全，票據保管是否存在漏洞。

第五，對監督檢查過程中發現的貨幣資金內部控制中的薄弱環節，應當及時採取措施，加以糾正和完善。

總之，一個良好的貨幣資金內部控制應該做到以下幾點：

第一，貨幣資金收支與記帳的崗位分離。

第二，貨幣資金收入、支出要有合理、合法的憑據。

第三，全部收支及時準確入帳，並且支出要有核准手續。

第四，控制現金坐支，當日收入現金應及時送存銀行。

第五，按月盤點現金，編製銀行存款余額調節表，以做到帳實相符。

第六，加強對貨幣資金收支業務的內部審計。

二、貨幣資金內部控制測試概述

(一) 描述和瞭解內部控制

一般而言，註冊會計師可以採用編製流程圖的方法來描述和瞭解內部控制。編製貨幣資金內部控制流程圖是貨幣資金符合性測試的重要步驟。註冊會計師在編製之前應通過詢問、觀察等調查手段收集必要的資料，然後根據所瞭解的情況編製流程圖。對於中小企業，也可以採用編寫貨幣資金內部控制說明的方法。若年度審計工作底稿中已有以前年度的流程圖，註冊會計師可根據調查結果加以修正，以供本年度審計之用。一般地，瞭解貨幣資金內部控制時，註冊會計師應當注意檢查貨幣資金內部控制是否建立、是否嚴格執行。

(二) 抽取適當樣本並檢查收款憑證

為測試貨幣資金收款的內部控制，註冊會計師應選取適當樣本的收款憑證，進行如下檢查：

(1) 核對收款憑證與存入銀行帳戶的日期和金額是否相符。

(2) 核對貨幣資金、銀行存款日記帳的收入金額是否正確。

(3) 核對收款憑證與銀行對帳單是否相符。

(4) 核對收款憑證與應收帳款等相關明細帳的有關記錄是否相符。

(5) 核對實收金額與銷貨發票等相關憑據是否一致等。

(三) 抽取適當樣本並檢查付款憑證

為測試貨幣資金付款內部控制，註冊會計師應選取適當樣本的貨幣資金付款憑證，進行如下檢查：

(1) 檢查付款的授權批准手續是否符合規定。

(2) 核對貨幣資金、銀行存款日記帳的付出金額是否正確。

(3) 核對付款憑證與銀行對帳單是否相符。

(4) 核對付款憑證與應付帳款等相關明細帳的記錄是否一致。

(5) 核對實付金額與購貨發票等相關憑據是否相符等。

(四）抽取一定期間的現金、銀行存款日記帳與總帳核對

在核對時要注意以下兩點：

（1）註冊會計師應抽取一定期間的現金、銀行存款日記帳，檢查其有無計算錯誤，加總是否正確無誤。如果檢查中發現問題較多，說明被審計單位貨幣資金的會計記錄不夠可靠。

（2）註冊會計師應根據日記帳提供的線索，核對總帳中的現金、銀行存款、應收帳款、應付帳款等有關帳戶中的記錄。

（五）抽取一定期間的銀行存款餘額調節表，查驗其是否按月正確編製並經復核

為證實銀行存款記錄的正確性，註冊會計師必須抽取一定期間的銀行存款餘額調節表，將其同銀行對帳單、銀行存款日記帳及總帳進行核對，確定被審計單位是否按月正確編製並復核銀行存款餘額調節表。

（六）查驗外幣資金的折算方法是否符合有關規定、是否與上年度一致

對於有外幣貨幣資金、外幣銀行存款的被審計單位，註冊會計師應檢查外幣貨幣資金日記帳、外幣銀行存款日記帳及相關帳戶的記錄，確定企業有關外幣貨幣資金、外幣銀行存款的增減變動是否按業務發生時的市場匯率或企業發生當期期初的市場匯率折合為記帳本位幣，確定選用方法是否前後保持一致。檢查企業的外幣貨幣資金、銀行存款帳戶的餘額是否按期末市場匯率折合為記帳本位幣金額，有關匯兌損益的計算和記錄是否正確。

（七）對貨幣資金的內部控制進行評價

註冊會計師在完成上述程序之後，即可對貨幣資金的內部控制進行評價。評價時，註冊會計師應首先確定貨幣資金內部控制可信賴的程度以及存在的薄弱環節和缺點，然后據以確定在貨幣資金實質性測試中對哪些環節可以適當減少審計程序、哪些環節應增加審計程序，進行重點檢查，以減少審計風險。

三、貨幣資金審計常見的重大錯報風險

貨幣資金審計常見的重大錯報風險如下：

第一，在現金交易中多收或多付，少收或少付，錯收或錯付，漏收或漏付，重收或重付。

第二，坐支現金或超限額收付現金以及超限額庫存現金等違反現金結算和管理制度的現象。

第三，挪用、盜竊、貪污現金，偽造或塗改憑證，虛報冒領等舞弊行為。

第四，帳外現金、私設小金庫等違紀行為。

第五，出借銀行帳戶或轉移資金。

第六，隱藏錯弊的未達帳項。

第七，支票存根不完整，塗改、毀損結算憑證或銀行存款日記帳等。

【例8-1】審計人員對某公司 2015 年度會計報表實施審計，審計中對該公司的貨

幣資金內部控制進行瞭解和測試，發現以下情況：

（1）該公司貨幣資金開支均由總經理「一支筆」審核批准，其他人員無權審批。（該公司規模較大）

（2）該公司員工報銷費用，必須根據公司的批准手續報批，會計部門對報銷單據加以審核，現金出納員見到加蓋核准印章的支出憑據后方可付款。

（3）該公司設立現金出納員和銀行出納員。銀行出納員負責到銀行辦理與銀行存款有關的業務，並登記銀行存款日記帳。月底，銀行出納員取得銀行對帳單並編製銀行存款余額調節表。

（4）該公司貨幣資金收支業務較多時，出納員逐日入帳，逐日進行帳實核對。該公司貨幣資金收支業務較少時，出納員每隔5天登記一次日記帳。

（5）該公司出納員兼任會計檔案的保管員。

（6）該公司為了遵守現金庫存限額管理規定，超過庫存限額的現金，不在保險櫃中存放，也不送存銀行，而是由出納員另外存放。

（7）該公司大多採用分散收款方式，各部門所收款項每隔10天向財務部門出納員匯總解繳一次。

（8）該公司空白支票由出納員保管，支票印鑒由會計主管專門保管，如果會計主管臨時出差，則由出納員臨時保管支票印鑒。

（9）該公司小額殘料、廢料變賣收入，不需要在公司會計記錄中反應，只以各部門負責人的名義在銀行開戶保管。

（10）該公司嚴格加強貨幣資金稽核控制，定期由會計主管對貨幣資金的管理進行核查。

要求：

（1）審計人員通過內部控制測試所注意到的上述各種情況是否存在控制缺陷？這種缺陷可能導致什麼問題發生？

（2）為了證實以上缺陷是否確實發生，審計人員應分別採用何種審計程序？

解析：

（1）內部控制存在缺陷。雖然「一支筆」審批有利於控制支出，但在規模較大的單位，其缺陷也是顯而易見的。一是影響工作效率，二是可能導致領導人權力過大，滋生腐敗現象。建議該公司按授權控制的要求，合理劃分一般授權和特殊授權的範圍。為了證實以上錯弊的可能性，審計人員應抽查足夠規模的費用支出憑證，檢查憑證的簽字授權以及費用支出的合理性，判斷有無亂花、亂支現象。

（2）內部控制不存在明顯缺陷。

（3）內部控制存在缺陷。因為銀行出納職務和編製銀行存款余額調節表職務是不相容的，這兩個職務由一人兼任，可能使得憑證和記錄失去恰當控制，出現虛列未達帳項、挪用銀行存款等舞弊行為。建議該公司將這兩個職務分離。為了證實以上錯弊的可能性，審計人員應獲取銀行對帳單，檢查企業日記帳有無漏記事項，同時復核銀行存款余額調節表，檢查未達帳項的真實、合理性並判斷有無挪用款項或出租、出借銀行帳戶現象。

（4）內部控制存在缺陷。內部控制應「一貫」執行，不能在不同時期區別對待。時鬆時緊的內部控制可能導致錯誤的發生和現金的短缺。為了證實以上錯弊的可能性，審計人員應抽查部分日記帳記錄，並進行帳實核對。

（5）內部控制存在缺陷。因為出納職務和檔案保管職務是不相容職務，這兩個職務由一人兼任，給出納員抽換、篡改記錄資料提供了便利條件，這將使貨幣資金的安全受到威脅。建議會計檔案由出納以外的會計人員專門保管，並健全會計檔案的使用制度，限制無關人員接近會計檔案。為了證實以上錯弊的可能性，審計人員應抽查部分會計記錄，檢查有無抽換、篡改現象，同時盤點現金，進行帳實核對。

（6）內部控制存在缺陷。貨幣資金內部控制要求企業嚴格遵守庫存限額規定，超限額部分應及時送存銀行，而不應由出納員另外存放。否則，會影響現金的安全。為了證實以上錯弊的可能性，審計人員應抽查部分日記帳記錄，盤點現金，進行帳實核對。

（7）內部控制存在缺陷。根據貨幣資金內部控制的要求，單位應盡量採用集中收款方式，如果有必要採取分散收款方式，也應該由各部門每天將所收款項交給出納，再由出納及時送存銀行。該公司的這種做法給各部門經手人挪用現金、侵吞公款提供了便利條件。為了證實以上錯弊的可能性，審計人員應對各部門經管的現金進行突擊盤點核對，檢查有無挪用、短缺或侵吞現金行為。

（8）內部控制存在缺陷。因為空白支票保管職務和印鑑保管職務是不相容的，這兩個職務由一人兼任，將嚴重影響貨幣資金的安全性。若會計主管臨時出差，應授權出納以外的會計人員專門保管並明確保管責任。為了證實貨幣資金的安全性，審計人員應抽查支票存根，檢查開出支票的用途和收款單位，再結合銀行對帳單，判斷有無私自劃轉銀行存款的行為。

（9）內部控制存在缺陷。小額現金收入也應納入公司財務部門的管理範圍，而不應由各部門負責人代為保管，該公司的這種做法屬於私設「小金庫」行為，嚴重違反現金管理規定。為了證實以上錯弊發生的可能性，審計人員應對出納人員和各部門負責人單獨管理的現金進行盤點核對，檢查有無現金短缺和從小金庫亂支、亂花的行為。

（10）內部控制存在缺陷。該公司貨幣資金管理的稽核應由具有獨立身分的稽核人員進行，會計主管所進行的核查只能算內部稽核，起不到獨立稽核的作用，難以揭露貨幣資金管理存在的問題。為了證實以上錯弊發生的可能性，審計人員應對公司貨幣資金管理進行較為全面的檢查。

第二節　庫存現金審計

一、庫存現金審計的目標

庫存現金包括人民幣現金和外幣現金。庫存現金是企業流動性最強的資產，儘管其在企業資產總額中的比重不大，但企業發生的舞弊事件大都與庫存現金有關，因此

註冊會計師應該重視對庫存現金的審計。

庫存現金的審計目標一般應包括：

第一，確定被審計單位資產負債表中的現金在會計報表日是否確實存在，是否為被審計單位所擁有。

第二，確定被審計單位在特定期間內發生的現金收支業務是否均已記錄完畢，有無遺漏。

第三，確定現金余額是否正確。

第四，確定現金在會計報表上的披露是否恰當。

二、庫存現金的實質性測試

庫存現金的實質性測試程序一般包括：

(一) 核對現金日記帳與總帳的余額是否相符

註冊會計師測試現金余額的起點是核對現金日記帳與總帳的余額是否相符。如果不相符，應查明原因，並做出適當調整。

(二) 盤點庫存現金

盤點庫存現金是證實資產負債表中所列現金是否存在的一項重要程序。

盤點庫存現金通常包括對已收到但未存入銀行的現金、零用金、找換金等的盤點。盤點庫存現金的時間和人員應視被審計單位的具體情況而定，但必須有出納員和被審計單位會計主管人員參加，並由註冊會計師進行監盤。

盤點庫存現金的步驟和方法如下：

(1) 制定庫存現金盤點程序，實施突擊性的檢查，時間最好選擇在上午上班前或下午下班時進行，盤點的範圍一般包括企業各部門經管的現金。在進行現金盤點前，應由出納員將現金集中起來存入保險櫃，必要時可加封存，然後由出納員把已辦妥現金收付手續的收付款憑證登入現金日記帳。如企業現金存放部門有兩處或兩處以上的，應同時進行盤點。

(2) 審閱現金日記帳並同時與現金收付憑證相核對。一方面，檢查日記帳的記錄與憑證的內容和金額是否相符；另一方面，瞭解憑證日期與日記帳日期是否相符或接近。

(3) 由出納員根據現金日記帳進行加計累計數額結出現金結余額。

(4) 盤點保險櫃的現金實存數，同時編製「庫存現金盤點表」，分幣種、面值列示盤點金額。

(5) 資產負債表日後進行盤點時，應調整至資產負債表日的金額。

(6) 盤點金額與現金日記帳余額進行核對，如有差異，應查明原因，並進行記錄或適當調整。

(7) 若有沖抵庫存現金的借條、未提現支票、未作報銷的原始憑證，應在「庫存現金盤點表」中註明或進行必要的調整。

【例 8-2】2016 年 1 月 25 日，審計人員對甲公司 2015 年 12 月 31 日資產負債表進

行審計，查得「貨幣資金」項目的庫存現金余額為 2,995 元，2016 年 1 月 25 日現金日記帳的余額為 2,365 元。

2016 年 1 月 26 日上午 8 時，審計人員對甲公司的庫存現金進行了盤點，盤點結果如下：

(1) 現金實有數為 1,850 元。

(2) 在保險櫃中發現職工李東 2015 年 11 月 5 日預借差旅費 500 元借據一張，已經領導批准；職工胡立借據一張，金額為 450 元，未經批准，也未說明其用途；有已收款但未入帳的憑證 6 張，金額為 435 元。

另外，經核對 2016 年 1 月 1 日至 1 月 25 日的收付款憑證和現金日記帳，核實 2016 年 1 月 1 日至 1 月 25 日的現金收入數為 7,130 元，現金支出數為 7,160 元，正確無誤。銀行核定的甲公司庫存現金限額為 2,000 元。

審計步驟如下：

第一步：根據以上資料，首先核實甲公司 2016 年 1 月 25 日庫存現金應有數。

職工胡立借據 450 元，未經批准，屬於白條，不能用於抵充現金，因此 1 月 25 日庫存現金應為 1 月 25 日庫存現金實有數 1,850 元加胡立的借據 450 元，為 2,300 元。

未入帳的收付款憑證都屬於合法憑證，可以據以收付現金，只是沒有入帳。1 月 25 日現金日記帳的余額是 2,365 元，加上未入帳的現金收入 435 元，減去未入帳的現金支出 500 元，得 2,300 元。

由此可見，在 1 月 25 日，除白條抵庫和應入帳未入帳的現金收支外，現金帳實是相符的，即未發生現金溢缺。

第二步：核實 2015 年 12 月 31 日資產負債表中的庫存現金是否真實、完整。

既然在 2016 年 1 月 25 日現金是帳實相符的，未發生現金溢缺，並且核對 2016 年 1 月 1 日至 1 月 25 日的收付款憑證和現金日記帳，1 月 1 日至 1 月 25 日的現金收入為 7,130 元，現金支出為 7,160 元，正確無誤，那麼就可以根據這些資料倒推出 2015 年 12 月 31 日庫存現金應有數。計算過程如下：

2,300+7,160-7,130=2,330（元）

由於 2015 年 12 月 31 日「貨幣資金」項目中的庫存現金帳面余額為 2,995 元，因此在甲公司資產負債表中，2015 年 12 月 31 日的現金余額是虛假的，正確金額為 2,330 元。

審計結論如下：

甲公司 2015 年 12 月 31 日的庫存現金帳實不符，應進一步查明原因。

督促被審計單位將收支及時入帳。例如，職工李東 2015 年 11 月 5 日預借差旅費 500 元，雖經領導批准，屬於合規的行為，但出納人員未及時將借款登記入帳，被審計單位應編製如下會計分錄：

借：其他應收款——李東　　　　　　　　　　　　　500
　　貸：庫存現金　　　　　　　　　　　　　　　　　　　500

同時，出納人員應及時催促李東報銷有關單證，退回多余的款項。

第三，財務制度明令禁止白條抵庫，審計人員應進一步調查胡立借款的真實性，

並督促被審計單位及時收回該筆款項。

第四，銀行規定甲公司庫存現金限額為 2,000 元，甲公司留存超過現金限額 330 元，應及時送存銀行。

【例 8-3】ABC 會計師事務所的註冊會計師白冰、李雪於 2016 年 3 月 18 日對 S 公司 2015 年度的會計報表進行審計，查明 2015 年 12 月 31 日資產負債表「貨幣資金」項目中的庫存現金為 1,000 元。2016 年 3 月 20 日上午 8 時，白冰、李雪經檢查，認定當時現金日記帳余額為 998.15 元，並對 S 公司當時庫存現金進行清點，清點結果如下：

(1) 現金實有數為 348.15 元。

(2) 清查過程中發現出納員有下列原始憑證未製單入帳：

①採購員暫借差旅費借條一張，金額為 300 元，日期為 2016 年 3 月 18 日，已經由相關負責人批准。

②某職工借條一張，金額為 350 元，日期為 2016 年 2 月 17 日，未經批准。

③已收款未入帳憑證 3 張，金額為 200 元。

④除借條外，還有已付款未入帳憑證 1 張，金額為 150 元。

(3) 盤點時，還在保險櫃裡發現：

①門市部前一天送來零售貨款 300 元，單獨包裝，未包括在實有數內。

②2016 年 3 月 18 日發放工資，職工王興出差未歸，待領工資 1,200 元單獨包裝，不包括在實有數內。

③郵票 20 元，系財務科購入作寄出郵件用，已在管理費用中報銷。

(4) 銀行為 S 公司核定的庫存現金限額為 1,000 元。

(5) 2016 年 1 月 1 日至 3 月 20 日的現金收入數為 3,500 元，現金支出數為 3,800 元，經審核無誤。

要求：(1) 根據以上資料，編製庫存現金情況表。

(2) 指出 S 企業在現金管理中存在的問題並提出處理建議。

(3) 調整核實 2015 年 12 月 31 日資產負債表所列現金數是否真實。

分析：(1) 庫存現金情況表如表 8-1 所示：

表 8-1　　　　　　　　　　　庫存現金情況表

客戶：S 公司　　　　　索引號：　　　　　　　頁次：

項目：現金監盤　　　　編製人：　　　　　　　日期：

截止日：2015 年 12 月 31 日　　復核人：　　　日期：

檢查盤點記錄			實有現金盤點記錄		
項目	頁次	金額（元）	面額	張數	金額（元）
上一日帳面庫存余額	1	998.15			
盤點日未記錄傳票收入金額	2	200.00			
盤點日未記錄傳票支出金額	3	450.00			

表(續)

檢查盤點記錄			實有現金盤點記錄		
項目	頁次	金額(元)	面額	張數	金額(元)
盤點日帳面應有金額	4＝1+2-3	748.15			
盤點實有現金金額	5	348.15			
盤點日應有與實有差異	6＝4-5	400.00			
差異原因分析	白條抵庫	350.00			
	短缺	50.00	合計		348.15
追溯調整	報表日至盤點日現金付出總額	3,800.00	備註:		
	報表日至盤點日現金收入總額	3,500.00			
	報表日庫存現金應有金額	1,048.15			

盤點人：　　　　　盤點日期：　　　　　監盤人：　　　　　復核人：

現金管理中存在的問題如下：

(1) 經批准的預借差旅費借條，沒有及時進行處理，系出納員工作拖拉所致，應及時補記入帳，並防止類似問題再次發生。

(2) 未經批准的職工借條，系出納員白條抵庫，違反現金管理規定挪用現金，應責令出納員及時追回外借現金；不能及時追回者，應記入「其他應收款」。

(3) 轉帳支票儘管不涉及現金，同樣應及時辦理，出納員不應將過期轉帳支票存放在保險櫃裡不加以處理，而應該退回重開。

(4) 門市部送來的現金銷貨款應在當天營業結束後及時送存銀行，以保現金安全並防止坐支銷貨款，建議出納員將銷貨款及時送存銀行。

(5) 待領工資不應在保險櫃存放，而應先送存銀行，暫作「其他應付款」處理，職工出差歸來時另行發放。

(6) 2001年12月31日的現金超庫存限額48.15元，違反現金庫存限額管理規定。

(7) 除白條抵庫外，現金短缺50元，應進一步查明原因再作處理。

另外，庫存郵票已在管理費用中報銷，屬帳外財產，應妥善保管，防止私人使用。

可根據下列公式調整計算：

報表日現金應有數＝盤點日現金應有數+報表日至盤點日現金付出總額－報表日至盤點日現金收入總額＝748.15+3,800-3,500＝1,048.15（元）

第三節　銀行存款審計

一、銀行存款審計的目標

銀行存款是指企業存放在銀行或其他金融機構的貨幣資金。按照國家有關規定，

凡是獨立核算的企業都必須在當地銀行開設帳戶。企業在銀行開設帳戶以後，除按核定的限額保留庫存現金外，超過限額的現金必須存入銀行；除了在規定的範圍內可以用現金直接支付的款項外，在經營過程中所發生的一切貨幣收支業務，都必須通過銀行存款帳戶進行結算。

銀行存款的審計目標主要包括：

第一，確定被審計單位資產負債表中的銀行存款在會計報表日是否確實存在、是否為被審計單位所擁有。

第二，確定被審計單位在特定期間內發生的銀行存款收支業務是否均已記錄完畢、有無遺漏。

第三，確定銀行存款的餘額是否正確。

第四，確定銀行存款在會計報表上的披露是否恰當。

二、銀行存款的內部控制測試

（一）銀行存款的內部控制

一般而言，一個良好的銀行存款的內部控制同現金的內部控制一樣，也應達到以下幾點：

（1）銀行存款收支與記帳的崗位分離。

（2）銀行存款收入、支出要有合理、合法的憑據。

（3）全部收支及時準確入帳，並且支付要有核准。

（4）按月編製銀行存款餘額調節表、以做到帳實相符。

（5）加強對銀行存款收支業務的內部審計。

按照我國現金管理的有關規定，超過規定限額以上的現金支出一律使用支票。因此，企業應建立相應的支票申領制度，明確申領範圍、申領批准及支票簽發、支票報銷等。

對於支票報銷和現金報銷，企業應建立報銷制度。報銷人員報銷時應當有正常的報批手續、適當的付款憑據，有關購貨支出還應具有驗貨手續。財會部門應對報銷單據加以審核，現金出納見到加蓋核准戳記的支出憑證后方可付款。

付款記錄應及時登記入帳，一切憑證應按順序或內容編作會計記錄的附件。

（二）銀行存款的內部控制的流程

1. 瞭解銀行存款的內部控制

註冊會計師對銀行存款內部控制的瞭解一般與瞭解現金的內部控制同時進行。註冊會計師應當注意的內容包括：

（1）銀行存款的收支是否按規定的程序和權限處理。

（2）銀行帳戶是否存在與本單位經營無關的款項收支情況。

（3）是否存在出租、出借銀行帳戶的情況。

（4）出納與會計的職責是否嚴格分離。

（5）是否定期取得銀行對帳單並編製銀行存款餘額調節表等。

2. 抽取樣本並檢查收款憑證

註冊會計師應選取適當的樣本量，進行如下檢查：
(1) 核對收款憑證與存入銀行帳戶的日期和金額是否相符。
(2) 核對銀行存款日記帳的收入金額是否正確。
(3) 核對收款憑證與銀行對帳單是否相符。
(4) 核對收款憑證與應收帳款明細帳的有關記錄是否相符。
(5) 核對實收金額與銷貨發票是否一致等。

3. 抽取樣本並檢查付款憑證

為測試銀行存款付款內部控制，註冊會計師應選取適當的樣本量，進行如下檢查：
(1) 檢查付款的授權批准手續單是否符合規定。
(2) 核對銀行存款日記帳的付出金額是否正確。
(3) 核對付款憑證與銀行對帳是否相符。
(4) 核對付款憑證與應付帳款明細帳的記錄是否一致。
(5) 核對實付金額與購貨發票是否相符等。

4. 抽取一定期間的銀行存款日記帳與總帳核對

註冊會計師應抽取一定期間的銀行存款日記帳，檢查其有無計算錯誤，並與銀行存款總分類帳核對。

5. 抽取一定期間銀行存款余額調節表，查驗其是否按月正確編製並經復核

為證實銀行存款記錄的正確性，註冊會計師必須抽取一定期間的銀行存款余額調節表，將其同銀行對帳單、銀行存款日記帳及總帳進行核對，確定被審計單位是否按月正確編製並復核銀行存款余額調節表。

6. 檢查外幣銀行存款的折算方法是否符合有關規定，是否與上年度一致

對於有外幣銀行存款的被審計單位，註冊會計師應檢查外幣銀行存款日記帳及相關帳戶的記錄，確定企業有關外幣銀行存款的增減變動是否按業務發生時的市場匯率或業務發生當期期初的市場匯率折合為記帳本位幣，選用方法是否前后期保持一致，檢查企業的銀行存款帳戶的余額是否按期末市場匯率折合為記帳本位幣金額，有關匯兌損益的計算和記錄是否正確。

7. 對銀行存款的內部控制進行評價

註冊會計師在完成上述程序之後，即可對銀行存款的內部控制進行評價。評價時，註冊會計師應首先確定銀行存款內部控制可信賴的程度以及存在的薄弱環節和缺點，然后據理力爭確定在銀行存款實質性測試中對哪些環節可以適當減少審計程序、對哪些環節應增加審計程序，進行重點檢查，以減少審計風險。

【例8-4】審計人員對W公司2015年12月31日的銀行存款進行審查，查明銀行存款日記帳余額為58,000元，銀行對帳單余額為60,540元。審計人員發現以下情況：
(1) 銀行從W公司帳戶中扣除借款利息980元，公司未入帳。
(2) W公司於12月28日開出轉帳支票一張4,280元，銀行未入帳。
(3) 銀行12月29日收到W公司的外地匯款4,000元，W公司未入帳。
(4) W公司12月29日存入轉帳支票一張3,260元，銀行未入帳。

（5）12月26日銀行付出 1,500 元，經查系採購員李平不慎遺失的 187635 號空白轉帳支票，被人冒用所購物品的款項。

（6）銀行對帳單上發現 12月20日收入支票一張、12月23日開出支票一張，金額均為 13,000 元，W 公司銀行存款日記帳上無此記錄。

要求：

（1）根據以上資料編製銀行存款余額調節表。

（2）分析 W 公司銀行存款管理中可能存在的問題。

（3）根據發現的問題，提出進一步審查的方法。

解析：

（1）銀行存款余額調節表編製如表 8-2 所示：

表 8-2　　　　　　　　　　銀行存款余額調節表　　　　　　　　單位：元

銀行調節項目	金額	公司調節項目	金額
調節前銀行對帳單余額	60,540	調節前銀行日記帳余額	58,000
加：企業已收，銀行未收		加：銀行已收，企業未收	
1. 存入轉帳支票	3,260	1. 外地匯款	4,000
		2. 收入支票	13,000
減：企業已付，銀行未付		減：銀行已付，企業未付	
1. 開出支票	4,280	1. 借款利息	980
		2. 冒用支票	1,500
		3. 開出支票	13,000
調節后銀行對帳單余額	59,520	調節后企業日記帳余額	59,520

（2）W 公司可能存在的問題如下：

第一，支票管理不嚴格。企業不準開具空白支票、空頭支票、遠期支票。12月26日的款項被人冒用，正是開具空白支票所致。

第二，隱瞞和轉移收入或出借銀行帳戶。12月20日收入支票一張和12月23日支出支票一張，金額均為 13,000 元，一收一付，金額相等，日期接近，很可能是隱瞞和轉移收入或出借銀行帳戶。

（3）進一步審查的方法如下：

第一，審查支票存根，找出管理漏洞，明確相關責任，並通過適當渠道盡可能追回被冒用款項。

第二，審查支票存根、詢問有關人員、向客戶調查和向銀行函證。

三、銀行存款的實質性測試

銀行存款的實質性測試程序一般包括：

(一) 銀行存款日記帳與總帳的余額是否相符

註冊會計師測試銀行存款余額的起點，是核對銀行存款日記帳與總帳的余額是否相符。如果不相符，應查明原因，並做出適當調整。

(二) 分析性復核程序

計算定期存款占銀行存款的比例，瞭解被審計單位是否存在高息資金拆借。如存在高額資金拆借，應進一步分析拆出資金的安全性，檢查高額利差的入帳情況；計算存放於非銀行金融機構的存款占銀行存款的比例，分析這些資金的安全性。

(三) 取得並檢查銀行存款余額調節表

檢查銀行存款余額調節表是證實資產負債表中所列銀行存款是否存在的重要程序。銀行存款余額調節表通常應由被審計單位根據不同的銀行帳戶及貨幣種類分別編製。如果經調節后的銀行存款余額存在差異，註冊會計師應查明原因，並做出記錄或進行適當的調整。

取得銀行存款余額調節表后，註冊會計師應檢查調節表中未達帳項的真實性，以及資產負債表日后的進帳情況，如果存在應於資產負債表日之前進帳的應進行相應的調整。其程序一般包括：

(1) 驗算調節表的數字計算。

(2) 對於金額較大的未提現支票、可提現的未提現支票以及註冊會計師認為重要的未提現支票，列示未提現支票清單，註明開票日期和收票人姓名或單位。

(3) 追查截止日期銀行對帳單上的在途存款，並在銀行帳戶調節表上註明存款日期。

(4) 檢查截止日仍未提現的大額支票和其他已簽發一個月以上的未提現支票。

(5) 追查截止日期銀行對帳單已收、企業未收的款項性質及款項來源。

(6) 核對銀行存款總帳金額、銀行對帳單加總金額。

(四) 函證銀行存款余額

函證是指註冊會計師在執行審計業務過程中，需要以被審計單位名義向有關單位發函詢證，以驗證被審計單位的銀行存款是否真實、合法、完整。按照國際慣例，財政部、中國人民銀行於1999年1月6日聯合印發了《關於做好企業的銀行存款、錯款及往來款項函證工作的通知》（以下簡稱《通知》），《通知》對函證工作提出了明確的需求，並提供了銀行詢證函和企業詢證函參考格式。註冊會計師在執行審計業務時，可按照此格式以被審計單位的名義向有關單位發函詢證。《通知》規定：各商業銀行、政策性銀行、非銀行金融機構要在收到詢證函之日起10個工作日內，根據函證的具體要求，及時回函並可按照國家的有關規定收取詢證費用；各有關企業或單位根據函證的具體要求回函。

函證銀行存款余額是證實資產負債表所列銀行存款是否存在的重要程序。通過向往來銀行的函證，註冊會計師不僅可以瞭解企業資產的存在，同時還可以瞭解欠銀行的債務。函證還可用於發現企業未登記的銀行借款。

函證時，註冊會計師應向被審計單位在本年存過款（含外埠存款、銀行匯票存款、銀行本票存款、信用卡存款、信用證保證金存款）的所有銀行發函，其中包括企業存款帳戶已結清的銀行，因為有可能存款帳戶已結清，但仍有銀行借款或其他負債存在。同時，雖然註冊會計師已直接從某一銀行取得了銀行對帳單和所有支付支票，但仍應向這一銀行進行函證。

（五）檢查一年以上定期存款或限定用途存款

一年以上的定期存款或限定用途的銀行存款，不屬於企業的流動資產，應列於其他資產類下。對此，註冊會計師應查明情況，做出相應的記錄。

（六）抽查大額現金和銀行存款的收支

註冊會計師應抽查大額現金收支、銀行存款（含外埠存款、銀行匯票存款、銀行本票存款、信用證存款）收支的原始憑證內容是否完整，有無授權批准，並核對相關帳戶的進帳情況。如有與被審計單位生產經營業務無關的收支事項，應查明原因並進行相應的記錄

（七）檢查銀行存款收支的正確截止

被審計單位資產負債表上的銀行存款數額，應以結帳日實有數額為準。因此，註冊會計師必須驗證銀行存款收支的截止日期。通常註冊會計師可以對結帳日前後一段時期內銀行存款收支憑證進行審計，以確定是否存在跨期事項。

企業資產負債表上銀行存款數字應當包括當年最後一天收到的所有存放於銀行的款項，而不得包括其後收到的款項；同樣，企業年終前開出的支票，不得在年後入帳。為了確保銀行存款收付的正確截止，註冊會計師應當在清點支票及支票存根時，確定各銀行帳戶最後一張支票的號碼，同時查實該號碼之前的所有支票均已開出。在結帳日未開出的支票及其后開出的支票，均不得作為結帳日的存款收付入帳。

（八）檢查外幣銀行存款的折算是否正確

對於有外幣銀行存款的被審計單位，註冊會計師應檢查被審計單位對外幣銀行存款的收支是否按所規定的匯率折合為記帳本位幣金額；外幣銀行存款期末餘額是否按期末市場匯率折合為記帳本位幣金額；外幣折合差額是否按規定記入相關帳戶。

（九）檢查銀行存款是否在資產負債表上恰當披露

根據有關會計制度的規定，企業的銀行存款在資產負債表上「貨幣資金」項目下反應。因此，註冊會計師應在實施上述審計程序後，確定銀行存款帳戶的期末餘額是否恰當，從而確定資產負債表上「貨幣資金」項目中的數字是否在資產負債表上恰當披露。

第四節　其他貨幣資金審計

一、其他貨幣資金審計的目標

其他貨幣資金包括企業到外地進行臨時或零星採購而匯往採購地銀行開立採購專戶的款項所形成的外埠存款、企業為取得銀行匯票按照規定存入銀行的款項所形成的銀行匯票存款、企業為取得銀行本票按照規定存入銀行的款項而形成的銀行本票存款、信用卡存款和信用證保證金額存款等。

其他貨幣資金的審計目標主要包括：

第一，確定被審計單位資產負債表中的其他貨幣資金在會計報表日是否確實存在，是否為被審計單位所擁有。

第二，確定被審計單位在特定期間內發生的其他貨幣資金收支業務是否均已記錄完畢，有無遺漏。

第三，確定其他貨幣資金的余額是否正確。

第四，確定其他貨幣資金在會計報表上的披露是否恰當。

二、其他貨幣資金內部控制測試

一般而言，一個良好的其他貨幣資金的內部控制同現金的內部控制一樣，也應達到以下幾點：

第一，其他貨幣資金收支與記帳的崗位分離。

第二，其他貨幣資金收入、支出要有合理、合法的憑據。

第三，全部收支及時、準確入帳，並且支出要有核准手續。

第四，加強對其他貨幣資金收支業務的內部審計。

其他貨幣資金內部控制的測試程序包括：

(一) 瞭解其他貨幣資金的內部控制

註冊會計師在對其他貨幣資金的內部控制進行瞭解時，應當注意的內容包括：

(1) 其他貨幣資金的收支是否按規定的程序和權限辦理。

(2) 其他貨幣資金的記帳依據是否充分、恰當。

(3) 其他貨幣資金是否及時入帳。

(4) 出納與會計的職責是否嚴格分離。

(二) 抽取樣本並檢查收支憑證

註冊會計師應選取適當的樣本量，進行如下檢查：

(1) 檢查授權批准手續是否符合規定。

(2) 檢查原始憑證是否充分、恰當。

(3) 檢查入帳金額是否正確。

(4) 檢查入帳時間是否及時。

(三) 抽取一定期間的其他貨幣資金明細帳與總帳核對

註冊會計師應抽取一定期間的其他貨幣資金明細帳，檢查其有無計算錯誤，並與其他貨幣資金總分類帳核對。

(四) 對其他貨幣資金的內部控制

註冊會計師在完成上述程序之後，即可對其他貨幣資金的內部控制進行評價。評價時，註冊會計師應首先確定現金內部控制可信賴的程度以及存在的薄弱環節和缺點，然后據以確定在其他貨幣資金實質性測試中對哪些環節可以適當減少審計程序，哪些環節應增加審計程序，進行重點檢查，以減少審計風險。

一般而言，企業的其他貨幣資金業務較少，註冊會計師可以直接進行其他貨幣資金的實質性測試。

三、其他貨幣資金的實質性測試

其他貨幣資金的實質性測試程序主要包括：

第一，核對外埠存款、銀行匯票存款、銀行本票存款等各明細帳期末合計數與總帳數是否相符。

第二，函證外埠存款戶、銀行匯票存款戶、銀行本票存款戶期末余額。

第三，對於非記帳本位幣的其他貨幣資金，檢查其折算匯率是否正確。

第四，抽查一定樣本量的原始憑證進行測試，檢查其經濟內容是否完整，有無適當的審批授權，並核對相關帳戶的進帳情況。

第五，抽取資產負債表日后的大額收支憑證進行截止測試，如有跨期收支事項，應進行適當的調整。

第六，檢查其他貨幣資金的披露是否恰當。

【拓展閱讀】

有一家國有單位的出納採用頭尾不一的方法挪用資金，比如在開出銀行支票的時候，支票聯填的金額是 1 萬元，但是存根聯填的金額是 1,000 元。因為該單位的銀行存款調節表是由該出納編製的，所以長期以來，出納挪用公司款項用於炒股，然后幾個月以后還一次，在股市行情好的時候可以很快還回，但是當股市行情不好的時候資金窟窿越來越大，終於事發。其實這樣的問題只要將銀行對帳單拿來讓他人核對，就不會出現這樣的問題。

【思考與練習】

一、單項選擇題

1. 註冊會計師選擇被審計單位某一有余額的帳戶向開戶銀行發出詢證函，註冊會

計師實施這一程序的主要目的是要證實（　　）。

  A. 是否有欠銀行的債務　　　　B. 是否有充作抵押擔保的存貨

  C. 銀行存款的存在性　　　　　D. 是否有漏列的負債

 2. 函證銀行存款時，在詢證函的「本公司為出票人且由貴行承兌而尚未支付的銀行承兌匯票」表格下特別註明「除上述列示的銀行承兌匯票外，本公司並無由貴行承兌而尚未支付的其他銀行承兌匯票」主要是針對銀行存款交易的（　　）認定。

  A. 存在　　　　　　　　　　　B. 完整性

  C. 計價和分攤　　　　　　　　D. 權利和義務

 3. 下列貨幣資金內部控制中，存在重大缺陷的是（　　）。

  A. 財務專用章由專人保管，個人名章由本人或其授權人員保管

  B. 對重要貨幣資金支付業務，實行集體決策

  C. 現金收入及時存入銀行，特殊情況下，經主管領導審查批准方可坐支現金

  D. 指定專人定期核對銀行帳戶，每月核對一次，編製銀行存款餘額調節表，使銀行存款帳面餘額與銀行對帳單上的金額調節相符

 4. A註冊會計師在2016年3月25日對B企業現金實施監盤審計程序，實際的現金盤點金額為1,325元，已知被審計單位帳面顯示2015年資產負債表日至現金盤點日共收到現金266,500元，付出現金271,109元。假設上面的數據都正確，B企業資產負債表日現金餘額為（　　）元。

  A. 5,582　　　　　　　　　　　B. 5,627

  C. 5,870　　　　　　　　　　　D. 5,934

 5. 下列各項中，符合現金監盤要求的是（　　）。

  A. 被審計單位會計主管要迴避

  B. 審計人員幫助出納員進行現金清點

  C. 監盤時間最好安排在當日現金收付業務進行過程中

  D. 不同存放地點的現金最好可以同時進行監盤

 6. N公司某銀行帳戶的銀行對帳單餘額與銀行存款日記帳餘額不符，A註冊會計師應當執行的最有效的審計程序是（　　）。

  A. 重新測試相關的內部控制

  B. 審查銀行對帳單中記錄的該帳戶資產負債表日前後的收付情況

  C. 審查銀行存款日記帳中記錄的該帳戶資產負債表日前後的收付情況

  D. 審查銀行存款餘額調節表

 7. 下列工作中，出納還可以從事的工作是（　　）。

  A. 會計檔案保管　　　　　　　B. 記錄收入、支出、費用的明細帳

  C. 記錄銀行存款、現金日記帳　D. 編製銀行存款餘額調節表

二、多項選擇題

 1. 函證銀行存款是證實銀行存款是否存在的重要程序，註冊會計師寄發的銀行詢證函（　　）。

A. 屬於積極式、有償詢證函
B. 是以被審計單位的名義發往開戶銀行的
C. 要求銀行直接回函至會計師事務所
D. 可以證實銀行存款但不能證實銀行借款

2. 註冊會計師李明負責對天星公司2015年度財務報表中銀行存款項目進行審計。天星公司編製的2015年12月末銀行存款餘額調節表顯示存在80,000元的未達帳項，其中包括天星公司已付而銀行未付的材料採購款40,000元。李明執行的以下審計程序中，可能為該材料採購款未達帳項的真實性提供審計證據的有（　　）。

A. 就2015年12月末銀行存款餘額向銀行寄發銀行詢證函
B. 向相關的原材料供應商寄發詢證函詢證該筆購貨業務
C. 檢查2016年1月份的銀行對帳單中是否存在該筆支出
D. 檢查相關的採購合同、供應商銷售發票和相應的驗收報告及付款審批手續

3. 註冊會計師在檢查助理人員函證銀行存款的處理時發現以下情況，其中正確的有（　　）。

A. 對存款餘額為零的開戶銀行也進行了函證
B. 助理人員委託出納將函證信送交銀行蓋章後直接取回交給自己
C. 對存款餘額較小的開戶銀行採用的是消極式函證
D. 函證銀行存款的同時，也對銀行借款和借款抵押的情況進行了函證

4. 註冊會計師擬對A公司的貨幣資金實施實質性程序。以下審計程序中，屬於實質性程序的有（　　）。

A. 檢查銀行預留印鑒是否按照規定保管
B. 檢查庫存現金是否妥善保管，是否定期盤點、核對
C. 檢查銀行存款餘額調節表中未達帳項在資產負債表日後的進帳情況
D. 檢查外幣銀行存款年末餘額是否按年末匯率折合為記帳本位幣金額

5. 註冊會計師在審計A公司2015年度財務報表時，監盤了A公司的庫存現金，並負責監盤了存貨。這兩種程序的不同之處包括（　　）。

A. 盤點的參與人員不同
B. 監盤時間安排不同
C. 因盤點對象特點而執行的監盤方式不同
D. 監盤計劃中與被審計單位管理層的溝通程度不同

6. 下列說法中不正確的有（　　）。

A. 制定庫存現金監盤程序時應實施突擊性檢查，時間必須安排在上午上班前或下午下班時進行，在進行現金盤點前，應由出納員將現金集中起來存入保險櫃
B. 對於貨幣資金業務的授權審批制度，單位應當設置專門的審批人員，並為其授予審批權限，對於超過該審批人員授權範圍的重要貨幣資金支付業務，應當由財務部經理或者總經理親自審核批准
C. 盤點庫存現金的時間和人員應視被審計單位的具體情況而定，但必須有出

納員和被審計單位會計主管人員參加，並由註冊會計師親自盤點和監盤

D. 註冊會計師在分配財務報表項目重要性水平時考慮到由於貨幣資金是企業流動性最強的資產，企業必須加強對貨幣資金的管理，並建立良好的貨幣資金內部控制以防止錯漏報及舞弊的發生，所以應從嚴制定貨幣資金的重要性水平

三、判斷題

1. 由於庫存現金余額較小，產生的錯弊金額也很小，因此註冊會計師可以不進行實質性程序。（　　）

2. 一般來說，如果被審計單位的其他貨幣資金業務較少，註冊會計師可以不進行控制測試而直接進行實質性程序。（　　）

3. 註冊會計師通過詢問或觀察可以證實貨幣資金業務的不相容崗位是否相互分離。（　　）

4. 被審計單位資產負債表上貨幣資金中銀行存款數額應以編製或取得銀行存款余額調節表日銀行存款的數額為準。（　　）

5. 即使企業銀行存款帳戶余額為零，只要存在本期發生額，註冊會計師均應進行函證。（　　）

6. 盤點庫存現金時，必須有被審計單位出納員和會計主管人員參加，並由註冊會計師監盤。（　　）

7. 如果現金盤點不是在資產負債表日進行的，註冊會計師應將資產負債表日至盤點日的收付金額調整至盤點日金額。（　　）

8. 向銀行函證企業的銀行存款，不僅可以證實企業銀行存款的真實性，而且可以核實企業對銀行借款的完整性。（　　）

9. 註冊會計師對銀行存款的函證，一律採用積極式，不能採用消極式。（　　）

10. 為證實銀行存款記錄的正確性，註冊會計師必須抽取一定期間的銀行存款余額調節表，將其同銀行對帳單、銀行存款日記帳及總帳進行核對，確定被審計單位是否按月正確編製並復核銀行存款余額調節表。（　　）

11. 取得銀行存款余額調節表后，註冊會計師應檢查調節表中未達帳項的真實性，以及資產負債表日后的進帳情況，如果查明存在應於資產負債表日之前進帳的，應做出記錄並提出適當的調整建議。（　　）

四、簡答題

1. 2016年1月10日上午8時，A市審計局派出的審計人員對B公司的庫存現金進行突擊盤點。經過盤點，實際的情況如下：

（1）現鈔有100元幣10張，50元幣13張，10元幣16張，5元幣19張，2元幣22張，1元幣25張，5角幣30張，2角幣20張，1角幣40張，硬幣5角8分，總計1,997.58元。

（2）已收款尚未入帳的收款憑證3張，共計130元。

(3) 已收款尚未入帳的付款憑證5張，共計520元，其中有C借條一張，日期為2015年7月15日，金額為200元，未經批准和未說明用途。

(4) 盤點的庫存現金帳面余額為1,890.20元，2016年1月1日至2016年1月10日收入現金4,560.16元，支出現金4,120元。2015年12月31日庫存現金帳面余額為1,060.04元。

要求：

(1) 請說明上述資料是如何獲得的？

(2) 根據資料編製庫存現金盤點表，計算出盈虧，並推算2015年12月31日庫存現金實存額。

(3) 指明B企業存在的問題，提出處理意見。

2. 審計人員在2016年8月14日檢查了某企業7月份銀行存款日記帳的收支業務並與銀行對帳單進行核對。2016年7月31日銀行對帳單余額為223,546元，銀行存款日記帳為220,000元，核對後發現有下列不符情況：

(1) 7月8日，銀行對帳單上收到外地存款8,500元（經查系外地某鄉鎮企業），但日記帳上無此記錄。

(2) 7月22日，對帳單上有存款利息460元，日記帳上為454元（經查系記帳憑證寫錯）。

(3) 7月25日，對帳單付出8,500元（經查系轉帳支票），但日記帳無此記錄。

(4) 7月26日，日記帳上付出40元，對帳單上無此記錄（經查系記帳員誤記）。

(5) 7月31日，日記帳上有存入轉帳支票4,000元，但對帳單上無此記錄。

(6) 7月31日，日記帳上有付出轉帳支票4,000元，但對帳單上無此記錄。

(7) 對帳單有7月31日收到托收款5,500元，但日記帳無此記錄。

要求：

(1) 根據上述資料編製銀行余額存款調節表。

(2) 指出該企業銀行存款管理上存在的問題。

第九章　銷售與收款循環審計

【引導案例】

審計人員對某公司 2015 年資產負債表中的「應收帳款」項目進行審計。該公司應收帳款總計為 250 萬元，有 40 個明細帳，審計人員決定抽樣函證。在檢查回函情況時，發現以下現象：

(1) A 公司欠款 80 萬元，對方回函聲明已於 2015 年 12 月 30 日由銀行匯出 80 萬元。

(2) B 公司欠款 5 萬元，未收到回函。

(3) C 公司欠款 50 萬元，對方回函稱 2015 年 11 月已預付 5 萬元。

(4) D 公司欠款 15 萬元，對方稱所購貨物並未收到。

要求：對於上述情況，審計人員應如何實施審計程序驗證。

(1) 審閱該公司 2016 年有關憑證，證實 A 公司的付款確已於 2016 年 1 月 5 日入帳。

(2) 採用替代程序證實 B 公司確實欠款 7 萬元。

(3) 審閱該公司 2015 年 11 月的有關憑證，查明 C 公司預付帳款 5 萬元確實已收到，貨物尚未發出。提請該公司編製調整分錄如下：

借：預收帳款　　　　　　　　　　　　　　　　　　500,000
　　貸：應收帳款　　　　　　　　　　　　　　　　500,000

(4) 檢查該公司 2015 年的貨運憑證，發現貨物確已運出，將貨運憑證複印件寄送 D 公司重新查證。

第一節　銷售與收款循環及其內部控制測試

一、銷售與收款循環的基本內容

銷售與收款循環是指企業將產品提供給客戶並收取價款的過程。

銷售與收款循環的特性主要包括兩部分內容：一是本業務循環所涉及的主要憑證和會計記錄；二是本循環中的主要業務活動。

(一) 銷售與收款循環的主要憑證和會計記錄

典型的銷售與收款循環涉及的主要憑證和會計記錄有以下幾種：

(1) 顧客訂貨單。

（2）銷售單。

　　（3）發運憑證。

　　（4）銷售發票。

　　（5）商品價目表。

　　（6）貸項通知單。

　　（7）匯款通知書。

　　（8）壞帳審批表。

　　（9）顧客月末對帳單。

　　（10）記帳憑證（收款憑證、轉帳憑證）。

（二）銷售與收款循環的基本業務

　　企業的銷售與收款循環主要是由企業同顧客交換商品或勞務、收回現金等經營活動組成，涉及銷售業務、收款業務、銷售調整業務（包括銷售折扣、折讓和退回，壞帳準備的提取和衝銷）等內容。每一業務均需經過若干步驟才能完成。銷售主要分為現銷和賒銷兩種方式。

　　以下以提供有形商品的賒銷為例，說明銷售與收款循環的基本業務。

　　賒銷方式下銷售與收款循環基本業務如下：

　　（1）制訂銷售計劃。

　　（2）處理訂單。

　　（3）批准賒銷。

　　（4）發貨。

　　（5）開具銷售發票。

　　（6）記錄銷售業務。

　　（7）辦理和記錄現金、銀行存款收入。

　　（8）辦理和記錄銷貨退回、銷貨折扣與折讓。

　　（9）註銷壞帳和提取壞帳準備。

（三）銷售與收款循環涉及的主要帳戶

　　銷售與收款循環所涉及的主要帳戶包括：主營業務收入、主營業務成本、應交稅金、應收帳款、預收帳款、應收票據、壞帳準備、銷售折扣與折讓、現金、銀行存款、管理費用、庫存商品等。本章著重介紹主營業務收入、應收帳款、壞帳準備、應交稅金、應收票據、預收帳款等帳戶的審計，其餘帳戶的審計分別在其他章節介紹

二、銷售與收款循環的內部控制及其測試

（一）銷售與收款循環的內部控制

　　銷售與收款循環內部控制的一般構成內容如下：

　　（1）職責分工控制。

　　（2）授權審批控制。

（3）銷貨款的催收和定期核對控制。
（4）會計控制。
（5）壞帳核准制度。
（6）內部查核程序控制。

(二) 銷售與收款循環的內部控制測試

　　內部控制測試是為了確定內部控制的設計和執行是否有效而實施的審計程序。

　　審計人員只對那些準備信賴的內部控制執行測試，並且只有當信賴內部控制而減少的實質性測試的工作量大於控制測試的工作量時，內部控制測試才是必要的和經濟的。

　　銷售與收款循環的內部控制測試主要包括以下內容：

（1）抽取一定數量的銷售發票，進行如下檢查：

①檢查銷售發票本上所有的發票存根聯是否連續編號，開票人員是否按照順序開具發票，作廢的發票是否加蓋「作廢」戳記並與存根聯一併保存。

②檢查銷售發票上的單價是否按批准的價目表執行，並將銷售發票與相關的銷售通知單、銷售訂單、出庫單所載明的品名、規格、數量、價格相核對。銷貨通知單上應有信用部門的有關人員核准賒銷的簽字。

③檢查銷售發票中所列的數量、單價和金額是否正確，包括將銷售發票中所列商品的單價與商品價目表的價格進行核對、驗算發票金額的正確性。

④從銷售發票追查有關的記帳憑證、應收帳款明細帳以及主營業務收入明細帳，確定被審計單位是否及時正確地登記有關憑證、帳簿。

（2）觀察被審計單位是否按月寄發對帳單，並檢查顧客回函檔案。

（3）抽取一定數量的出庫單或提貨單，與相關的發票相核對，檢查已發出的商品是否均以向顧客開出發票。

（4）從主營業務收入明細帳中抽取一定數量的會計記錄，並與有關的記帳憑證、銷貨發票相核對，以確定是否存在收入高估或低估的情況。

（5）抽取一定數量的銷售調整業務的會計憑證，檢查銷售退回、折讓、折扣的核准與會計核算。主要包括以下內容：

①確定銷售退回與折讓的批准與貸項通知單的簽發職責是否分離。

②確定現金折扣是否經過適當授權，授權人與收款人的職責是否分離。

③檢查銷售退回和折讓是否附有按順序編號並經主管人員核准的貸項通知單。

④檢查退回的商品是否具有倉庫簽發的退貨驗收報告（或入庫單），並將驗收報告的數量、金額與貸項通知單等核對。

⑤確定退貨、折扣、折讓的會計記錄是否正確。

（6）抽取一定數量的記帳憑證、應收帳款明細帳進行如下檢查：

①從應收帳款明細帳中抽取一定的記錄並與相應的記帳憑證進行核對，比較二者登記的時間、金額是否一致。

②應收帳款明細帳中抽查一定數量的壞帳註銷業務，並與相應的記帳憑證、原始

憑證進行核對，確定壞帳的註銷是否合乎有關法規的規定，企業主管人員是否核准等。

③確定被審計單位是否定期與顧客對帳，在可能的情況下，將被審計單位一定期間的對帳單與相應的應收帳款明細帳的餘額進行核對，如有差異，則應進行追查。

（7）觀察職工獲得或接觸資產、憑證和記錄（包括存貨、銷售通知單、出庫單、銷售發票、帳簿、現金及支票）的途徑，並觀察職工在執行授權、發貨、開票等職責時的表現，確定被審計單位是否存在必要的職務分離，內部控制在執行過程中之否存在弊端。

（8）評價銷售與收款循環內部控制的有效性和控制風險。

注意：銷售與收款循環內部控制與貨幣資金內部控制和存貨內部控制緊密相連，共同發揮著相應的控制職能和作用。在具體審計中，這些內部控制的調查與測試應結合進行。

第二節　主營業務收入審計

一、主營業務收入審計目標

主營業務收入審計目標如下：

第一，確定主營業務收入的內容、數額是否合理、正確、完整。

第二，確定銷貨退回、銷售折扣與折讓的處理是否經過授權批准、是否恰當，並及時入帳。

第三，確定主營業務收入的發生額及其會計處理是否正確。

第四，確定主營業務收入在損益表中的披露是否恰當。

二、主營業務收入的實質性測試

主營業務收入的實質性測試程序如下：

第一，獲取或編製主營業務收入明細表。

第二，實施分析性復核。

（1）將本年度內各期主營業務收入實際數與計劃數進行比較，瞭解計劃完成情況。

（2）將本期與上期的主營業務收入進行比較，分析產品銷售的結構和價格的變動是否正常，並分析異常變動的原因。

（3）比較本期各月主營業務收入的變動情況，分析其變動趨勢是否正常，並查明異常現象和重大波動的原因。

（4）計算本期及各個月份的毛利率，並與企業的歷史數據和行業平均水平進行比較，注意有無重大差異、注意收入和成本的配比。

第三，檢查主營業務收入的確認原則、方法。對主營業務收入確認時間的審計，應結合不同的銷售方式和貨款結算方式進行（見表9-1）。

表 9-1　　　　　　　　　　對主營業務收入確認時間的審計

銷售方式（付款方式）	收入確認時間	審查內容
交款提貨方式	貨款收到（取得收取貨款權利）且發票和提貨單交給對方	是否收到貨款或取得收取貨款權利，將發票和提貨單交給對方；有無壓扣憑證或虛開發票
預收帳款方式	商品發出	是否收到貨款；是否貨物發出之后確認收入；是否虛開出庫憑證
托收承付方式	商品發出且辦妥托收手續	是否發貨；托收手續是否辦妥；發運憑證真實性如何；托收承付結算回單正確性如何
委託他方代銷	代銷商品售出且收到代銷清單	有無虛假代銷清單
分期收款結算方式	合同約定的收款日期分期確認	是否收到貨款；日期是否正確；對已實現的收入是否有少入帳、不入帳、緩入帳
長期工程合同收入	完工進度（完工合同）	收入計算和確認方法的合規性；應計收入和實計收入是否一致
委託外貿代理出口	收到發運憑證和銀行交款憑證	發運憑證和銀行交款單的真實性
對外轉讓土地使用權和銷售商品房	財產移交且發票結算單提交對方	移交手續的合規性發票是否交給對方；

第四，審查售價是否合理。

第五，審查主營業務收入的會計處理是否恰當。主營業務收入會計處理、會計記錄的正確性，直接影響到企業損益資料的正確性。審計人員應對主營業務收入的會計處理是否真實、恰當予以審查。其基本要點包括：

（1）抽查部分銷售業務，進行從原始憑證到記帳憑證、主營業務收入明細帳的全過程的審查，核實其記錄、過帳、加總是否正確。

（2）將主營業務收入明細帳與總帳及其他相關帳簿、利潤表及其附表相核對，檢查其是否帳帳相符、帳表相符、表表相符。

（3）檢查結帳日前後的銷售收入記錄，與銷售發票、出庫單和貨運文件相核對，查明有無已記銷售收入而銷售尚未實現或銷售已實現而未記本年銷售收入的情況。

（4）檢查與庫存商品帳戶有關的對應帳戶是否正確，同時檢查銷售收款憑證，檢查其帳務處理是否正確。

審計中，審計人員應特別注意審查庫存商品明細帳的發出欄記錄，檢查其對應帳戶的正確性。下面介紹幾種可能隱含會計處理錯誤的情況：

①對應帳戶為「盈余公積（公益金）」「在建工程」等，應注意是否為福利部門、在建工程領用產品，未通過「主營業務收入」帳戶，漏記收入。

②對應帳戶為「銷售費用」「管理費用」等，可能是將產品作為饋贈禮物。

③對應帳戶為「銀行存款」「庫存現金」「應收帳款」，應注意其價格是否正常，有無低估或高估收入等情況。

④對應帳戶為「原材料」，應注意是否存在以物易物，互不開銷售發票，從而少記

收入。

審計人員如果發現以上異常對應帳戶，應進一步審查、核實。

第六，實施截止測試。實施截止預測的目的主要在於確定被審計單位主營業務收入的會計記錄歸屬期是否正確、有無跨期收入。

根據收入確認的基本原則，審計人員在審計中應注意把握3個與主營業務收入確認有密切關係的日期：一是發票開具日期或收款日期；二是記帳日期；三是發貨日期（服務業則是提供勞務的日期）。

第七，檢查銷售退回、折扣與折讓業務是否真實，內容是否完整，相關手續是否符合規定，折扣與折讓的會計處理是否正確。企業在銷售業務中，往往會因產品質量、品種不符合要求以及結算方面的原因而發生銷售折扣、銷售退回與折讓業務。儘管引起銷售折扣、銷售退回與折讓的原因不盡相同，其表現形式也不盡一致，但都是對收入的抵減，直接影響主營業務收入的確認和計量，而且又往往被用作調節收入和利潤的手段。因此，在審計中，審計人員應特別注意以下情況：

（1）檢查銷售折扣、銷售退回與折讓原因和條件是否真實、合規，有無借銷售折扣、退回與折讓之名，行轉移收入或貪污貨款之實的舞弊行為。

（2）檢查銷售折扣、退回與折讓的審批手續是否完備和規範，有無內外勾結、越權亂批、擅自實行折扣和折讓而轉利於關係單位等情況。

（3）檢查銷售折扣、退回與折讓的數額計算是否正確，會計處理是否恰當。

（4）檢查銷售退回的產品是否已驗收入庫，並登記入帳，有無形成帳外物資的情況；銷售折扣與折讓是否及時足額提交對方，有無虛設仲介、轉移收入、私設帳外「小金庫」等情況。

上述銷售折扣、銷售退回與折讓的審計方法，主要是根據銷售合同的具體規定，審閱主營業務收入明細帳和存貨明細帳，抽查有關憑證，驗算核對帳證是否相符，如有不符，需進一步分析原因、核實取證。

第八，檢查主營業務收入是否已在利潤表上恰當披露。審計人員應審查利潤表上的主營業務收入項目、數字是否與審定數相符，收入確認所採用的會計政策是否已在會計報表附註中披露。

【例9-1】審計人員審查某鋼鐵廠主營業務收入時，發現該廠2015年12月31日售給某金屬材料公司鋼材500噸，每噸售價1,500元，共計75萬元，全部以應收帳款入帳。但審計人員檢查當時庫存產品記錄時，發現倉庫並沒有那麼多鋼材。經函證該金屬材料公司，證實交貨和辦理貨款結算均在2016年1月15日進行。

要求：

（1）分析該鋼鐵廠可能存在的問題，指出其目的是什麼？

（2）說明審計人員在審計中的步驟和方法。

解析：

（1）該鋼鐵廠違反《企業會計準則第14號——收入》的有關規定，將應在2016年確認的收入提前到2015年確認，虛增了2015年的主營業務收入。

該企業這樣做的目的是為了虛增2015年的利潤，誇大2015年的經營業績。

（2）審計人員在審計中首先檢查（審閱）該鋼鐵廠2015年主營業務收入明細帳和應收帳款明細帳，發現了期末異常銷售業務。進而檢查當時庫存產品記錄，發現倉庫並沒有那麼多鋼材，進一步證實了審計人員的初步懷疑。然后向購貨單位某金屬材料公司函證，證明該筆銷售業務的截止期錯誤。最后分析了該鋼鐵廠這樣做的目的是虛增收入，誇大經營業績。

第三節　應收帳款審計

一、應收帳款審計目標

應收帳款審計目標如下：
第一，確定應收帳款是否存在。
第二，確定應收帳款是否歸被審計單位所有。
第三，確定應收帳款增減變動的記錄是否完整。
第四，確定應收帳款是否可收回，壞帳準備的計提方法和計提比例是否恰當、計提是否充分。
第五，確定應收帳款和壞帳準備的期末余額是否正確。
第六，確定應收帳款在會計報表上的披露是否恰當。

二、應收帳款的實質性測試

第一，獲取或編製應收帳款明細表，復核加計是否正確，並與報表數、總帳數和明細帳合計數核對相符。
第二，分析應收帳款帳齡，編製帳齡分析表，瞭解應收帳款的可收回性。
第三，實施分析性復核。對應收帳款實施分析性復核一般從以下幾方面分析：
（1）將應收帳款、壞帳準備的本期發生額和期末余額與本企業的歷史數據及同行業的平均水平進行比較，以發現應收帳款的變化趨勢。
（2）應收帳款與銷售收入的比率。
（3）應收帳款週轉率。
（4）應收帳款與流動資產的比率。
（5）銷售退回和折讓與銷售收入的比率。
（6）壞帳準備與應收帳款的比率。
第四，應收帳款函證。應收帳款函證是指直接發函給被審計單位的債務人，要求核實被審計單位應收帳款記錄是否正確的一種審計方法。

應收帳款函證的目的在於證實應收帳款帳戶余額的真實性、正確性，防止或發現被審計單位及其有關人員在銷售業務中發生差錯或弄虛作假、營私舞弊行為。

函證是應收帳款審計的必要程序。
（1）函證的範圍和對象。確定函證的範圍應根據職業判斷做出選擇，同時考慮成

本效益原則。函證的範圍和對象的確立主要由以下因素決定：

①應收帳款在全部資產中的比重。

②被審計單位內部控制的強弱。

③以前年度的函證結果。

④函證方式的選擇（見表9-2）。

表9-2　　　　　　　　　　　　函證方式

函證方式	特點	適用情況
肯定式函證	無論對錯都要求回函	個別帳戶的欠款金額較大、拖欠時間長、出現異常餘額；有理由相信欠款可能存在爭議、差錯或問題
否定式函證	不同意函證的餘額要求回函	相關的內部控制是有效的，固有風險和控制風險評估為低水平；預計差錯率較低；欠款餘額小的債務人數量較多；註冊會計師有理由相信被函證者能夠認真對待詢證函，並對不正確的情況作出反應

（2）函證時間的選擇。為了充分發揮函證的作用，通常應選擇與資產負債表日接近的時間進行函證，同時也要考慮對方復函的時間，盡可能做到在審計人員的審計工作結束前取得函證的全部資料。一般來說，可選擇在結帳日前的某一天發詢證函。這時審計人員有必要對函證日與結帳日之間發生的有關賒銷業務進行審計，以免發生遺漏事項。選擇在結帳日前的某一天發詢證函的優點是審計人員可以在不推遲發表審計報告的前提下有更多時間等候對方的回函，並有時間調查差異，以及有時間在收不到對方回函時採取其他替代審計程序。但是如果被審計單位的應收帳款內部控制較為薄弱，則應將函證時間定在結帳日，以防止被審計單位有關人員在函證日與結帳日之間發生舞弊行為。

（3）函證的控制。審計人員應對函證過程進行控制，直接控制詢證函的發送和回收。被審計單位的會計人員根據應收帳款帳齡分析表或應收帳款明細帳期末餘額，協助辦理準備詢證函、信封、貼郵票等事項。詢證函一般以被審計單位的名義簽發，但回覆函的信封上必須寫明會計師事務所的地址，以保證所有回覆函能寄到審計人員手中。詢證函的收發均應由審計人員密切監控，以避免被審計單位有關人員借機更改數字或截留。如果詢證函因無法投遞而被退回時，審計人員必須仔細分析，瞭解其中的原因。在大多數情況下，詢證函退回表明債務人已搬遷或地址有誤，但也有可能該項應收帳款本身就是一筆不存在的假帳。對於採用積極式函證方式而沒有得到答覆的，應採用追查程序，一般說來應發送第二次乃至第三次詢證函，如果仍得不到答覆，審計人員則應考慮採用必要的替代審計程序。例如，檢查與銷售有關的文件，包括銷售合同、顧客訂貨單、發貨憑證、銷售發票等，以驗證這些應收帳款的真實性。審計人員可通過函證結果匯總表來加以控制。

（4）函證結果差異的分析和評價。對於回函所確認的差異，註冊會計師應認真分析。產生差異的原因主要是購銷雙方存在未達帳項、購銷一方或雙方存在記帳差錯或

舞弊行為。

第五，檢查未函證的應收帳款。由於審計人員不可能對所有應收帳款進行函證，因此對於未函證應收帳款，審計人員應採用相關的審計替代程序，抽查有關銷售業務的原始憑證，如銷售合同、顧客訂貨單、發貨憑證及銷售發票等，以驗證這些應收帳款是否真實正確。

第六，截止測試。

第七，所有權測試。

第八，檢查本期收款業務。

第九，檢查壞帳的確認和處理。首先，審計人員應檢查應收帳款有無債務人破產或死亡的，以及破產清算或遺產清償後仍無法收回的，或者債務人長期未履行清償義務的。其次，應檢查被審計單位壞帳的處理是否經授權批准，有關會計處理是否正確。

第十，審查外幣應收帳款的結算。對於因非記帳本位幣結算的應收帳款，審計人員應審查被審計單位外幣應收帳款的增減變化是否按業務發生時的市場匯率或期初市場匯率折合為記帳本位幣金額，所選折合匯率前後各期是否一致；期末外幣應收帳款餘額是否按期末市場匯率折合為記帳本位幣金額；折算差額的會計處理是否正確。

第十一，確定應收帳款在資產負債表上是否恰當披露。審計人員應確定資產負債表中的「應收帳款」項目是否正確。一般應注意「應收帳款」項目的數額是否根據「應收帳款」和「預收帳款」帳戶所屬明細帳的期末借方餘額的合計數減去「壞帳準備」帳戶貸方餘額後的差額填列的。如果被審計單位不設置「預收帳款」帳戶，則直接根據「應收帳款」帳戶所屬明細帳的期末借方餘額的合計數與「壞帳準備」帳戶貸方餘額的差額填列。

【例9-2】請根據表9-3的數據，選擇兩個客戶進行函證，對應收帳款餘額進行確認。

表9-3　　　　　　　　　　應收帳款餘額表　　　　　　　　單位：元

客戶名稱	應收帳款餘額	賒銷總額
A	59,000	893,000
B	30,000	220,000
C	—	9,900,000
D	11,300,000	26,000,000

解析：應當選擇A和D兩個客戶進行函證，因為這兩個客戶應收帳款餘額最大。

【例9-3】請根據表9-4的數據，選擇兩個客戶進行函證，對應付帳款餘額進行確認。

表9-4　　　　　　　　　　應付帳款餘額表　　　　　　　　單位：元

客戶名稱	應付帳款餘額	賒購總額
A	59,000	893,000

表9-4(續)

客戶名稱	應付帳款餘額	賒購總額
B	30,000	220,000
C	—	9,900,000
D	11,300,000	26,000,000

解析：應當選擇C和D兩個客戶進行函證，因為這兩個客戶低估應付帳款的可能金額最大。

【例9-4】應付帳款明細帳的情況如表9-5所示，請選擇應向哪幾位客戶進行函證。

表9-5　　　　　　　　　　應付帳款明細帳　　　　　　　　　單位：元

戶名	借方發生額		貸方發生額		期末餘額	
	發生時間	發生金額	發生時間	發生金額	借方	貸方
A			12.10.10	30,000		30,000
B	14.4.20	40,000	13.8.20	50,000		10,000
C	14.8.30	60,000	14.7.5	35,000	25,000	
D	14.12.30	200,000	14.8.15	205,000		5,000
E			14.11.20	70,000		70,000

解析：應當選擇A、C、D三個客戶進行函證。因為A長期掛帳，真實性可能有問題；C出現了借方餘額，可能有記帳錯誤；D發生額較大而餘額較小，可能有虛假償還、隱瞞負債的問題。

【例9-5】ABC會計師事務所接受委託，審計Y公司2015年度的會計報表。A註冊會計師瞭解和測試了與應收帳款相關的內部控制，並將控制風險評估為高水平。A註冊會計師取得2015年12月31日的應收帳款明細表，並於2016年1月15日採用肯定式函證方式對所有重要客戶寄發了詢證函。A註冊會計師將函證結果相關的重要異常情況匯總於表9-6。

表9-6　　　　　　　　　詢證函結果異常情況匯總表

異常情況	函證編號	客戶名稱	詢證金額（元）	回函日期	回函內容
(1)	22	甲	300,000	2016年1月22日	購買Y公司300,000元貨物屬實，但款項已於2015年12月25日用支票支付
(2)	56	乙	500,000	2016年1月19日	因產品質量不符合要求，根據購貨合同，於2015年12月28日將貨物退回

表9-6(續)

異常情況	函證編號	客戶名稱	詢證金額（元）	回函日期	回函內容
(3)	64	丙	640,000	2016年1月19日	2015年12月10日收到Y公司委託本公司代銷的貨物640,000元，尚未銷售
(4)	82	丁	900,000	2016年1月18日	採用分期付款方式購貨900,000元，根據購貨合同，已於2015年12月25日首付300,000元
(5)	134	戊	600,000	因地址錯誤，被郵局退回	—

要求：針對上述各種異常情況，A註冊會計師應分別相應實施哪些重要審計程序？

解析：(1) A註冊會計師應檢查2015年12月25日及以後的銀行存款對帳單和銀行存款日記帳，確定該貨款收妥入帳的日期。最終確定資產負債表日該應收帳款是否存在。

(2) A註冊會計師應先檢查銷售退回的有關文件資料，再檢查退回貨物的驗收入庫情況，此外還要檢查有關會計處理是否正確。

(3) A註冊會計師應審查與丙公司的代銷合同和代銷清單，確認是否為應收帳款。若屬於尚未售出，則提請被審計單位調整。

(4) A註冊會計師應首先檢查與丁公司的銷售合同；其次檢查2015年12月25日及以後的銀行存款對帳單和銀行存款日記帳，確定收到300,000元的時間，若12月31日以後收到，則確認300,000元應收帳款的存在；最后提請被審計單位將多計的600,000元的應收帳款進行調整。

(5) A註冊會計師應首先查明退函的原因，其次執行替代程序（檢查與銷售有關的憑證）或執行追查程序（再次函證），以確認應收帳款是否存在。

第四節　其他相關帳戶審計

一、應收票據審計

應收票據的實質性測試程序主要包括：
(1) 獲取或編製應收票據明細表。
(2) 監盤庫存應收票據。
(3) 函證應收票據。
(4) 審查應收票據的利息收入。
(5) 審查已貼現應收票據。
(6) 確定應收票據在會計報表上的披露是否恰當。

二、應交稅金審計

應交稅金的實質性測試程序包括：

(1) 獲取或編製應交稅金明細表。

(2) 檢查被審計單位納稅的相關規定，應獲取納稅通知書及徵、免、減稅的批准文件，瞭解被審計單位適用的稅種、計稅基礎、稅率，以及徵、免、減稅的範圍與期限，確認其在被審計期間內應納稅的內容。

(3) 檢查應交增值稅、應交營業稅、應交消費稅。

(4) 審查企業應交所得稅。

(5) 檢查其他應交稅項，如應交城市維護建設稅、資源稅、土地增值稅、車船使用稅、房產稅以及代扣稅項的計算是否正確。

(6) 核對年初未交稅金與稅務機關的認定數是否一致，如有差額，應查明原因做出記錄，必要時進行適當調整。

(7) 確定本年度應納的稅款，檢查有關帳簿記錄和納稅憑證，確認本年度已納稅款和年末未納稅款。

(8) 檢查應交稅金是否已在資產負債表上進行恰當的披露。

三、壞帳準備審計

壞帳準備的審計目標如下：

(1) 確定計提壞帳準備的方法和比例是否恰當，壞帳準備的計提是否充分。

(2) 確定壞帳準備增減變動的記錄是否完整。

(3) 確定壞帳準備年末余額是否正確。

(4) 確定壞帳準備是否在資產負債表上恰當披露。

壞帳準備的實質性測試程序一般包括：

(1) 檢查壞帳準備的計提。審計人員主要應查明壞帳準備的計提方法和比例是否符合制度規定、計提數額是否恰當、會計處理是否正確、前后期是否一致。

根據我國企業會計準則的規定，企業只能採用備抵法核算壞帳損失，計提壞帳損失的具體方法（應收帳款余額百分比法、銷貨百分比法、帳齡分析法）由企業自行確定。壞帳準備的提取方法一經確定，不得隨意變更。如需變更，應經股東大會、董事會、經理會議或類似機構批准，並且按照法律、行政法規的規定報有關各方備案，還要在會計報表附註中說明變更的內容和理由、變更的影響數等。

在確定壞帳準備的計提比例時，企業應當根據以往的經驗、債務單位的實際財務狀況和現金流量的情況以及其他相關信息合理地估計。只有在有確鑿證據表明該項應收款項不能收回，或收回的可能性不大的情況下，才能全額計提壞帳準備。

(2) 檢查壞帳損失。對於被審計單位在審計期間發生的壞帳損失，審計人員應檢查其原因是否清楚、有無授權批准、有無已進行壞帳損失處理后又重新收回的應收款項以及相應的會計處理是否正確。

(3) 檢查長期掛帳的應收款項。審計人員應檢查應收帳款明細及相關原始憑證，

查找有無資產負債表日後仍有未收回的長期掛帳應收帳款。如有，應提請被審計單位進行適當處理。

（4）檢查函證結果。審計人員應檢查債務人回函的例外事項及存在爭執的余額，查明原因並進行記錄，必要時應建議被審計單位進行相應的調整。

（5）檢查壞帳準備的借方記錄是否與列作壞帳損失的帳項一致。

（6）實施分析性復核。分析性復核，即通過計算壞帳準備余額占應收款項余額的比率，並和以前年度的相關比率核對，檢查分析其重大差異，以發現重要問題的審計領域。

（7）確定壞帳準備是否已在資產負債表上恰當披露。企業應當在資產負債表附註中清晰地說明壞帳的確認標準、壞帳準備的計提方法和計提比例，並應區分應收帳款和其他應收款項目，按帳齡披露壞帳準備的期末余額。

四、銷售費用審計

銷售費用的實質性測試程序包括：

（1）獲取或編製銷售費用明細表，復核加計正確，並與報表數、總帳數和明細帳合計數核對相符。

（2）檢查銷售費用各項目開支標準是否符合有關規定，開支內容是否與被審計單位的產品銷售等活動有關，計算是否正確。

（3）將本期銷售費用與上期銷售費用進行比較，並將本期各月的銷售費用進行比較，如有重大波動和異常情況應查明原因，並進行適當處理。

（4）選擇重要或異常的銷售費用，檢查其原始憑證是否合法、會計處理是否正確，必要時，對銷售費用實施截止測試，檢查有無跨期入帳的現象，對於重大跨期項目應建議進行必要調整。

（5）核對銷售費用有關項目金額與累計折舊、應付工資等項目相關金額的勾稽關係，如有不符，應查明原因並進行適當處理。

（6）檢查銷售費用的結轉是否正確、合規，查明有無多轉、少轉或不轉銷售費用以及人為調節利潤的情況。

（7）確定銷售費用在利潤表上披露的恰當性。

五、其他業務利潤審計

其他業務利潤是指企業經營主營業務以外的其他業務活動所產生的利潤。在一般情況下，其他業務利潤具有不經常、不定期、數額不穩定的特點。其他業務利潤項目包括「其他業務收入」和「其他業務成本」兩個項目。

其他業務利潤的實質性測試一般包括：

（1）獲取或編製其他業務收支明細表，復核加計正確，與報表數、總帳數和明細帳合計數核對相符，並注意其他業務收入是否有相應的其他業務成本數。

（2）將本期其他業務利潤與上期其他業務利潤比較，如有重大波動和異常情況，瞭解波動和異常的原因，並分析其合理性。

（3）抽查大額其他業務收支項目。審計人員應根據其他業務收支明細表，抽查大額其他業務收支項目，檢查原始憑證是否齊全、有無授權批准、會計期間是否恰當；注意其他業務收入的內容是否真實、合法，是否符合收入實現原則；其他業務收入與其他業務成本是否配比，有關稅金、費用的計算是否正確，會計處理是否正確。

（4）檢查異常的其他業務收支項目，追查其入帳依據及有關法律性文件是否充分。

（5）確定其他業務利潤是否在利潤表上恰當披露。

六、預收帳款審計

預收帳款的實質性測試一般包括：

（1）獲取或編製預收帳款明細表。復核加計是否正確，並核對其期末餘額合計數與報表數、總帳數和明細帳合計數是否相符。

（2）請被審計單位協助，在預收帳款明細表上標出截至審計日已轉銷的預收帳款，對已轉銷金額較大的預收帳款進行檢查，核對記帳憑證、倉庫發運憑證、銷售發票等，並注意這些憑證發生日期的合理性。

（3）選擇預付帳款重要項目，函證年末餘額的正確性。預收帳款的函證與應收帳款的函證方法基本一致，在此不再贅述。

（4）對未發詢證函的預收帳款，應抽查有關原始憑證。

（5）檢查預收帳款是否存在借方餘額，是否建議進行重分類調整。

（6）檢查預收帳款長期掛帳的原因，並做出記錄，必要時提請被審計單位予以調整。

（7）檢查預收帳款是否在資產負債表上恰當披露。

【拓展閱讀】

某股份有限公司2014年度的會計報表由ABC會計事務所的審計人員甲和乙進行審計，並發表了無保留意見審計報告。之後，ABC會計師事務所與該股份有限公司續簽了2015年度會計報表的業務約定。2015年4月7日，甲和乙審計人員在審查該股份有限公司2015年度的生產成本等項目前，經符合性測試認為該股份有限公司關於成本項目的內部控制制度可以高度信賴。表9-7是甲和乙審計人員收集的該股份有限公司上期及本期的有關資料。

表9-7　　　　某股份有限公司2014年度和2015年度有關資料

年份	年末存貨餘額（元）	主營業務成本（元）	主營業務收入（元）	存貨週轉率	毛利率（％）
2014年	7,993	31,892	39,977	3.99	20
2015年	8,111	31,967	40,480	3.94	21

假定近兩年市場情況平穩，該股份公司的生產經營情況平穩，並且甲和乙審計人員通過對成本項目的實質性測試已合理確認主營業務成本的數額，請指出存貨項目、

主營業務收入項目可能存在的問題，並說明理由。

審計分析：因為甲和乙審計人員對客戶 2014 年度會計報表出具了無保留意見審計報告，在分析 2015 年度數據時可以信賴客戶 2014 年度會計報表的數據。首先，因為企業的生產經營情況平穩，作為企業內在規律的存貨週轉率應當是穩定的。該股份有限公司 2014 年度的存貨週轉為 31,892/7,993≈3.99。在 2015 年，如果存貨週轉率不變，則在已確認主營業務成本的前提下，推算的存貨預期餘額為 31,967/3.99≈8,011 萬元，但該股份有限公司列示的存貨餘額為 8111 萬元，比預期數額高出了整整 100 萬元，有必要將存貨的高估問題列為重要問題。其次，毛利率為行業規律及市場規律，也是穩定的。在 2014 年，該股份有限公司的毛利率為 1−31,892/39,977≈20.22%，在毛利率不變的情況下，依據主要業務成本推算的本年主營業務收入額為 31,967/（1−0.202,2）≈40,069 萬元，而該股份有限公司的未審主營業務收入為 40,480 萬元，比推算的預期數額高出 411 萬元。基於此，有理由懷疑該股份有限公司的主營業務收入有重大的高估情況。

【思考與練習】

一、單項選擇題

1. 整個銷售與收款循環的起點是（　　）。
   A. 按銷售單供貨　　　　　　B. 向客戶開具帳單
   C. 客戶提出訂貨要求　　　　D. 批准賒銷信用
2. 記錄銷售有關的控制程序通常包括以下幾個方面，其中最有助於管理層對其銷貨記錄的發生認定的控制程序是（　　）。
   A. 控制所有事先連續編號的銷售發票
   B. 依據附有裝運憑證和銷售單的銷售發票記錄銷售
   C. 檢查銷售發票是否經適當的授權批准
   D. 記錄銷售的職責應與處理銷貨交易的其他職責相分離
3. 下列各項中，預防員工貪污、挪用銷售貨款的最有效的方法是（　　）。
   A. 收取顧客支票與收取顧客現金由不同人員擔任
   B. 定期與客戶進行對帳
   C. 請顧客將貨款直接匯入公司所指定的銀行帳戶
   D. 記錄應收帳款明細帳的人員不得兼任出納
4. 對被審計單位的銷售交易，下列註冊會計師認為不屬於產生高估銷售的是（　　）。
   A. 向虛構的顧客發貨並進行相應的帳務處理
   B. 本期已經發生的銷售交易均已入帳
   C. 未曾發貨卻已將銷售交易登記入帳
   D. 銷售交易重複入帳

5. 下列有關被審計單位收入的確認中，註冊會計師不認可的是（　　）。
   A. 售後回購一般情況下不應確認收入，但如果售後回購滿足收入的確認條件，銷售的商品按照售價確認收入，回購的商品作為購進商品處理
   B. 在分期收款銷售方式下，雖然實質上是具有融資性質的銷售，但是企業仍然不可以在銷售收入滿足確認條件的情況下，確認主營業務收入
   C. 在商品需要安裝和檢驗的銷售方式下，購買方在接受交貨以及安裝和檢驗完畢前一般不應確認收入，但如果安裝程序比較簡單，或檢驗是為最終確定合同價格而必須進行的程序，則可以在商品發出時，或在商品裝運時確認收入
   D. 在代銷商品方式下，如果委託方與受託方之間的協議明確表明，將來受託方沒有將商品售出時可以將商品退回給委託方，或受託方因代銷商品出現虧損時可以要求委託方補償，那麼委託方在交付商品時不能確認收入

6. 註冊會計師在對S公司銷售與收款循環進行審計時，認為S公司將登記入帳的銷售交易記錄錯誤肯定是有意的是（　　）。
   A. 已經發貨並登記了銷售交易，但金額記錄錯誤
   B. 銷售交易重複入帳
   C. 向虛構的顧客發貨，並作為銷售交易登記入帳
   D. 未曾發貨卻已將銷售交易登記入帳

7. 下列關於營業收入項目審計的說法中，正確的是（　　）。
   A. 被審計單位期末預收款項的所屬明細科目的借方餘額，應該在預付帳款項目中列示
   B. 被審計單位銷售合同或協議明確銷售價款的收取採用遞延方式，實質上具有融資性質的，應當按照應收的合同或協議價款的公允價值確認銷售商品收入金額
   C. 被審計單位存在投資性房地產業務，本期對外銷售了公允價值模式下的投資性房地產，企業將持有期間產生的公允價值變動損益轉入到營業外收入科目
   D. 被審計單位出售無形資產和出租無形資產取得的收益，均作為其他業務收入處理

8. 註冊會計師對被審計單位的營業收入進行審計時，往往要實施以下審計程序，其中與證實管理層對營業收入項目的「完整性」認定關係最為密切的審計程序是（　　）。
   A. 從發運憑證中選取樣本，追查至銷售發票存根和主營業務收入明細帳
   B. 計算本期重要產品的毛利率，並與上期進行比較，同時注意收入與成本是否配比，並查清重大變動和異常情況的原因
   C. 確定被審計單位主營業務收入會計記錄的歸屬期是否正確，應計入本期或下期的主營業務收入是否存在推遲或提前的情況
   D. 檢查售後租回的情況，若售後租回形成一項融資租賃，核實是否對售價與

資產帳面價值之間的差額予以遞延，並按該項租賃資產的折舊進度進行分攤，作為折舊費用的調整

二、多項選擇題

1. 註冊會計師對被審計單位已發生的銷售業務是否均已登記入帳進行審計時，常用的控制測試程序有（   ）。
   A. 檢查發運憑證連續編號的完整性
   B. 檢查賒銷業務是否經過授權批准
   C. 檢查銷售發票連續編號的完整性
   D. 觀察已經寄出的對帳單的完整性

2. 為實現登記入帳的銷售交易確系已經發貨給真實的客戶，被審計單位設置的關鍵內部控制有（   ）。
   A. 發運憑證均經事先編號並已經登記入帳
   B. 在發貨前，客戶的賒銷已經被授權批准
   C. 銷售交易是以經過審核的發運憑證及經過批准的客戶訂購單為依據登記入帳的
   D. 銷售價格、付款條件、運費和銷售折扣的確定已經適當的授權批准

3. 被審計單位應當建立對銷售與收款內部控制的監督檢查制度，其監督檢查的重點包括（   ）。
   A. 檢查是否存在銷售與收款業務不相容職務混崗的現象
   B. 檢查授權批准手續是否健全，是否存在越權審批行為
   C. 檢查信用政策、銷售政策的執行是否符合規定
   D. 檢查銷售退回手續是否齊全、退回貨物是否及時入庫

4. 下列有關註冊會計師在對被審計單位銷售與收款交易實施控制測試需要注意的內容的說法中不正確的有（   ）。
   A. 註冊會計師應把測試重點全部放在測試員工執行數據輸入的預防性控制方面
   B. 在控制風險被評估為低時，註冊會計師需要考慮評估的控制要素的所有方面和控制測試的結果，以便能夠得出這樣的結論：控制能夠實施有效的管理，並發現和糾正重大錯誤和舞弊
   C. 如果註冊會計師在期中實施了控制測試，那麼在年末審計時不用再選擇項目測試控制在剩餘期間的運行情況
   D. 如果情況允許並且希望將重大錯報風險評估為低，註冊會計師需要對被審計單位重要的控制，尤其是對易出現高舞弊風險的現金收款和存儲的控制的有效運行進行測試

5. 下列說法中正確的有（   ）。
   A. 註冊會計師通常通過觀察被審計單位有關人員的活動以及與這些人員進行討論，來實施對被審計單位相關職責是否分離的控制測試

B. 被審計單位對售出的商品由收款員對每筆銷貨開具帳單後，將發運憑證按順序歸檔，並且收款員應定期檢查全部憑證的編號是否連續

C. 被審計單位在簽訂銷售合同前，指定兩名以上專門人員與購貨方談判，並由他們中的首席談判代表負責簽訂銷售合同

D. 註冊會計師如果將收入與資產虛報問題確定為被審計單位銷貨業務的審計重點，則通常無需對銷貨業務完整性進行實質性程序

三、判斷題

1. 註冊會計師應當將應收帳款詢證函回函作為審計證據，納入審計工作底稿管理，詢證函回函的所有權歸所在會計師事務所。（　　）
2. 應收帳款詢證函的寄發和收回均應由註冊會計師直接控制。（　　）
3. 在審查其他應收款時，通常無須實施函證程序。（　　）
4. 應收票據的貼現，須經保管票據的有關人員的書面批准。（　　）
5. 對於應收帳款項目來說，函證是其最為主要的、不可替代的審計程序。（　　）

四、簡答題

1. 2016年1月，審計人員在對某電扇廠應收帳款進行審計時，發現在應收帳款明細帳中，「市宏豐商場明細帳」2015年1月1日借方余額100,000元，本期借貸雙方均無發生額，2015年年末仍為借方余額100,000元。據明細帳記錄，此款是2015年宏豐商場向該電扇廠購進電扇600臺發生的貨款。

要求：分析上述應收帳款可能存在的問題，並提出處理意見。

2. 審計人員在審查某企業銷售費用明細帳時，發現如下記錄：

(1) 設銷售機構人員的工資及獎金7,300元；
(2) 預付下年度的產品廣告費20,000元；
(3) 招待客戶的費用2,500元；
(4) 支付產品的包裝費3,000元。

要求：(1) 說明審計方法；
(2) 指出存在的問題；
(3) 提出處理意見。

3. 審計人員在審查某工業企業2016年6月份「銀行存款」日記帳時，發現6月24日的摘要中註明預收某產品貨款，但對方科目的名稱是「主營業務收入」，金額計30萬元，決定進一步查證。經查閱2016年6月24日17#記帳憑證，記帳憑證上的會計分錄如下：

借：銀行存款　　　　　　　　　　　　　　　　300,000
　　貸：主營業務收入　　　　　　　　　　　　　　300,000

該憑證所附的原始憑證僅是一張信匯收帳通知，無發票記帳聯，經過詢問當事人並調閱有關銷售合同，確定該企業預收某單位產品預購款30萬元，但因對制度規定不熟悉，會計人員已將其在收到預購款當日做了收入處理。

要求：指出該企業存在問題，並提出處理意見。

4. 審計人員王軍審查海河公司 2016 年 9 月份「銀行存款」日記帳時，發現 9 月 10 日 25#摘要中註明轉讓專有技術 60,000 元，但對方帳戶是「應付帳款」，決定進一步調查。經查閱 9 月 10 日 25#記帳憑證，憑證的內容如下：

借：銀行存款   60,000
 貸：應付帳款   60,000

該記帳憑證后面附的原始憑證是一張「送款單」回單和雙方的專有技術轉讓協議，經詢問有關人員，確定該公司的無形資產轉讓收入計入了「應付帳款」帳戶。

要求：指出海河公司存在的問題並編製調帳分錄（假定上述問題在當期被發現）。

第十章　購貨與付款循環審計

【引導案例】

　　註冊會計師鄭直在審查某企業「應付帳款」項目時，發現有兩筆長期掛帳的應付帳款，其中應付 A 公司 300 萬元，帳齡 2 年半；應付 B 公司 200 萬元，帳齡 1 年半，且均未附有關的原始憑證。審計人員就此問題詢問了被審單位的有關人員，被審計單位無法提供充分的證據，證明這兩筆經濟業務的經濟性質。審計人員向 A 公司和 B 公司寄送了詢證函。A 公司回函稱，該筆帳款已於 2 年前收回，而 B 公司沒有回函。審計人員通過進一步調查得知，B 公司並不存在。據此，審計人員判定上述兩項應付帳款均不存在，於是提請被審單位進行補充會計處理，並對會計報表相關數據進行調整。被審單位同意進行有關改正。審計人員將該情況和被審單位的處理情況詳細記錄於審計工作底稿，同時考慮到兩筆負債合計金額較大，遂採用溝通函的方式通知了被審計單位管理當局。

第一節　購貨與付款循環及其內部控制測試

一、購貨與付款循環的主要業務和憑證

（一）主要業務

　　購貨與付款循環是指企業購買各種商品和勞務，驗收入庫並支付貨款，準備投入生產經營過程的一系列業務總和。一般要經過請購—訂貨—驗收—付款基本程序。購貨與付款循環的主要業務主要在倉儲部門和財務部門兩個部門。

1. 倉儲部門的主要業務活動
（1）請購商品和勞務。
（2）編製訂購單。
（3）驗收商品。
（4）儲存已驗收的商品。

2. 財務部門的主要業務活動
（1）編製付款憑單。
（2）確認與記錄負債。
（3）付款。
（4）記錄現金和銀行存款支出。

（5）定期與供應商、開戶行對帳。

購貨與付款循環的經濟業務影響到許多帳戶，包括資產負債表帳戶和利潤表帳戶。這些帳戶中比較重要的有庫存現金、應付帳款、應付票據、預付帳款、存貨、應交稅費（增值稅）等。

(二) 憑證和會計記錄

1. 原始憑證

購貨與付款循環主要涉及的原始憑證是請購單、訂購單、驗收單、入庫單、賣方發票。

2. 會計記錄

購貨與付款循環主要涉及的會計記錄是付款憑單、轉帳憑證、付款憑證、應付帳款明細帳、現金日記帳和銀行存款日記帳、賣方對帳單等。

二、購貨與付款循環審計目標

目標是行動的指南，審計目標決定審計測試的時間、性質與範圍。購貨與付款循環審計的目標主要有以下 7 個方面：

（1）存在和發生。確定會計報表所記載的存貨的採購以及與之相關的應付帳款或貨款支付業務確實發生，所購貨物的數量和質量與訂貨合同、購貨發票、入庫單、驗收單相一致，沒有虛報、虛構的情況發生。

（2）完整性。確定企業所有的購貨業務以及所有應付帳款的發生與償還均已完整記錄，不存在漏記事項。

（3）所有權。確定企業對會計報表所記載的存貨擁有完整的所有權，不存在抵押或留置，或雖有上述情況但均已進行了適當的說明。

（4）購貨價格的合理性。確定審計年度所購存貨的價格與當時的市場價格不存在較大的偏差，即不存在重大的舞弊行為。

（5）截止日期的恰當性。確定採購截止日期的恰當性。

（6）餘額的正確性。確定應付帳款年末餘額的正確性。

（7）披露的充分性。確定有關購貨與付款事項，包括所有或有損失項目、重要的長期性訂貨單的承付款項、關聯交易等，在會計報表中均已進行了恰當的披露。

第二節　購貨業務與付款的內部控制及測試

一、購貨業務的內部控制程序

(一) 不相容職務分離

採購與付款業務不相容職務崗位至少包括：請購與審批；詢價與確定供應商；採購合同的訂立與審批；採購與驗收；採購、驗收與相關會計記錄；付款審批與付款

執行。

(二) 內部核查程序

內部核查程序的主要核查內容如下：

(1) 採購與付款業務相關崗位及人員的設置情況，重點檢查是否存在採購與付款業務不相容職務混崗的現象。

(2) 採購與付款業務的授權批准制度的執行情況，重點檢查大宗採購與付款業務的授權批准手續是否健全、是否存在越權審批的行為。

(3) 應付帳款和預付帳款支付正確性、時效性和合法性。

(4) 有關單據和憑證的保管使用情況，重點檢查憑證的登記、領用、傳遞、保管、註銷手續是否健全，使用和保管制度是否存在漏洞。

二、購貨業務的內部控制測試程序

購貨業務內部控制的目標主要包括：

(1) 存在或發生（所記錄的購貨都確已收到物品或已接受勞務，符合購貨方的最大利益）。

(2) 完整性（已發生的購貨業務均已記錄）。

(3) 估價或分攤（所記錄的購貨業務估價正確）。

(4) 分類（購貨業務的分類正確）。

(5) 及時性（購貨業務按正確的日期記錄）。

(6) 過帳和匯總（購貨業務被正確計入應付帳款和存貨等明細帳，並正確匯總）。

購貨業務的內部控制和測試如表 10-1 所示：

表 10-1　　　　　　　　　　購貨業務的內部控制和測試一覽表

內部控制目標	關鍵內部控制	常用內部控制測試
存在或發生（所記錄的購貨都確已收到物品或已接受勞務，符合購貨方的最大利益）	請購單、訂貨單、驗收單和賣方發票一應俱全，並附在付款憑單后 購貨按正確的級別批准 註銷憑證以防止重複使用 對賣方發票、驗收單、訂貨單和請購單進行內部核查	查驗付款憑單后是否附有單據 檢查核准購貨標記 檢查註銷憑證的標記 檢查內部核查的標記
完整性（已發生的購貨業務均已記錄）	訂貨單均經事先編號並已登入帳 驗收單均經事先編號並已登入帳 賣方發票均經事先編號並已記入帳	檢查訂貨單連續編號的完整性 檢查驗收單連續編號的完整性 檢查賣方發票的連續編號的完整性
估價或分攤（所記錄的購貨業務估價正確）	計算和金額的內部核查 採購價格和折扣的批准	檢查內部核查的標記 審核批准採購價格折扣的標記

表10-1(續)

內部控制目標	關鍵內部控制	常用內部控制測試
分類（購貨業務的分類正確）	採用適當的會計科目表 分類的內部核查	檢查工作手冊和會計科目表 檢查有關的憑證上的內部核查標記
及時性（購貨業務按正確的日期記錄）	要求一收到商品或接受勞務就記錄購貨業務 內部核查	檢查工作手冊並觀察有無未記錄的賣方發票存在 檢查內部核查的標記
過帳和匯總（購貨業務被正確計入應付帳款和存貨等明細帳，並正確匯總）	應付帳款明細帳的內容的內部核查	檢查內部核查的標記

三、購貨業務的內部控制測試主要內容

購貨業務的內部控制測試主要內容如下：

第一，購貨都確已收到商品和接受勞務。恰當的內部控制可以防止那些主要使企業管理層和職員們而非企業本身受益的交易，作為企業的營業支出或資產記入帳中。

第二，已發生的購貨業務都已記錄入帳。已經驗收入庫但未入帳將直接影響到應付帳款的餘額，從而低計企業負債。

第三，所記錄的購貨業務估價正確。

四、付款業務的內部控制及測試

根據有關規定，單位對於付款業務的基本要求主要包括以下6個方面：

第一，財會部門在辦理付款業務時，應當對採購發票、結算憑證、驗收證明等相關憑證的真實性、完整性、合法性及合規性進行嚴格審核。

第二，建立預付帳款和定金的授權批准制度，嚴格按照要求加強預付帳款和定金的管理。

第三，加強應付帳款和應付票據的管理，由專人按照約定的付款日期、折扣條件等管理應付款項。已到期的預付款項需經有關授權人員審批後方可辦理結算與支付。

第四，建立退貨管理制度，對退貨條件、退貨手續、貨物出庫、退貨貨款回收等制定明確規定，及時收回退貨款。

第五，定期與供應商核對應付帳款、應付票據、預付帳款等往來款項。如有不符，應查明原因，及時處理。

第六，獨立審計人員應針對每個具體內部控制目標確定關鍵的內部控制，並對此實施相應的內部控制測試。付款業務的控制測試性質取決於內部控制的性質。

第三節　固定資產內部控制和控制測試

固定資產在企業資產總額中佔有很大比重，大額固定資產的購建會影響企業現金

流量,而固定資產折舊、維修等費用則是影響其損益的重要因素。

固定資產管理一旦失控,所造成的損失將遠遠超過一般的商品存貨等流動資產。

被審計單位應當著重從以下幾個方面建立和健全固定資產的內部控制制度:

一、預算和授權制度

固定資產的預算制度,即固定資產的收支計劃制度,固定資產的預算制度是固定資產內部控制中最重要的部分。單位應該制定區分資本性支出與收益性支出的書面標準,購建固定資產的支出應該屬於資本性支出,並且只有經過董事會等高層管理機構批准才能生效。

固定資產預算的執行,即預算內的固定資產購置或處置均應有管理當局的書面認可才能進行。

預算外特殊事項的處理,即獨立審計人員應當注意檢查固定資產的取得和處置是否均依據預算,對實際支出與預算之間的差異以及未列入預算的特殊事項,應檢查其是否履行特別的審批手續。

二、帳簿記錄制度

被審計單位除了設置總帳外,還應設置固定資產明細分類帳和固定資產登記卡,按固定資產類別、使用部門和每項固定資產進行明細分類核算。

固定資產的增減變化均應有充分的原始憑證。

一套設置完善的固定資產明細分類帳和登記卡,將為獨立審計人員分析固定資產的取得和處置、復核折舊費用和修理支出的列支帶來很大便利。

三、職責分工制度

對固定資產的取得、記錄、保管、使用、維修、處置等,均應明確劃分責任,由專門部門和專人負責。

明確的職責分工制度,有利於防止舞弊,降低獨立審計的風險。

不相容職責可能出現的錯誤與舞弊如表 10-2 所示:

表 10-2　　　　　　　　不相容職責可能出現的錯誤與舞弊

不相容職責	可能出現的錯誤與舞弊
請購職能與審批職能	如果提出固定資產購置申請的人有最終的審批權,就有可能發生不真實的固定資產購置業務,或購入並非必要的固定資產
記錄職能與保管職能	同時擁有固定資產的記錄與保管職能的職員可以通過篡改帳面記錄掩飾資產的被盜
定期盤點職能與保管職能	同時負責定期盤點與保管職能的職員可以通過隱瞞實際的盤點結果掩飾資產的被盜

四、資本性支出和收益性支出劃分制度

企業應根據自身實際情況確定區分資本性支出和收益性支出的書面標準。

通常需要明確資本性支出的範圍和最低金額，凡不屬於資本性支出的範圍、金額低於下限的任何支出，均應列作費用並抵減當期收益。

五、固定資產的處置和盤點制度

固定資產處置包括投資轉出、報廢、出售等，均要有一定的申請報批程序。

固定資產的盤點包括驗證帳面各項固定資產是否真實存在、瞭解固定資產放置地點和使用狀況以及發現是否存在未入帳固定資產的必要手段。

獨立審計人員應瞭解和評價企業固定資產盤點制度，並注意查詢盤盈、盤虧固定資產的處理情況。

六、固定資產的維護保養制度

企業應防止因各種自然和人為因素而使固定資產遭受損失，應建立日常維護和定期檢修制度，以延長使固定資產使用壽命。

第四節　應付帳款審計

一、應付帳款審計目標

應付帳款是指在正常生產經營活動中，因購買原材料、商品和接受勞務供應等而應付給供應單位的款項。

應付帳款的審計目標一般包括：

第一，確定應付帳款的增減變動記錄是否完整。

第二，確定應付帳款期末余額是否正確。

第三，確定應付帳款在會計報表上的披露是否恰當。

二、應付帳款審計

第一，獲取和編製應付帳款明細表。復核加計正確，並與報表數、總帳數和明細帳合計數核對相符。

第二，對應付帳款進行分析性復核。根據被審計單位實際情況，比較本期期末與上期期末余額，分析波動原因；分析長期掛帳應付帳款，要求被審計單位做出解釋，判斷被審計單位是否缺乏償債能力或利用應付帳款隱瞞利潤；計算應付帳款對存貨的比率、應付帳款對流動負債的比率，並與以前年度比較，分析整體合理性；根據存貨和營業成本的增減變動幅度判斷應付帳款變動的合理性。

第三，函證應付帳款。一般情況下，應付帳款不需要函證，原因如下：

（1）應付帳款審計目標主要是防止低估，而函證不能保證查出未記錄的應付帳款。

（2）審計人員能夠取得購貨發票等外部憑證來證實應付帳款的餘額，存在比較令人滿意的替代程序，如可以通過期后付款情況的檢查予以證實等。

應收帳款必須進行函證，原因如下：

（1）應收帳款審計目標主要是防止高估，函證能有效地查出高估的應收帳款。

（2）其他替代審計程序儘管審計成本較低，但不能有效地查證高估的應付帳款。例如，銷售發票、銷售單、發貨單等均屬內部證據，可靠性較差。下列情況需要對應付帳款進行函證：控制風險較高；某應付帳款帳戶金額較大和被審計單位處於經濟困難階段。

函證對象的選擇依據為：金額較大的債權人；金額雖小，甚至為零，但為企業重要供貨人的債權人；其他債權人，如帳齡較長的、不送對帳單的債權人；等等。

第四，查找未入帳的應付帳款。

（1）檢查被審計單位在資產負債表日未處理的不相符購貨發票及有材料入庫憑證但未收回購貨發票的經濟業務，可能漏記應付帳款。

（2）檢查資產負債表日後收到的購貨發票，確認其入帳時間是否正確，可能漏記應付帳款。

（3）檢查資產負債表日後應付帳款明細帳貸方發生額的相應憑證，確認其入帳時間是否正確。若應在資產負債表日前入帳，則漏記應付帳款。

第五，檢查應付帳款是否存在借方餘額。

（1）應付帳款出現借方餘額，性質為債權，視同資產，應在工作底稿中編製重分類分錄，列為資產。

（2）應付帳款出現借方餘額的原因包括重複付款、付款後退貨、預付貨款等。

第六，檢查長期掛帳的應付帳款。審計人員應對被審計單位長期掛帳的應付帳款予以分析，查明是否存在虛假列帳、隱匿收入或賴帳不還的現象，對確實無須支付的應付帳款是否按有關規定進行。確實無須支付應付帳款應轉入營業外收入項目，相關依據及審批手續應完備。

第七，檢查應付帳款的現金折扣。帶有現金折扣的應付帳款應按發票上記載的全部應付金額入帳，待實際獲得現金折扣時再沖減財務費用。

第八，檢查應付關聯方帳款。

第九，檢查應付帳款在資產負債表上的披露。「應付帳款」項目應根據「應付帳款」和「預付帳款」科目所屬明細科目的期末貸方餘額的合計數填列。

【例10-1】審計人員王儀在審計甲公司的2015年度會計報表時，發現12月31日購入的某貨物100萬元，並已包括在當年12月31日的實物盤點範圍內，而購貨發票於2016年1月2日才收到，記入了2016年1月的帳內。2015年12月無貨和對應的負債記錄。

要求：查證甲公司是否存在未入帳的應付帳款。

解析：為防止甲公司低估負債，查證甲公司是否存在應付帳款未入帳的情況，王儀實施了以下審計程序：

（1）檢查甲公司在資產負債表日未處理的抬頭不符、與合同不符等不相符購貨發票、有材料入庫憑證但未收到購貨發票等的經濟業務。

（2）檢查甲公司在資產負債表日後收到的購貨發票，確認其入帳時間是否正確。

（3）檢查甲公司在資產負債表日後應付帳款明細帳貸方發生額的相應憑證，確認其入帳時間是否正確。
（4）詢問甲公司的會計和採購人員。
（5）查閱甲公司的資本預算、工作通知單和基建合同等。

於是王儀提請甲公司調整相應的會計分錄和報表數額，其調整分錄為：

借：原材料————××材料　　　　　　　　　　　　1,000,000
　　應交稅費————應交增值稅（進項稅額）　　　　170,000
　　貸：應付帳款　　　　　　　　　　　　　　　　　　　1,170,000

第五節　固定資產審計

一、固定資產和累計折舊審計目標

（一）固定資產的審計目標

固定資產的審計目標如下：
（1）確定固定資產是否存在。
（2）確定固定資產是否歸被審計單位所有。
（3）確定固定資產增減變動的記錄是否完整。
（4）確定固定資產計價是否恰當。
（5）確定固定資產期末餘額是否正確。
（6）確定固定資產在會計報表上的披露是否恰當。

（二）累計折舊的審計目標

累計折舊的審計目標如下：
（1）確定折舊政策和方法是否符合企業會計制度的規定，是否一貫遵守。
（2）確定累計折舊的增減變動記錄是否完整。
（3）確定折舊費用的計算、分攤是否正確、合理。
（4）確定累計折舊的期末餘額是否正確。
（5）確定累計折舊在會計報表上的披露是否恰當。

二、固定資產審計

第一，獲取或編製固定資產及累計折舊分類匯總表。檢查分類是否正確，復核加計正確，並與報表數總帳數和明細帳合計數核對相符。

第二，對固定資產進行分析性復核。

（1）通過計算「固定資產原值÷全年產品產量」，並與前期比較，可能發現閒置固定資產或減少固定資產未銷帳的問題。也可能發現經營性租賃的固定資產或增加了固定資產沒有入帳的問題。

（2）通過計算「本年折舊額÷固定資產原值」，並與前期比較，可能發現本年折舊額計算錯誤。

（3）通過計算「累計折舊÷固定資產原值」，並與前期比較，可能發現累計折舊核算錯誤。

（4）比較各年度固定資產增減變動，分析增減變化的原因。

（5）分析固定資產的構成及其增減變動情況，與在建工程、現金流量表、生產能力等相關信息交叉復核，檢查固定資產相關金額的合理性和準確性。

第三，檢查固定資產的增加。固定資產的增加來源有購入、自建、接受投資、更新改造、融資租入、接受捐贈、債務重組、盤盈等。

第四，檢查固定資產的減少。固定資產的減少原因有出售、報廢、毀損、投資轉出、盤虧等。

檢查固定資產減少的主要審計目的在於查明業已減少的固定資產是否已進行適當的會計處理。

第五，檢查固定資產的后續支出核算。在具體實務中，對於固定資產發生的下列各項后續支出，通常用的處理方法如下：

（1）固定資產修理費用，應當直接計入當期費用。

（2）固定資產改良支出，應當計入固定資產帳面價值，其增計后的金額不應超過該固定資產的可收回金額。

（3）如果不能區分是固定資產修理還是固定資產改良，或固定資產修理和固定資產改良結合在一起，則企業應按上述原則進行判斷，其發生的后續支出，分別計入固定資產價值或計入當期費用。

（4）固定資產裝修費用，符合上述原則可予以資本化的，在兩次裝修期間與固定資產尚可使用年限兩者中較短的期間內，採用合理的方法單獨計提折舊。如果在下次裝修時，該固定資產相關的固定資產裝修項目仍有余額，應將該余額一次全部計入當期營業外支出。

第六，檢查固定資產的所有權。

第七，實地觀察購入的固定資產。

第八，檢查固定資產租賃。企業在生產經營過程中，有時可能有閒置的固定資產供其他單位租用；有時由於生產經營的需要，又需租入固定資產。租賃分為經營租賃和融資租賃。

檢查經營性租賃時，應查明以下事項：

（1）固定資產的租賃是否簽訂了合同、租約，手續是否完備，合同內容是否符合國家規定，是否經有關管理部門審批。

（2）租入的固定資產是否確屬企業必需，或出租的固定資產是否確屬企業多余、閒置不用的，雙方是否認真履行合同，其中是否存在不正當交易。

（3）租金收取是否符合合同，有無多收、少收現象。

（4）租入固定資產有無久占不用、浪費損壞現象；租出的固定資產有無長期不收租金、無人過問以及是否有變相饋送、轉讓等情況。

（5）租入固定資產是否已登入備查簿。

（6）租入固定資產改良支出的核算是否符合規定。

在檢查融資租賃固定資產時，除可參照經營租賃固定資產檢查要點外，還應注意融資租入固定資產的計價是否正確，並結合長期應付款、未確認融資費用等科目檢查相關的會計處理是否正確。

第九，調查未使用和不需用的固定資產。

第十，檢查固定資產在資產負債表上的披露。附註中通常應說明以下事項。

（1）固定資產的分類、標準、計價方法和折舊方法。

（2）融資租入固定資產的計價方法，固定資產的預計使用年限和預計淨殘值。

（3）對固定資產所有權的限制及其金額（這一披露要求是指企業因貸款或其他原因而以固定資產進行抵押、質押或擔保的類別、金額、時間等情況）。

（4）已承諾將為購買固定資產支付的金額。

（5）暫時閒置的固定資產帳面價值（這一披露要求是指企業應披露暫時閒置的固定資產帳面價值，導致固定資產暫時閒置的原因，如因開工不足、自然災害或其他情況等）。

（6）已提足折舊仍繼續使用的固定資產帳面價值。

（7）已退廢和準備處置的固定資產帳面價值。固定資產因使用磨損或其他原因而需退廢時，企業應及時處置，如果其已處於處置狀態而尚未轉銷時，企業應披露這些固定資產的帳面價值。

如果被審計單位為上市公司，應在其會計報表附註中按類別分別列示固定資產期初余額、本期增加額、本期減少額及期末余額，說明固定資產中存在的在建工程轉入、出售、置換、抵押或擔保等情況，披露通過融資租賃租入的固定資產每類租入資產的帳面原值、累計折舊、帳面淨值，披露通過經營租賃租出的固定資產每類租出資產的帳面價值。

【例10-2】審計人員王儀審計甲企業「固定資產」項目，審驗發現甲企業購入需要安裝的設備，由本單位自行安裝（包括設備基礎施工、設備的安裝調試），甲企業不僅未通過「在建工程」核算，而且只按設備購入價格作為固定資產入帳，支出的相關費用均計入了成本費用。

要求：請代審計人員王儀做出正確的審計處理。

解析：根據企業會計制度的規定，購入需要安裝的固定資產，先計入「在建工程」科目，安裝完畢交付使用時再轉入「固定資產」科目。甲企業的會計處理不僅使固定資產的帳面價值不能如實反應，而且也影響了當期的損益數額。因此，審計人員王儀相應的審計處理如下：

（1）應提請甲企業按照企業會計制度的規定，補充所有的會計處理後，調整會計報表相關項目數額。

（2）應將審驗情況及被審計單位的調整情況詳細記錄於審計工作底稿。

（3）如被審計單位拒絕調整，王儀應出具保留意見或否定意見的審計報告。

三、累計折舊審計

第一，獲取或編製固定資產及累計折舊分類匯總表。復核加計正確，並與報表數、總帳數和明細帳合計數核對相符。

第二，檢查被審計單位的折舊政策和方法是否符合相關會計準則的規定。確定其採用的折舊方法能否在固定資產使用年限內合理分攤其成本，前後期是否一致。如被審計單位採用加速折舊法，應取得其批准文件；如沒有批准文件，應提請被審計單位改正並建議調整應納稅所得額。

第三，累計折舊進行實質性分析程序。

（1）對折舊計提的總體合理性進行復核是測試折舊正確與否的一個有效辦法。計算、復核的方法是用應計提折舊的固定資產乘本期的折舊率。計算之前，審計人員應對本期增加和減少固定資產、使用年限長短不一的和折舊方法不同的固定資產做適當調整。如果總的計算結果和被審計單位的折舊總額相近，並且固定資產及累計折舊的內部控制較健全時，就可以適當減少累計折舊和折舊費用的其他實質性測試工作量。

（2）計算本期計提折舊額占固定資產原值的比率，並與上期比較，分析本期折舊計提額的合理性和準確性。

（3）計算累計折舊占固定資產原值的比率，評估固定資產的老化率，並估計因閒置、報廢等原因可能發生的固定資產損失。

第四，復核本期計提的折舊費用。

（1）瞭解被審計單位的折舊政策是否符合規定，計提折舊範圍是否正確，確定的使用壽命、預計淨殘值和折舊方法是否合理。

（2）檢查被審計單位折舊政策是否前後期一致。

（3）計算復核本期折舊費用的計提是否正確。具體包括以下幾方面：已計提部分減值準備的固定資產，計提的折舊是否正確；已全額計提減值準備的固定資產，是否已停止計提折舊；因更新改造而停止使用的固定資產是否已停止計提折舊；因大修理而停止使用的固定資產是否照提折舊；對按規定予以資本化的固定資產裝修費用是否在兩次裝修費用期間與固定資產尚可使用年限兩者中較短的期間內，採用合理的方法單獨計提折舊，並在下次裝修時將該項固定資產裝修餘額一次全部計入當期營業外支出；對融資租入固定資產發生的、按規定可予以資本化的固定資產裝修費用，是否在兩次裝修期間、剩餘租賃期與固定資產尚可使用年限三者中較短的期間內，採用合理的方法單獨計提；對採用經營性租賃方式租入的固定資產發生的改良支出，是否在剩餘租賃期與租賃資產尚可使用年限兩者中孰短的期限內平均扣除；等等。

第五，檢查折舊的計提是否正確無誤。

【例10-3】審計人員審計甲公司「固定資產」和「累計折舊」科目，通過測試發現甲公司按固定資產分類提取折舊，但未從其中扣除「已提足折舊繼續使用的固定資產」的價值，按折舊率計算多提折舊額25萬元。

要求：請代審計人員做出正確的審計處理。

解析：根據上述規定，甲公司在計提折舊時，應從計提基數中扣除「已提足折舊

繼續使用的固定資產」部分的原值。對應地，審計人員的處理為：
（1）應提請甲公司按照上述規定補充會計處理，並對會計報表相關項目的數額進行調整，其調整分錄為：
借：累計折舊　　　　　　　　　　　　　　　　　　　　250,000
　　貸：製造費用（管理費用等）　　　　　　　　　　　250,000
（2）應將審驗情況及被審計單位的調整情況詳細記錄於審計工作底稿。
（3）如被審計單位拒絕調整，審計人員應根據數額對會計報表的影響程度，考慮出具保留意見或否定意見審計的報告。

第六節　其他相關帳戶審計

一、固定資產減值準備審計

固定資產減值準備的審計目標一般包括：確定計提固定資產減值準備的方法是否恰當，固定資產減值準備的計提是否充分；確定固定資產減值準備增減變動的記錄是否完整；確定固定資產減值準備期末余額是否正確；確定固定資產減值準備的披露是否恰當。

固定資產減值準備的審計程序主要包括：獲取或編製固定資產減值準備明細表，復核加計正確，並與報表數、總帳數和明細帳合計數核對是否相符；檢查固定資產減值準備的計提方法是否符合制度規定，計提的依據是否充分，計提的數額是否恰當，相關會計處理是否正確，前後期是否一致；分析本期末資產固定資產減值準備數額占期末固定資產原價的比率，與期初數比較；檢查相應固定資產減值準備轉銷是否符合有關規定，會計處理是否正確；確定固定資產減值準備的披露是否恰當。

二、在建工程審計

在建工程的審計目標一般包括：確定在建工程是否存在；確定在建工程是否歸被審計單位所有；確定在建工程增減變動的記錄是否完整；確定在建工程減值準備的計提方法和比例是否恰當；確定在建工程期末余額是否正確。

在建工程的審計程序一般包括：獲取或編製在建工程明細表，復核加計數正確，並與報表數、總帳數和明細帳合計數核對；檢查本期在建工程的增加數和減少數是否符合規定；檢查在建工程項目期末余額的構成內容；查詢在建工程的保險情況；檢查在建工程減值準備的計提；檢查有無在建工程抵押、擔保；確定在建工程在會計報表上的披露是否恰當。

三、固定資產清理審計

固定資產清理的審計目標一般包括：確定固定資產清理的記錄是否完整；確定固定資產清理反應的內容是否正確；確定固定資產清理的期末余額是否正確；確定固

資產清理在會計報表上的披露是否恰當。

固定資產清理的審計程序一般包括：獲取或編製固定資產清理明細表，復核加計正確，並與報表數、總帳數和明細帳合計數相等；檢查固定資產清理的發生是否有正當理由，是否經有關技術部門鑒定，固定資產清理的發生和轉銷是否經授權批准，相應的會計處理是否正確；檢查固定資產清理是否長期掛帳；檢查是否已在會計報表上恰當披露。

四、應付票據審計

應付票據的審計目標一般包括：確定應付票據的發生和償還記錄是否完整；確定應付票據期末余額是否正確；確定應付票據在會計報表上的披露是否恰當。

應付票據的審計程序一般包括：獲取或編製應付票據明細表，復核加計正確，並檢查其與應付票據登記簿、報表數、總帳數和明細帳合計數相符；選擇重要項目（包括零帳戶），函證其余額是否正確；實施分析性復核；檢查應付票據備查簿，抽查若干重要原始憑證，確定期是否真實，會計處理是否正確；復核帶息票據利息是否足額計提；查明逾期未兌付應付票據的原因，是否已轉入應付帳款項目等。

【拓展閱讀】

ABC會計師事務所的註冊會計師王華於2015年年底對昌盛公司進行預審，包括對部分業務的內部控制測試和對部分交易、活動進行實質性程序。在預審中，王華發現以下情況，請代為逐一判斷被審計單位的相關內部控制是否存在缺陷以及相關的經營活動及其會計處理是否符合企業會計準則的規定，並簡要說明原因。

（1）為使採購業務的不相容職務徹底分離，昌盛公司規定採購人員不得參與驗收。收到供應商發來的貨物後，必須由財會部門負責採購業務會計記錄的人員進行驗收登記，只有當所收貨物與訂購單一致後，採購部門方能開具付款憑單。

（2）採購部門在辦理付款業務時，對請購單、採購發票、結算憑證的簽字、蓋章、日期、數量、金額等進行嚴格審核。

（3）按照被審計單位與W公司簽署的購貨合同，自被審計單位收到材料起10日內付款者，昌盛公司可獲得10%的現金折扣。昌盛公司在2015年10月16日收到所購材料後，於18日按照購貨發票所列金額30萬元的90%向W公司支付了材料款。為保證會計信息的真實性和可靠性，昌盛公司對此筆付款編製了借記「應付帳款」27萬元、貸記「銀行存款」27萬元的會計分錄。

（4）昌盛公司於2015年7月1日購入並安裝價值50萬元的生產用電子設備一臺，當日投入生產。由於設備的特殊性質，需要3個月的試運行。在此期間內，隨時可能需要進行調試，根據這一情況，昌盛公司從2015年10月1日起對該設備開始計提折舊。

（5）昌盛公司於2015年年初開始建造一生產車間，10月份完工後投入使用，但由於種種原因，尚未辦理完竣工手續。編製財務報表時，昌盛公司對此車間仍在「在建工程」項目中反應。

（6）昌盛公司於 2008 年起採用融資租賃方式租入乙公司一座 2010 年完工、預計使用年限為 70 年的辦公樓，相關合同顯示的融資租賃期限為 2010 年 1 月至 2018 年 12 月。2015 年 1 月昌盛公司對此辦公樓進行了裝修，相關的裝修費用為 1,200 萬元，預計在未來 10 年內無須再進行裝修，昌盛公司對此次裝修計提折舊時，確定計提折舊的年限為 10 年。

（7）昌盛公司於 2015 年年初以經營租賃方式租入丙公司的尚可使用年限為 20 年的成品倉庫一座，租賃期限到 2022 年為止。昌盛公司在租入該倉庫後，立即按照 8 年使用年限的標準進行了裝修，支付的裝修費用為 80 萬元，對此項固定資產裝修，昌盛公司當年採用直線法計提了 10 萬元的折舊。

（8）昌盛公司 2015 年因為一項債務重組事項，導致了 20 萬元固定資產清理淨收益，計入「資本公積」科目。

分析：（1）按照內部會計控制規範的規定，採購、驗收、記錄三項職務屬於不相容職務。昌盛公司將驗收業務交由記錄人員辦理，不符合不相容職務分離的要求。

（2）按照內部會計控制規範的規定，在辦理付款業務時，應對採購發票、驗收憑證和結算憑證進行嚴格審核，昌盛公司在相關規定中，沒有包括對驗收單的審核，大大增加了付款的風險。另外，付款業務應該是由財會部門辦理的，不是採購部門。

（3）按照企業會計準則的規定，對於帶有現金折扣的應付帳款，應按購貨發票的金額入帳，待實際取得現金折扣時，再沖減財務費用，據此昌盛公司應編製的會計分錄是借記「應付帳款」30 萬元，貸記「銀行存款」27 萬元，貸記「財務費用」3 萬元。

（4）按照會計制度的規定，昌盛公司對此電子設備應從增加當月的下月起計提折舊。

（5）按照企業會計準則的規定，在建工程應在投入使用後按照暫估價值計入固定資產，待辦理完竣工決算手續後再調整「固定資產」科目，不調整已經計提的累計折舊金額。

（6）融資租賃固定資產的裝修費用應在兩次裝修期間（10 年）、剩餘租賃期（4 年）和固定資產的尚可使用年限（65 年）三者較短的期限計提折舊。

（7）按照企業會計準則的規定，經營租賃的固定資產裝修費用計入「長期待攤費用」，並在兩次裝修期間、剩餘租賃期與租賃資產尚可使用年限中較短的期間內，採用合理的方法進行攤銷，而不是計提折舊。

（8）按照企業會計準則的規定，在債務重組中，固定資產清理發生的淨收益計入「營業外收入」科目，發生的淨損失計入「營業外支出」科目，而不是計入「資本公積」科目。

【思考與練習】

一、單項選擇題

1. 一般而言，對憑證進行連續編號是被審計單位購貨業務的一項重要的內部控制措施。但對於部門較多的被審計單位，一般並不對（　　）進行連續編號。
   A. 請購單　　　　　　　　B. 訂購單
   C. 驗收單　　　　　　　　D. 付款單

2. 在購貨業務中，採購部門在收到請購單後，只能對經過批准的請購單發出訂購單。訂購單一般為一式四聯，其副聯無須送交（　　）。
   A. 編製請購單的部門　　　B. 驗收部門
   C. 應付憑單部門　　　　　D. 供應商

3. 以下程序中，屬於測試採購交易與付款交易內部控制「存在性」目標的常用控制測試程序的是（　　）
   A. 檢查企業驗收單是否有缺號　　B. 檢查付款憑單是否附有賣方發票
   C. 檢查賣方發票連續編號的完整性　D. 審核採購價格和折扣的標誌

4. 函證應付帳款時，一般選擇金額較大的債權人，以及那些金額不大，甚至為零的債權人作為函證的對象。下列各項不能解釋其原因的是（　　）。
   A. 金額為零的應付帳款可能存在低估
   B. 大金額的應付帳款從金額方面來說是重要的
   C. 為了防止大金額的應付帳款中可能存在的高估
   D. 防止低估應付帳款不是應付帳款審計的唯一目的

5. 下列說法中錯誤的是（　　）。
   A. 任何情況下都不需要對被審計單位的應付帳款進行函證
   B. 註冊會計師可以將期末應付帳款餘額與期初餘額進行比較，分析波動原因
   C. 對於應付帳款來說，在資產負債表日金額不大，甚至為零，但為企業重要供貨人的債權人（發生額較大）應作為重要函證對象
   D. 註冊會計師可以結合存貨監盤程序，檢查被審計單位在資產負債日前後的存貨入庫資料，檢查是否有大額料到單未到的情況，確認相關負債是否計入了正確的會計期間

6. 固定資產和在建工程審計工作底稿及其他相關審計工作底稿中有以下的審計結論，其中錯誤的是（　　）。
   A. 對某項在建廠房工程，建議將相關土地使用權一併轉入該項在建工程
   B. 對某項尚未辦理竣工決算但已啟用的在建工程，建議暫估轉入固定資產並計提折舊
   C. 對用一般借款建造的某項固定資產，建議將符合資本化條件的借款費用計入固定資產原值中

    D. 由於上年度相關內部控制難以信賴，本次審計不再實施控制測試
7. 註冊會計師認為被審計單位固定資產折舊計提不足的跡象是（   ）。
    A. 經常發生大額的固定資產清理損失   B. 累計折舊與固定資產原值比率較大
    C. 提取折舊的固定資產帳面價值龐大   D. 固定資產保險額大於其帳面價值
8. 在對固定資產和累計折舊進行審計時，A註冊會計師注意到L公司於2015年12月31日增加投資者投入的一條生產線，其折舊年限為10年，殘值率為0，採用直線法計提折舊，該生產線帳面原值為1,500萬元，累計折舊為900萬元，評估增值為200萬元，協議價格與評估價值一致；2016年6月30日L公司對該生產線進行更新改造，2016年12月31日該生產線更新改造完成，發生的更新改造支出為1,000萬元，該次更新改造提高了使用性能，但並未延長其使用壽命；截至2016年12月31日，上述生產線帳面原值和累計折舊分別為2,700萬元和1,100萬元。在對固定資產和累計折舊進行審計後，A註冊會計師應提出的審計調整建議是（   ）。
    A. 固定資產原值調減200萬元，累計折舊調減1,100萬元
    B. 固定資產原值調減200萬元，累計折舊調減100萬元
    C. 固定資產原值調減1,000萬元，累計折舊調減1,100萬元
    D. 固定資產原值調減1,000萬元，累計折舊調減100萬元

二、多項選擇題

1. 被審計單位採購與付款循環中涉及的主要業務活動包括（   ）。
    A. 處理訂購單   B. 驗收商品
    C. 確認債務   D. 處理和記錄現金支出
2. 經適當批准和有預先編號的憑單為記錄採購交易提供了依據，這些控制主要與（   ）認定相關。
    A. 準確性和計價   B. 發生
    C. 完整性   D. 分類和可理解性
3. 在採購與付款循環中，如果以支票為結算方式，則以下對編製和簽署支票的有關控制中正確的有（   ）。
    A. 支票簽署人不應簽發無記名甚至空白的支票
    B. 支票無須連續編號
    C. 應由被授權的財務部門的人員負責簽署支票
    D. 支票一經簽署，就應在其憑單和支持性憑證上用加蓋印戳或打洞等方式將其註銷，以免重複付款
4. 下列說法中正確的有（   ）。
    A. 為降低付款環節的控制風險，應付憑單部門在編製付款憑單之前應核對供應商發票與驗收單、訂購單的一致性，以確定供應商發票計算的正確性，並將這些憑單附在付款憑單之後。為加強控制，通常還要求在付款憑單上填入借記的資產或費用類帳戶的名稱
    B. 為降低付款環節的控制風險，銷售部門在編製付款憑單后應核對供應商發

票與驗收單、訂購單的一致性，以確定供應商發票計算的正確性，並將這些憑單附在付款憑單之後。為加強控制，通常還要求在付款憑單上填入借記的資產或費用類帳戶的名稱

C. 註冊會計師王華和李明在審計 M 公司 2016 年度財務報表時，注意到與採購和付款循環相關的內部控制存在缺陷。他們認為 M 公司管理層在資產負債表日故意推遲記錄發生的應付帳款，於是決定實施審計程序進一步查找未入帳的應付帳款

D. 註冊會計師審查被審計單位賣方發票、驗收單、訂貨單和請購單的合理性和真實性，追查存貨的採購業務至存貨的永續盤存記錄，可測試已發生採購業務的發生

5. 以下程序中，（　　）屬於測試採購與付款循環中內部控制「完整性」目標的常用控制測試程序。

　　A. 檢查企業驗收單是否有缺號　　B. 檢查賣方發票連續編號的完整性
　　C. 檢查付款憑單是否附有賣方發票　　D. 審核採購價格和折扣的標誌

6. 註冊會計師通過（　　）審計程序，可以查找被審計單位未入帳的應付帳款。

　　A. 審查資產負債表日收到，但尚未處理的購貨發票
　　B. 審查應付帳款函證的回函
　　C. 審查資產負債表日後一段時間內的支票存根
　　D. 審查資產負債表日已入庫，但尚未收到發票的商品的有關記錄

7. A 註冊會計師在檢查 P 公司 2016 年度財務報表的應付帳款項目時，應核實其應付帳款項目是否按照（　　）科目所屬明細科目的期末貸方余額的合計數填列。

　　A.「應付帳款」　　　　　　　　B.「應收帳款」
　　C.「預付帳款」　　　　　　　　D.「預收帳款」

8. 下列說法中正確的有（　　）。

　　A. 如果發現因重複付款、付款后退貨、預付貨款等原因導致某些應付帳款帳戶出現較大借方余額，註冊會計師除了在審計工作底稿中編製建議調整的重分類分錄之外，還應建議被審計單位將這些借方余額在資產負債表中列示為資產

　　B. 註冊會計師王華和李明在審計 W 公司年度財務報表時，注意到與採購和付款循環相關的內部控制存在缺陷。他們認為 W 公司管理層在資產負債表日故意推遲記錄發生的應付帳款，於是決定實施審計程序進一步查找未入帳的應付帳款

　　C. 如果被審計單位為上市公司，則通常在其財務報表附註中應說明有無持有 10% 以上表決權股份的股東單位帳款

　　D. 註冊會計師在審查應付帳款帳戶在資產負債表中披露的恰當性時，應核實資產負債表中「應付帳款」項目是否根據「應付帳款」和「預收帳款」科目的期末貸方余額的合計數填列

9. 下列各項中，屬於註冊會計師檢查固定資產在財務報表上披露恰當性的有

(　　)。
  A. 固定資產的分類、計價方法和折舊方法
  B. 以固定資產進行抵押或擔保的類別、金額和時間
  C. 暫時閒置固定資產帳面價值及閒置原因
  D. 準備通過債務重組取得固定資產的類別和價值

三、判斷題

  1. 因為多數舞弊企業在低估應付帳款時，是以漏記賒購業務為主，所以函證對於尋找未入帳的應付帳款效果並不好。（　　）

  2. 實施實地觀察固定資產審計程序時，註冊會計師可以以固定資產明細帳為起點，進行實地觀察，以證明會計記錄中所列的固定資產確實存在，並瞭解其目前的使用狀況；也可以以實地為起點，追查至固定資產明細帳，以證明實際存在的固定資產均已入帳。（　　）

  3. 即使某一應付帳款明細帳戶年末餘額為零，但若是重要債權人，註冊會計師仍然可以將其列為函證對象。（　　）

  4. 應付帳款通常情況下不需要函證，如函證，最好採用消極式函證方式。（　　）

  5. 儘管保險對保護企業資產的安全、完整非常重要，但固定資產的保險不屬於企業內部控制的範圍。（　　）

  6. 固定資產折舊主要取決於企業的折舊政策，而政策選擇是客觀的，因此折舊是客觀的，一般是不受人為的主觀因素影響。（　　）

  7. 如果被審計單位為上市公司，其在財務報表附註中通常還應說明有無欠持有5%（含5%）以上表決權股份的股東單位帳款。（　　）

  8. 註冊會計師在對固定資產進行實質性測試時，常常將固定資產的分類匯總表與累計折舊的分類匯總表合併編製。（　　）

  9. 審計中如果發現被審計單位因重複付款、付款后退貨、預付貨款等導致應付帳款的某些明細帳戶借方出現較大余額，註冊會計師應提請被審計單位編製重分類分錄，並將這些借方余額在資產負債表中列為資產。（　　）

  10. 在考慮固定資產減值準備的前提下，影響折舊的因素則包括折舊的基數、累計折舊、固定資產減值準備、固定資產預計淨殘值和固定資產尚可使用年限五個方面。（　　）

  11. 因更新改造而停止使用的固定資產應繼續計提折舊，因大修理而停止使用的固定資產不應再提取折舊。（　　）

四、案例分析題

  1. 註冊會計師張雷審計A公司的應付帳款項目，由於A公司為一化工企業，每年從某固定供應商購入原材料近2,100萬噸。截至2016年年底，A公司應付該供應商貨款為21,388,124.57元。由於該供應商屬於長期客戶，並且應付帳款金額巨大，因此註冊會計師向該供應商進行函證。經函證，該供應商確認A公司欠貨款為29,287,133.57

元。張雷在分析審查產生差異的原因時，由於 A 公司認為對方售價太高，自 2012 年以來 A 公司就沒有付過貨款，雙方一直爭執不下。

要求：請問張雷該如何處理？

2. 甲註冊會計師審計 X 公司 2016 年度財務報表的「固定資產」和「累計折舊」項目時，發現下列情況：

（1）「生產用固定資產」中有固定資產——A 設備已於 2016 年 1 月份停用，並轉入「未使用固定資產」。

（2）X 公司所使用的單冷空調，當年計提折舊僅按實際使用的月份（5 月~9 月）提取。

（3）X 公司 5 月份購入設備一臺，價值為 65 萬元，當月達到預定可使用狀態，8 月份交付使用，X 公司從 9 月份竣工結算，則從 9 月起開始計提折舊。

（4）X 公司對設備 B（價值 100 萬元）採用平均年限法計提折舊。該設備預計可使用年限為 10 年，預計淨殘值率為 5%，X 公司實際將該設備按年折舊率為 10% 折舊。

要求：針對上述情況，分別指出註冊會計師應關注的可能存在或存在的問題。

3. 某獨立審計師在審計 C 公司時發現該公司一項固定資產減少，會計分錄如下：

借：營業外支出——非常損失　　　　　　　　　240,000
　　　累計折舊　　　　　　　　　　　　　　　 60,000
　貸：固定資產　　　　　　　　　　　　　　　　　　　300,000

根據企業會計制度規定，固定資產報廢時應該通過「固定資產清理」帳戶核算，C 公司的會計人員沒有按規定進行核算。另外該審計師還注意到，報廢時，固定資產淨值占原值的 80%，調閱卡片發現固定資產僅僅使用了 15 個月。該審計師最終詢問被審計單位發現是固定資產閒置後出售，獲取價款 260,000 元。該審計師於是提請被審計單位進行調整固定資產清理帳戶，對報廢淨損益進行適當處理。

要求：編製調整會計分錄。

第十一章　生產與儲存循環審計

【引導案例】

　　T公司設立於2015年7月,從事海產品捕撈及銷售業務。ABC會計師事務所於2015年11月30日接受委託,承接了T公司2015年度會計報表審計業務。A註冊會計師受ABC會計師事務所指派,負責該項審計業務。2015年12月中旬,A註冊會計師對T公司進行預審過程中,獲知以下情況:

　　(1) T公司擁有12艘漁輪,其中9艘為近海漁輪、3艘為遠洋漁輪。由於遠洋捕撈業務的季節性和特殊性,至2015年12月31日,3艘遠洋漁輪仍將在海外作業,並將於2016年6月30日全部返港。

　　(2) T公司的1艘遠洋漁輪捕撈的海產品全部委託F國的一家倉儲公司代為儲存,由T公司在F國設立的經銷處組織銷售。該艘遠洋漁輪將在2016年4月30日到F國最后一次卸貨,並將於2016年6月30日空載返回值國內休整。

　　(3) T公司將於2015年12月31日分別對不同地點的存貨數量採用不同的方法予以核實:對於國內冷庫庫存存貨,由公司組織相關人員進行盤點,填寫盤點表,由財務部門核對確認;對於9艘近海漁輪,要求於2015年12月31日返港,由公司組織相關人員在卸貨時採用磅秤測量的方法對其存貨進行盤點並另庫存放,由財務部門根據盤點表核對確認;對於外海作業的3艘遠洋漁輪,要求按照公司統一部署實施盤點,填寫盤點表並傳真回公司,經公司的生產部門核實后,由財務部門核對確認;對於儲存於F國的海產品存貨,要求其經銷處組織盤點,並將存貨盤點表傳真回公司,由財務部門核對確認。A註冊會計師決定對國內冷庫庫存存貨以及返港的9艘漁輪的存貨實施監盤,並對儲存於F國的海產品存貨委託F國G會計師事務所實施監盤。

　　T公司向有關部門提交年度會計報表的截止時間為2016年4月30日,註冊會計師無法在該截止日前對遠洋漁輪的存貨實施盤盤程序。T公司希望A註冊會計師理解公司存貨存放位置的特殊性,要求通過檢查公司生產計劃與生產日誌、存貨收發存記錄以及經財務部門核對確認的期末存貨盤點表等,對遠洋漁輪2015年12月31日的存貨數量予以審計確認。

　　要求:

　　(1) 對於T公司使用磅秤測量方法進行的存貨盤點,簡要說明A註冊會計師在監盤過程中應當考慮實施哪些審計程序。

　　(2) 請回答A註冊會計師能否同意T公司的要求,並簡要說明理由。

　　(3) 假定ABC會計師事務所於2016年年初接受委託審計T公司2015年度會計報表,而T公司已與2015年12月31日對存貨進行了盤點。請回答為確認2015年12月

31 日 T 公司國內冷庫庫存存貨以及返港的 9 艘近海漁輪存貨的數量，A 註冊會計師應當實施哪些必要的審計程序？

解析：

（1）在監盤前和監盤過程中均應檢查磅秤的準確性，並留意磅秤的位置移動與重新調校程序，將檢查與重新稱量的程序相結合，並檢查重量單位換算是否準確。

（2）不應同意。因為資產負債表日中大比重的在途存貨無法監盤，並且不存在其他可替代的審計程序。

（3）首先，要評估該公司存貨相關內部控制的健全性和有效性，以確定抽盤規模；其次，提請客戶擇日對抽查到的存貨重新盤點，並進行監盤；最後，在測試報表日誌盤點日之間收發業務真實性、正確性的基礎上，調節報表日存貨實存數，並與帳存數進行核對，以查明期末存貨的公允真實性。

第一節　生產與儲存循環及其內部控制測試

一、生產循環影響的主要業務和帳戶

生產循環是指從請購原材料開始到完工產品為止的過程。這一循環影響的主要業務包括編製生產計劃、控制產品的品種和數量、控制存貨水平及與產品製造相關的業務和事項。

生產循環的經濟業務影響到許多帳戶，主要的有存貨（原材料、生產成本、產成品）帳戶、應付職工薪酬、製造費用、主營業務成本等帳戶。

二、生產循環審計的範圍

生產循環的審計範圍很大，凡與產品生產、成本計算有關的所有資料及領域均屬生產循環的審計範圍。具體範圍如下：

從生產循環所涉及的主要業務活動來看，主要包括：計劃和安排生產；投入原材料；進行生產加工；核算產品成本；儲存產成品；產成品的品質認定與價值重估；廢品的界定與損失確認；在產品的盤盈盤虧；等等。

從生產循環所涉及的主要憑證與記錄來看，主要包括：生產任務通知書；原材料請購單、領料單；產量和工時記錄；工資匯總表及人工費用分配表；材料費用分配表；成本計算單；完工產品入庫單；存貨明細帳；等等。

三、生產循環審計的目標

生產循環的主要工作流程是生產產品，會計工作的重點是成本計算，因此生產循環審計的目標如下：

第一，發生，即帳簿記錄中的各項原材料的耗用與費用的發生是否確實發生，已經完工的產成品是否全部入庫，尚未完工的在產品的成本價值是否與實物大致相符。

第二，完整性，即生產循環中生產的應該屬於公司的產品（除代加工以外）是否均做出恰當的記錄而沒有遺漏。

第三，計價與分攤，即成本費用的歸集與分配是否合理，在產品與完工產品的成本計算是否準確。

第四，分類，即成本計算對象的確定是否合理，是否按主要產品進行了適當的分類。

第五，所有權，即確定企業對會計報表所記載的存貨擁有完整的所有權，不存在其他情況。

第六，披露的充分性，即產品的主要品種和存貨計價方法是否已在會計報表中進行了恰當的指示。

四、生產循環的內部控制及其測試

生產循環的內部控制包括存貨的內部控制、成本會計制度的內部控制、工薪的內部控制三項內容。有關存貨的內部控制及其測試已在本書第十章中闡述，這裡主要介紹成本會計制度和工薪的內部控制及其測試。

成本會計制度的內部控制內容通常包括如下方面：

（1）生產指令、領料單和工資結算匯總表須經過授權審批。

（2）成本的核算是以經過審核的生產通知單、領發料憑證、產量和工時記錄、材料費用分配表、人工費用分配表、製造費用分配表為依據的。

（3）生產通知單、領發料憑證、產量和工時記錄、材料費用分配表、人工費用分配表、製造費用分配表均事先編號並已登記入帳。

（4）採用的成本核算方法和費用分配方法適當且前後期一致，採用的成本核算流程和帳務處理流程適當並經常進行內部核查。

（5）存貨的保管和記錄職務相分離。

（6）定期進行存貨盤點。

常用的成本會計制度的內部控制測試程序如下：

（1）檢查生產通知單、領料單和工資結算匯總表中是否有恰當的授權審批。

（2）檢查有關成本計算的記帳憑證是否附有生產通知單、領發料憑證、產量和工時記錄、材料費用分配表、人工費用分配表、製造費用分配表等，並檢查這些原始憑證的順序編號是否完整。

（3）測試成本計算方法和費用分配方法是否合理和具有一貫性，成本核算流程和帳務處理流程是否合理和有關數據是否相符。

（4）詢問和觀察存貨及其記錄的分工情況及存貨盤點情況。

工薪的內部控制的內容通常包括如下方面：

（1）人事、考勤、工薪發放、記錄等職務相互分離。

（2）上崗、工作時間特別是加班時間、工薪、代扣款項、工資結算表和工資匯總表都經過審批。

（3）工時卡經領班核准，工時記錄準確。

（4）工資分配表、工資匯總表完整反應已發生的工薪支出。

（5）工資費用分配方法適當且前後期一致，帳務處理流程適當。

工薪的內部控制測試程序如下：

（1）詢問和觀察各項與工薪有關的職責分工和執行情況。

（2）檢查人事檔案及其授權、工時卡的有關核准說明、工薪記錄中有關內部檢查標記及有關核准標記。

（3）檢查工資分配表、工資匯總表、工資結算表，並核對員工工資手冊、員工手冊等。

（4）測試工資費用的分配方法是否適當和具有一貫性，帳務處理流程是否合規。

第二節　生產成本審計

一、費用支出審計

企業的費用支出是指一定時期企業為進行生產經營活動而發生的各種資產耗費。

根據企業的費用支出的用途不同，費用支出可分為生產費用和期間費用。生產費用是指企業在一定時期內為生產一定種類和數量的產品而發生的資產耗費，是形成產品成本的基礎。期間費用是指企業在一定時期為了進行管理活動、行銷活動和融資活動等而發生的資產耗費。

這裡主要介紹生產費用審計，包括直接材料費用審計、直接人工費用審計和製造費用審計。

（一）直接材料費用審計

1. 直接材料數量的真實性、合理性審查

直接材料耗用數量的真實性審查，應從審閱領、退料憑證以及材料費用分配表入手，查明直接材料耗用量中有無非產品生產用料，如工程、福利、車間一般耗用材料混入的情況。同時還要查明退回余料和回收廢料的數量是否已從直接材料耗用量中剔除，有無虛增或隱瞞直接材料耗用料的問題。

直接材料耗用數量合理性的審查，主要是將直接材料實際耗用量與其定額耗用量進行對比，查明是否超支。對於耗用量超支的材料要進一步查明超支的原因。通常引起材料耗用量超支的原因有：生產中的損失浪費，領用時計量不準；原材料質量不好，余料或廢料為衝帳，月末已領未用的材料未辦假退料手續等。

2. 直接材料計價的正確性審查

直接材料計價的正確性審計應區別不同計價方法分別進行。

在按計劃成本計價核算的情況下，重點要查明材料成本差異形成與分配的正確性。對於差異的形成，應重點查明收入材料實際成本計算的正確性；對於差異的分配，應重點復算成本差異分配率的計算是否正確、分配額計算是否正確。注意有無通過調節成本差異形成與分配來調節成本的問題。

在按實際成本計價核算的情況下，除了要認真查明收入材料實際成本計算的正確性外，還要重點查明發出材料計價方法的合理性和使用的一貫性。注意有無利用隨意選擇和改變存貨發出計價方法調節成本的問題。

3. 直接材料費用分配的合理性審查

主要查明分配依據是否合理、分配計算結果是否正確等問題。注意有無隨意分配材料費用、調節成本的問題。

(二) 直接人工費用審計

審查直接工資費用的組成項目是否符合國家規定。審查方法是將工資結算單與國家和企業有關規定進行核對。

審查直接人工工資費用的內容是否真實、計算是否正確。審查方法是核對職工人事檔案中有關工資等級的記錄以及檢查職工考勤記錄、產量記錄、工資結算表等的真實性。

審查直接人工費用分配的合理性。審查方法是檢查工資費用分配表，審查其分配依據是否合理，復算其分配結果是否正確。

審查職工福利費的計提依據、計提比例是否符合國家規定以及計提和分配結果是否正確。

(三) 製造費用審計

審查製造費用的組成項目是否合法。審查方法是將製造費用明細帳記錄與統一財務會計制度的規定進行核對。注意製造費用與相關的管理費用、財務費用、經營費用、營業外支出等的劃分是否正確。

審查製造費用發生額的真實性。審查方法是對直接支付的製造費用，要檢查費用發生的有關憑證是否真實、合法；對於按比例提取的製造費用，應審查提取依據和比例是否真實合理，提取額的計算和帳務處理是否正確。

審查製造費用分配的合理性。審查方法是檢查製造費用分配表，審查其分配依據是否合理，復算其分配結果是否正確，注意年末應將製造費用全部分配，不得留有餘額。

二、費用劃分審計

(一) 計入成本與不計入成本的費用劃分審計

審查內容主要包括應計入產品成本的費用與不應計入產品成本的費用的區分是否正確，查明有無將其他支出計入產品成本或將應計入產品成本的費用轉移到其他支出中去的問題。

審查方法主要是對照財務制度規定的成本開支範圍，審閱「生產成本明細帳」和「製造費用明細帳」，並與管理費用、其他業務支出、營業外支出、在建工程等明細帳記錄進行核對。發現疑點，應追查有關原始憑證。

(二）跨期攤提費用分配合理性審計

1. 待攤費用審計

待攤費用審計主要審查待攤費用明細帳記錄，分析其發生數是否屬於一年以內的各項待攤費用支出；數額是否按收益期限確定，有無多攤或少攤的情況；檢查有無利用待攤費用人為調節成本費用利潤的違規行為。待攤費用是指對企業已經支出但應由本期和以后各期在一年內分期攤銷的各項費用。待攤費用的主要內容有預付保險費、固定資產大修理費用、低值易耗品攤銷以及一次購買印花稅票金額較大的需要分攤的數額等。

審計目標如下：

（1）確定待攤費用會計政策是否恰當。

（2）確定待攤費用入帳和轉銷的記錄是否完整。

（3）確定待攤費用期末余額是否正確。

（4）確定待攤費用的披露是否恰當。

待攤費用審計主要檢查以下內容：

（1）待攤費用的發生是否真實、合規。審計人員在審查時，應該查閱有關待攤費用明細帳以及有關會計憑證，查明耗費是否屬於待攤範圍，有無故意將應該一次計入成本費用的支出計入待攤費用中借以虛減當期費用等情況。

（2）待攤費用的攤銷期限是否符合有關規定。根據企業會計準則的規定，待攤費用應該在一年內攤銷完畢，攤銷期限超過一年的開辦費、固定資產修理支出、租入固定資產改良支出等應計入長期待攤費用。審計人員在審查時，應注意有無故意延長攤銷期限的情況。

（3）待攤費用各期攤銷數額是否正確、合理。待攤費用在合理的期限內進行攤銷，每期的攤銷數額應該基本保持一致，不可輕易變動每期攤銷數額，更不可利用待攤費用隨意調節成本和利潤。

（4）待攤費用的有關帳務處理是否正確、合規。待攤費用在分配時，常常對應「管理費用」「製造費用」「營業費用」等帳戶，審計人員可以運用帳戶分析法來檢查待攤費用的帳務處理是否合規。例如，有無將待攤費用分配計入「固定資產」「在建工程」等帳戶的情況。

待攤費用審計的審計程序如下：

（1）獲取或編製待攤費用明細表，復核加計正確，並與報表數、總帳數和明細帳合計數核對是否相符。

（2）抽查大額待攤費用發生的原始憑證及相關文件、資料，以查核其發生額是否正確。

（3）抽查證明大額待攤費用受益期的有關文件、資料，確認待攤費用受益期及其攤銷方法是否合理、復核計算是否正確、會計處理是否正確。

（4）檢查有無不屬於待攤費用性質的會計事項、有無超過一年尚未結清的待攤費用。如有，應查明原因並進行記錄，必要時進行適當調整。

（5）檢查有無不能為企業帶來利益的待攤費用，有無將其尚未攤銷的攤餘價值全部轉入當期成本、費用。

（6）驗明待攤費用的披露是否恰當。

2. 預提費用審計

預提費用審計是對從成本中預先提取但尚未支付的費用進行的審查，從而提高資金的利用效率。

預提費用的審計內容如下：

（1）預提費用的計提和轉銷記錄是否完整、正確、合規，帳務處理是否恰當。

（2）預提費用的年末餘額是否正確。

（3）預提費用在會計報表上的反應是否充分。

預提費用的審計程序如下：

（1）獲取或編製預提費用明細表，復核其加計數的正確性，並與明細帳、總帳的餘額核對相符。

（2）抽查大額預提費用提取的記帳憑證及相關文件資料，確定其預提額和會計處理是否正確。

（3）抽查大額預提費用轉銷的記帳憑證及相關文件資料是否齊全，其會計處理是否正確。

（4）檢查有無不屬於預提費用性質的會計事項、有無長期未轉銷的預提費用。如有，應查明原因並進行記錄，必要時進行適當調整。

（5）驗明預提費用是否已在資產負債表上充分反應。

（三）輔助生產費用分配合理性審查

檢查輔助生產費用開支是否真實、合法和符合開支標準。審查方法是檢查原始憑證，對照會計制度的規定，與有關定額或預算進行比較。

檢查輔助生產費用分配方法是否合理和一貫使用以及分配結果是否正確。

（四）完工產品與在產品費用劃分合理性審查

第一，在產品盤存數量和加工程度的審查。審查方法是通過審查領退料憑證、產品入庫單、廢品通知單和在產品臺帳等記錄，檢查期末在產品數量有無異常變動。如果有異常變動，就應通過盤點驗證在產品數量或通過加工程度鑒定確定在產品完工程度。

在產品計價的審查。檢查所使用的在產品計價方法是否合理，選定的計價方法是否一貫使用，有無任意估計在產品成以調節完工產品成本的問題。

三、銷售成本審計

（一）審查產品銷售成本的結轉是否符合配比原則

審查方法是檢查主營業務成本與主營業務收入明細帳中的產品品種、規格、數量等是否一致，成本結轉與相關收入的確認是否在同一會計期間。

(二)審查產品銷售成本的計算方法是否合理和一貫

審查時要注意被審計單位有無隨意改變銷售成本計算方法來調節當期損益的問題。

(三)審查關聯方銷售成本的結轉與非關聯方銷售成本的結轉是否一致

審查時要注意有無通過多轉關聯方銷售成本,以虛增帳面價值,虛增關聯方銷售收入和非關聯方銷售損益的問題。

【例 11-1】某企業甲產品明細帳顯示某年 12 月初結存 500 臺,每臺生產成本為 200 元,12 月份完工入庫 800 臺,每臺生產成本為 220 元,12 月份共發出銷售 950 臺,均採用托收承付結算方式結算,其中已辦妥托收手續的為 900 臺,並且不存在退貨期,也沒有保留與所有權相關的控制權,其餘 50 臺均未辦妥托收手續。審查甲產品銷售收入明細帳記錄,本月售出 950 臺,每臺售價為 300 元,共計 285,000 元;審查甲產品銷售成本明細帳記錄,本月結轉 900 臺的銷售成本,每臺 200 元,銷售總成本為 180,000 元。經審查,該企業產品銷售成本結轉一直使用一次加權平均法。

要求:分析上述業務處理中存在的問題及其動機

解析:該企業上述帳務處理中存在的問題主要如下:

(1)存在任意結轉銷售成本的問題。正確的已銷甲產品的單位銷售成本為 212.3 元,比該企業實際結轉的單位銷售成本 200 元高出 12.3 元。因此,該企業實際少結轉銷售成本為 12.3×900=11,070 元,虛增利潤 11,070 元。

(2)存在銷售收入與銷售成本不相配比的問題,多確認了 50 臺產品的銷售收入。共計多確認銷售收入 15,000 元(50×300)。

兩項共計多計銷售利潤 26,070 元(11,070+15,000)。因此,該企業這樣做的目的是為了虛增利潤。

第三節　存貨儲存審計

存貨儲存審計的目標如下:

第一,已記錄的存貨在資產負債表日是否都存在。

第二,資產負債表日存在的存貨是否都已列入存貨總額。

第三,列入資產負債表的存貨,企業是否都擁有其所有權,有無用作抵押的存貨。

第四,所有存貨的收發計價是否正確,期末跌價準備的計提是否充分。

第五,結帳日前後發生的存貨收入業務是否都計入了適當的報告期。

第六,存貨項目的有關加總計算和收發計價的計算是否準確。

第七,存貨與固定資產的分類是否正確。

第八,存貨的帳務處理和報表列示是否符合會計準則的規定,有關事項的披露是否充分。

一、存貨的分析性復核

(一) 比較分析法

第一，比較前後各期存貨余額及其構成，以確定存貨的總體合理性。

第二，比較前後各期存貨各組成部分余額的變動，以確定其總體合理性。

第三，比較存貨與供、產、銷的關係變動，以確定存貨的總體合理性和質量。

第四，將本期存貨處理損失額與存貨跌價準備期末余額進行比較，以判斷跌價準備計提的充分性。

第五，將與關聯方發生的存貨交易的頻率、規模、價格和帳款結算條件與非關聯方的存貨交易相比較，以判斷是否總體合理。

(二) 比率分析法

1. 存貨週轉率

存貨週轉率是用來衡量企業銷售能力和存貨是否積壓的指標。在利用存貨週轉率進行企業內部縱向比較或與其他同行企業橫向比較時，要求存貨計價持續一致。存貨週轉率的波動，可能意味著被審計單位存在以下情況：

(1) 被審計單位存在有意或無意地減少存貨儲備。

(2) 存貨管理或控制程序發生變化。

(3) 存貨成本項目或核算方法發生變化。

(4) 存貨跌價準備計提基礎或衝銷政策發生變化。

(5) 銷售額發生大幅度的增減變化。

2. 毛利率

毛利率是反應企業盈利能力的主要指標，在生產循環審計中，用以衡量成本控制及銷售價格的變化。毛利率的異常變動可能意味著被審計單位存在銷售、銷售產品總體結構、單位產品成本發生變動等情況。

二、存貨的監盤

年末存貨的結存數量直接影響到會計報表上的存貨金額的正確性。存貨的監盤是審計人員為確定年末存貨數量所進行的一項最重要的審計程序。存貨的監盤的具體步驟如下：

(一) 參與制訂存貨盤點前的計劃工作

存貨盤點不同於貨幣資產的突擊盤點，有效的存貨監盤工作必須建立在事前周密的計劃基礎上。審計人員應參與被審計單位存貨盤點的事前規劃，或向委託人索取存貨盤點計劃。具體來講，審計人員應考慮監盤時間、監盤樣本、項目選取等問題。一般監盤時間以會計期末以前為優，如果企業的盤點在會計期末以後的時間進行，那麼就必須編製從盤點日到期末的存貨余額調節表，但盡量使盤點時間靠近會計期末。在考慮選取大樣本量進行盤點時，應考慮有關實地盤點、永續盤點的可靠性，存貨的總

金額及種類。不同的重要存貨的存放位置及其數量以及以前年度發現的誤差性質及其內部控制等。至於樣本選取則應將重要項目或典型存貨項目作為對象,同時對可能過時或損壞的項目要仔細查詢,並與管理人員就疑慮問題交換意見和看法。

(二) 進行盤點準備工作

1. 確定盤點順序

被審計單位的財產物資品種繁多、存放地點分散,同步實施盤點既無可能也無必要,因此分次盤點幾乎是必然的,但分次盤點有先後之分,后盤點的地點等同於預告盤點。為防止被盤點單位弄虛作假,有必要對其實行封存。封存可以採取貼封條、上鎖、請人代為保管等方式。

2. 明確盤點重點

審計人員應瞭解有關財產物資的內部控制和管理制度,對各項制度的遵循情況進行評價,發現存在的薄弱環節,明確盤點的重點。

3. 做好盤點人員準備

盤點是整個企業的大事,各級領導、有關人員都要參加,通過召開盤點預備會議,將盤點計劃或指令明確到每一個參與人員。

4. 通知存貨保管部門

將有關物資盤點日的帳面數扎出,將已經發現的錯誤數剔除,並做好盤點的器具和表格文具的準備,對一些特殊物資的盤點還需要準備特殊的器具,如對貴重金屬的盤點需要準備的衡器等。

(三) 實施盤點

審計人員在監盤前,應親臨實地盤點現場,與盤點人員一起到崗,密切注意企業的盤點現場以及盤點人員的操作程序和盤點全過程。

審計人員進入現場後,應查看被審計部門和有關人員是否進入「狀態」,有關手續是否已辦理完畢。在監督盤點下,審計人員不能離開盤點現場,同時應把握盤點進度,對有關人員所實施的盤點清查要實行全過程監控,不能只看其結果而不觀察其過程。對一些重要的盤點環節還要細看,必要時要求其放慢速度或重複操作,演示其過程或者要求解釋盤點的結果,也可以對有關盤點結果進行復核和清點。要防止有關人員對審計人員玩弄「障眼法」,趁審計人員不注意時串換物資、搞「調包」。如發現此類情況,審計人員應提出嚴肅批評,嚴重時應改為審計人員實施直接盤點。在盤點過程中,要嚴格記錄程序,特別對盤點出現的結果要如實記錄在案,並執行有關手續,填寫有關的表格,寫明盤點的實際數額,並簽字為證。

(四) 進行抽點

盤點後,審計人員根據觀察的情況,在盤點標籤尚未取下之前,選擇部分存貨項目進行復盤抽點。抽點範圍取決於具體存貨項目的性質、控制狀況及特定的環境條件,抽點的樣本一般不得低於存貨總量的10%。審計人員抽點後,應將抽點結果與盤點標籤及盤點清點表上的記錄進行比較,在比較時不僅要核對數量,還應該核對存貨的編

號、品種、規格、型號及存貨的品質等。抽點在產品時，還應關注在產品完工程度是否適當。抽點中發現差異，除應督促企業更正外，還應擴大抽點範圍，如發現差錯過大，則應要求企業重新盤點。

抽點結束后應將全部盤點標籤或盤點清單按編號順序歸總，並據以登記盤點表。歸總時，審計人員應注意盤點標籤或盤點清單編號的連續性，以免有缺號、重號現象。所有存貨的盤點標籤、盤點清單均應由企業參與盤點人員和監盤的審計人員簽名，並複印兩份，企業與審計人員各留一份。同時審計人員還應向企業索取存貨盤點前的最后一張驗收報告單或入庫單、最后一張貨運文件或出庫單，以便審計時作截止測試之用。在觀察實地盤點和復盤抽點過程中，審計人員應注意檢查企業存貨的所有權，詢問或查驗存貨中有無代他人保存和來料加工的存貨；有無未進行帳務處理而置於（或寄存）他處的存貨，這些存貨是否正確列示於存貨盤點表中。同時，審計人員還應注意觀察存貨的殘次情況，確定其對損益的影響。對於企業存放或寄銷在外的存貨，也應納入盤點的範圍。但盤點的方法可以選擇，如委託當地會計師事務所負責監盤抽點或審計人員親自前往監盤。如存貨量不大，也可以向寄存寄銷單位函證或採用其他替代程序予以確認。

(五) 盤點工作總結

盤點工作結束后，應將盤點的結果與有關帳簿記錄進行核對，確定其是否帳實相符。帳實不符的原因有很多種，有屬於在物資收發過程中正常的、小額的短少，即正常的「盤盈」或「盤虧」。但超過正常的幅度和範圍，事情就不會那麼簡單，對此類帳實不符的情況，審計人員不能輕易下結論，要結合其他審計環節，進行進一步的調查研究。首先可以詢問被審計單位有關人員，讓其解釋帳實不符的原因並查找理由，如果能做出令人信服的說明，即可消除審計人員的疑慮，可不作進一步的追查；如果不能自圓其說，則應作跟蹤檢查，直至得到滿意的結論為止。

【例 11-2】註冊會計師王紅在觀察被審計單位存貨實地盤點時，注意到下列特殊的項目，請問王紅對這些項目應進一步實施哪些審計程序？

(1) 產成品儲藏室內有數臺電動馬達沒有懸掛盤點單。經查詢，這些馬達屬於客戶（被審計單位）的承銷品。

(2) 驗收部門有切片機一臺（為客戶主要產品之一），盤點單上標明「重做」字樣。

(3) 運輸部門有一臺已裝箱的切片機，沒有懸掛盤點單，據稱該機器已售給紅光公司。

(4) 小型倉庫內存有 5 種布滿灰塵的原材料，每種原材料均掛有盤點單，經王紅抽點與盤點單上的記錄相符。

解析：

(1) 承銷品的口頭憑證應通過下列步驟證實：審查承銷品記錄、寄銷合同和往來信函以及向寄銷人直接函證等。

(2) 從切片機的存放地點和盤點單上的「重做」字樣看，可能是退貨的貨物，應

審核驗收報告、銷貨退回和折讓通知單、應收帳款函證回函等，查明切片機的所有權。如果所有權仍屬顧客，則不應列入客戶的存貨中。

（3）查閱有關購銷協議、結算憑證，查證裝箱切片機的所有權，如果銷售尚未實現，應將切片機列入被審計單位的存貨之中。

（4）應向生產主管查詢這些原材料還能否用於生產，如果屬於毀損、報廢材料，則不應列入客戶的存貨。

三、存貨計價測試

存貨監盤只是對存貨的結存數量予以確認，為了驗證會計報表上存貨餘額的真實性，審計人員必須復核存貨計價的基礎和方法。同時還應關注企業存貨計價方法是否前後各期一致，如果不一致，應進一步審查存貨計價方法變更的性質和原因，分析變更對企業財務狀況和經營效果的影響。

（一）樣本的選擇

存貨計價審計的樣本應從存貨數量已經盤點、單價和總金額已經計入存貨匯總表的結存存貨中選擇。

選擇樣本的原則是選取的樣本應具有代表性，著重選擇結存餘額較大且價格變化比較頻繁的存貨項目。

抽樣方法是一般採用分層抽樣法，抽樣規模應足以推斷總體的情況。

（二）計價方法的確認

存貨的計價方法很多，企業可以結合國家法規要求選擇符合自身特點的方法。審計人員除應瞭解掌握企業的存貨計價方法外，還應對這種計價方法的合理性與一貫性予以關注，沒有足夠的理由，計價方法在同一會計年度內部不得變動。

（三）計價審計

進行計價審計時，審計人員應排除企業已有計算程序和結果的影響，進行獨立審計。首先應對存貨價格的組成內容予以審核，然後按照瞭解的計價方法對所選擇的存貨樣本進行計價審計。待審計結果出來後，應與企業帳面記錄進行對比，編製對比分析表，分析形成差異的原因，對於過大的差異，應擴大範圍繼續審計，並根據審計結果做出審計調整。

四、存貨截止測試

存貨截止測試，就是檢查截至12月31日，企業所購入並已包括在12月31日存貨點範圍內的存貨。存貨正確截止的關鍵在於存貨實物納入盤點範圍的時間與存貨引起的借貸雙方會計科目的入帳時間都處於同一會計期間。如果當年12月31日購入貨物，並已包括在當年12月31日的實物盤點範圍內，而購貨發票是次年1月2日才收到，並已記入次年1月份帳內，當年12月份帳上並無進貨和對應的負債記錄，這就少記了存貨和應付帳款；相反，如果在當年12月31日就收到一張購貨發票，並記入當年12月

份帳內，而這張發票所對應的存貨實物卻在次年 1 月 2 日才收到，未包括在當年年底的盤點範圍內，這樣就有可能虛減本年的利潤。按照存貨正確截止要求，若未將年終在途貨物列入當年存貨盤點範圍內，只要相應負債亦同時記入次年帳內，對會計報表影響就並不重要。存貨截止審計的主要方法是抽查存貨盤點日期前後的購貨發票與驗收報告（或入庫單）、檔案中的每張發票附有的驗收報告（或入庫單）。12 月底入帳的發票如果附有 12 月 1 日或之前的驗收報告（或入庫單），則貨物肯定已經入庫，並包括在本年的實地盤點存貨範圍內；如果驗收報告日期為次年 1 月份的日期，則貨物不會列入年底實地盤點存貨範圍內。反之，如果僅有驗收報告（或入庫單）而並無購貨發票，則應認真審核每一驗收報告單上面是否加蓋暫估入庫。

在存貨審計過程中，審計人員應當結合存貨項目的特點，分析在會計核算中易產生差錯的環節和科目及錯誤的類型，常見錯弊有帳戶運用不合理、存貨收入計價不準確、存貨發生計價不真實、帳務處理不規範、存貨盤存方法錯誤等。

五、幾種特殊情況的處理

（一）由於存貨的性質和位置而無法實施監盤程序的

由於存貨的性質和位置而無法實施監盤程序的，審計人員可考慮實施下列替代審計程序獲取有關期末存貨數量和狀況的充分、適當的審計證據：

（1）檢查進貨交易憑證或者生產記錄以及其他相關資料。
（2）檢查資產負債表日后發生的銷貨交易憑證。
（3）向顧客或供應商函證。

（二）由於不可預見的因素導致無法在預定日期實施存貨監盤或接受委託時被審計單位存貨盤點已經完成

審計人員應當評估存貨內部控制的有效性，對存貨進行適當抽查或提請被審計單位另擇日期重新盤點，同時測試該期間發生的存貨交易，以獲得有關期末存貨數量和狀況的充分與適當的審計證據。

（三）委託其他單位保管或以作出質押的存貨

對委託其他單位保管或以作出質押的存貨，審計人員應當向保管人或債權人函證。如果此類存貨的金額占流動資產或總資產的比例較大，審計人員還應當考慮實施存貨監盤或利用其他註冊會計師的工作。

（四）首次接受委託的情況

當首次接受委託未能對上期期末存貨實施監盤，並且該存貨對本期財務報表存在重大影響時，如果已獲取有關本期期末存貨餘額的充分、適當的審計證據，審計人員應當適時採用下列一項或多項審計程序，以獲取本期期初存貨餘額的充分、適當的審計證據：

（1）查閱前任註冊會計師工作底稿。
（2）複合傷其存貨盤點記錄及文件。

(3) 檢查上期存貨交易記錄。
(4) 運用毛利百分比法等進行分析。

第四節　其他相關帳戶審計

一、應付職工薪酬審計

職工薪酬是企業支付給員工的勞動報酬，包括各種工資、獎金、津貼等。職工薪酬計算的正確與否，直接影響到企業成本費用和利潤計算的正確性。應付職工薪酬的審計目標是確定應付職工薪酬計提和支付的記錄是否完整；計提依據是否合理；確定應付職工薪酬期末余額是否正確；確定應付職工薪酬的披露是否恰當。其實質性測試程序通常包括以下幾個方面：

(1) 獲取或編製應付職工薪酬明細表，復核加計是否正確，並與明細帳合計數、總帳數、會計報表數核對，檢查是否正確。

(2) 對本期工資費用發生情況進行分析性復核。

一是分析比較本年度內各月工資費用的發生額是否有異常波動，若有則要求被審計單位予以解釋。

二是分析比較本年度與上年度工資費用總額及余額情況，要求被審計單位解釋其增減變動原因，或取得被審計單位關於企業員工工資標準的決議或有關文件。

三是用被審計單位平均員工人數乘以其平均工資數，確定工資費用的總體合理性。

(3) 檢查職工薪酬的計提是否正確，分配方法是否與上期一致，並將應付職工薪酬計提數與相關的成本、費用項目核對一致。

(4) 核對應付職工薪酬的憑證和帳簿，檢查其計算和記錄的正確性，檢查工資發放中的大額和異常的記錄，若有則要求被審計單位予以解釋。

(5) 如果被審計單位實行工效掛勾的，應取得有關主管部門確認的效益工資發放的認定證明，並符合有關文件和實際完成的指標，檢查其計提額是否正確。

(6) 驗證應付職工薪酬的披露是否正確。

二、特殊存貨項目審計

(一) 委託加工物資審計

首先應獲取或編製委託加工物資明細表，復核加工正確，並與總帳數、明細帳合計數核對是否相符。檢查若干份委託加工業務合同，抽查有關發料憑證、加工費、運費結算憑證，核對其計費、計價是否正確，會計處理是否及時、正確。抽查加工完成物資的驗收入庫手續是否齊全，會計處理是否正確。對委託加工物資的期末余額，應現場查看或函詢核實。審核有無長期掛帳的委託加工物資事項，如有，查明原因，必要時進行調整。

(二) 委託代銷商品審計

首先應獲取或編製委託代銷商品明細表，復核加計正確，並與總帳數、明細帳合計數核對是否相符。在此基礎上實施以下程序：檢查若干份委託代銷業務合同，抽查有關發貨憑證，核對其會計處理是否及時、正確；檢查是否定期收到委託代銷商品銷售月結單（對帳單），抽查若干月的銷售月結單（對帳單），驗明會計處理是否及時、正確；對委託代理商品的期末餘額，應現場查驗或函詢核實；審核有無長期掛帳的委託代銷商品事項，查明原因，必要時進行調整。

(三) 受託代銷商品審計

首先應獲取或編製受託代銷商品明細表，復核加工正確，並與總帳數、明細帳合計數核對是否相符，同時與倉庫臺帳、卡片抽查一致。

然后實施以下程序：檢查若干份受託代銷業務合同，抽查有關收貨憑證，核對其會計處理是否及時、正確；檢查是否定期發出受託代銷商品銷售月結單（對帳單），抽查若干月的銷售月結單（對帳單），驗明會計處理是否及時、正確；對受託代銷商品的期末餘額，應現場查看其是否存在；審核有無長期掛帳的受託代銷商品事項，如有，查明原因，必要時進行調整。

(四) 分期收款發出商品審計

首先應獲取或編製分期收款發出商品明細表，復核加計正確，並與總帳數、明細帳合計數核對是否相符。

然后在此基礎上實施以下程序：檢查若干份分期收款業務協議、合同，抽查有關憑證，核對其會計處理是否及時、正確；結合庫存商品審計，抽查分期收款發出商品的入帳基礎，是否與庫存商品結轉額核對相符；檢查是否按合同約定時間分期收回貨款，並復核其轉銷成本是否與約定收到貨款比例配比，驗明會計處理是否及時、正確；對分期收款發出商品的期末餘額，必要時應函詢核實；審核有無長期掛帳的分期收款發出商品事項，如有，應查明原因，必要時進行調整。

【拓展閱讀】

某企業倉庫保管員負責登記存貨明細帳，以便對倉庫中的所有存貨項目的驗收以及發、存進行永續記錄。當收到驗收部門送交的存貨和驗收單后，根據驗收單登記存貨領料單。平時各車間或其他部門如果需要領取原材料，都可以填寫領料單，倉庫保管員根據領料單發出原材料。該企業輔助材料的用量很少，因此領取輔助材料時，沒有要求使用領料單。各車間經常有輔助材料剩餘（根據每天特定工作購買而未消耗掉，但其實還可再為其他工作所用的），這些材料由車間自行保管，無須通知倉庫。如果倉庫保管員有時間，偶爾也會對存貨進行實地盤點。

根據上述描述，回答以下問題：
第一，你認為上述描述的內部控制有什麼弱點？簡要說明該缺陷可能導致的錯弊。
第二，針對該企業存貨循環上的弱點，提出改進建設。

解析：第一，存在的弱點和可能導致弊端如下：

（1）存貨的保管和記帳職責未分離。可能導致存貨保管人員監守自盜，並通過篡改存貨明細帳來掩飾舞弊行為，存貨可能被高估。

（2）倉庫保管員收到存貨時不填製入庫通知單，而是以驗收單作為記帳依據。可能導致一旦存貨數量或質量上發生問題，無法明確是驗收部門還是倉庫保管人員的責任。

（3）領取原材料未進行審批控制。可能導致原材料的領用失控，造成原材料的浪費或被貪污以及生產成本的虛增。

（4）領取輔助材料時未使用領料單和進行審批控制、對剩餘的輔助材料缺乏控制。可能導致輔助材料的領用失控，造成輔助材料的浪費或被貪污，以及生產成本的虛增。

（5）未實行定期盤點制度。可能導致存貨出現帳實不符現象，並且不能及時發現，計價不準確。

第二，存貨循環內部控制的改進建議如下：

（1）建立永續盤存制，倉庫保管人員設置存貨臺帳，按存貨的名稱分別登記存貨收、發、存的數量；財務部門設置存貨明細帳，按存貨的名稱分別登記存貨收、發、存的數量、單價和金額。

（2）倉庫保管員在收到驗收部門送交的存貨和驗收單後，根據入庫情況填製入庫通知單，並據以登記存貨實物收、發、存臺帳。入庫通知單應事先連續編號，並由交接各方簽字後留存。

（3）對原材料和輔助材料等各種存貨的領用實行審批控制。各車間根據生產計劃編製領料單，經授權人員批准簽字，倉庫保管員經檢查手續齊備後，辦理領用。

（4）對剩餘的輔助材料實施假退庫控制。

（5）實行存貨的定期盤存制。

【思考與練習】

一、單項選擇題

1. 對於下列存貨認定，通過向生產和銷售人員詢問是否存在過時或週轉緩慢的存貨，A註冊會計師認為最可能證實的是（　　）。

    A. 計價和分攤　　　　　　　　B. 權利和義務
    C. 存在　　　　　　　　　　　D. 完整性

2. 在對存貨實施抽查程序時，以下做法中，註冊會計師應該選擇的是（　　）。

    A. 盡量將難以盤點或隱蔽性較大的存貨納入抽查範圍
    B. 事先就擬抽取測試的存貨項目與乙公司溝通，以提高存貨監盤的效率
    C. 從存貨盤點記錄中選取項目追查至存貨實物，以測試盤點記錄的完整性
    D. 如果盤點記錄與存貨實物存在差異，要求乙公司更正盤點記錄

3. 以下有關期末存貨的監盤程序中，與測試存貨盤點記錄的完整性不相關的是

（　　）。

  A. 從存貨盤點記錄中選取項目追查至存貨實物

  B. 從存貨實物中選取項目追查至存貨盤點記錄

  C. 在存貨盤點過程中關注存貨的移動情況

  D. 在存貨盤點結束前，再次觀察盤點現場

4. 下列屬於被審計單位健全有效的存貨內部控制需要由獨立的採購部門負責的是（　　）。

  A. 編製購貨訂單　　　　　　B. 編製請購單

  C. 檢驗購入貨物的數量、質量　　D. 控制存貨水平以免出現積壓

5. 如果註冊會計師瞭解到被審計單位會計人員經常發生變動，針對這種情況，以下說法中錯誤的是（　　）。

  A. 這可能導致在各個會計期間將費用分配至產品成本的方法出現不一致

  B. 可能引發存貨交易和餘額的重大錯報風險

  C. 可能導致存貨項目的可變現淨值難以確定

  D. 增加了錯誤的風險

6. A 註冊會計師接受委託審計甲公司 2015 年財務報表，在對生產與存貨循環的審計過程中，A 註冊會計師想要證實存貨的成本以正確的金額在恰當的會計期間及時記錄於適當的帳戶，此時不可以實施的實質性程序是（　　）。

  A. 對成本實施分析程序

  B. 對重大在產品項目進行計價測試

  C. 檢查成本核算流程和帳務處理流程是否按照規定相應授權審批

  D. 抽查成本計算單，檢查各種費用的歸集和分配以及成本的計算是否正確

7. 註冊會計師觀察被審計單位存貨盤點的主要目的是為了（　　）。

  A. 查明客戶是否漏盤某些重要的存貨項目

  B. 鑒定存貨的質量

  C. 瞭解盤點指示是否得到貫徹執行

  D. 獲得存貨期末是否實際存在以及其狀況的證據

8. A 註冊會計師在設計與存貨項目相關的審計程序時，確定了以下審計策略。其中，不正確的是（　　）。

  A. 對單位價值較高的存貨，以實施實質性程序為主

  B. 對由少數項目構成的存貨，以實施實質性程序為主

  C. 對單位價值較高的存貨，以實施控制測試為主

  D. 實施實質性程序時，抽查存貨的範圍取決於存貨的性質和樣本選擇方法

9. 有關存貨審計的下列表述中，正確的是（　　）。

  A. 對存貨進行監盤是證實存貨「完整性」和「權利和義務」認定的重要程序

  B. 對難以盤點的存貨，應根據企業存貨收發制度確認存貨數量

  C. 存貨計價審計的樣本應著重選擇餘額較小且價格變動不大的存貨項目

  D. 存貨截止測試的一個主要方法是抽查存貨盤點日前後的購貨發票與驗收報

告（或入庫單），確定每張發票均附有驗收報告（或入庫單）

10. 在對存貨進行計價測試時，首先要求註冊會計師掌握企業所使用的存貨計價方法，這是因為在存貨計價測試中，要求註冊會計師首先（　　）。

A. 關注企業存貨計價方法的合理性與一貫性

B. 按照企業計價方法對存貨進行計價測試

C. 排除企業已有計價方法的影響，進行獨立測試

D. 分析企業存貨計價中所出現的問題的原因

二、多項選擇題

1. 按不相容職務分離的基本要求，擔任被審計單位存貨保管職務的人員不得再兼任的職務有（　　）。

A. 存貨的採購　　　　　　B. 存貨的清查

C. 存貨的驗收　　　　　　D. 存貨處置的申請

2. A 會計師事務所接受甲公司（大型製造類公司）2015 年財務報表審計業務，「影響生產與存貨交易和餘額的重大錯報風險」可能包括（　　）。

A. 交易的數量龐大、業務複雜，這就增加了錯誤和舞弊的風險

B. 可能存在產品的多元化

C. 某些存貨項目的可變現淨值可能難以確定

D. 大型企業可能將存貨存放在很多地點，並且可以在不同的地點之間配送存貨，這將增加商品途中毀損或遺失的風險

3. 在成本會計的內部控制目標中，包括「生產業務應根據管理當局的一般或特殊授權進行」這一目標。為核實這一目標是否達到，註冊會計師在進行控制測試中應檢查（　　）。

A. 生產指令上授權批准的標誌　　B. 領料單上授權批准的標誌

C. 工資單上授權批准的標誌　　　D. 生產通知單是否連續編號

4. 如果註冊會計師採用以控制測試為主的方式進行存貨監盤，並準備信賴被審計單位存貨盤點的控制措施與程序，則其實施的絕大部分審計程序將限於（　　）。

A. 詢問　　　　　　　　　　B. 重新執行

C. 觀察　　　　　　　　　　D. 抽查

5. 註冊會計師在確定被審計單位寄銷在外地的存貨是否存在時，採取的下列方法中恰當的有（　　）。

A. 向寄銷單位發詢證函

B. 審查有關原始單證、帳簿記錄

C. 親自前往存放地觀察盤點

D. 委託存放當地的會計師事務所負責監盤

6. 由於存貨的性質或位置而無法實施監盤程序，註冊會計師對存貨監盤實施的替代審計程序主要包括（　　）。

A. 檢查進貨交易憑證或生產記錄以及其他相關資料

B. 檢查資產負債表日後發生的銷貨交易憑證
C. 向顧客或供應商函證
D. 對存貨進行截止測試

7. 存貨監盤計劃的主要內容包括（　　）。
A. 存貨監盤的目標、範圍及時間安排
B. 抽查的範圍
C. 參加存貨監盤人員的分工
D. 存貨監盤的要點及關注事項

8. 乙註冊會計師測試 XYZ 股份有限公司存貨計價時，應從存貨數量已經盤點、單價和總金額已經記入存貨匯總表的結存存貨中選擇，並考慮著重選擇的樣本為（　　）。
A. 結存餘額較大的項目　　　B. 價格變動較頻繁的項目
C. 結存餘額為零的項目　　　D. 具有代表性的項目

三、判斷題

1. 儘管實施存貨監盤，獲取有關期末存貨數量和狀況的充分、適當的審計證據是審計人員的責任，但這並不能取代被審計單位管理層定期盤點存貨，合理確定存貨的數量和狀況的責任。（　　）

2. 存貨監盤針對的是主要是存貨的存在認定、完整性認定以及權利和義務的認定。存貨監盤作為存貨審計的一項核心審計程序，通常可同時實現上述多項審計目標。（　　）

3. 存貨監盤只能對期末結存數量和狀況予以確認，為了驗證財務報表上存貨餘額的真實性，還必須對存貨的計價進行審計。（　　）

4. 存貨截止測試時，要關注所有在截止日期以前入庫的存貨項目是否均已包括在盤點範圍內，並已反應在截止日以前的會計記錄中。（　　）

5. 註冊會計師要事先通知被審計單位討論存貨抽點的範圍，有利於抽盤的順利進行。（　　）

6. 計價審計的樣本，應從存貨數量已經盤點、單價和總金額已經計入存貨匯總表的結存存貨中選擇。（　　）

四、簡答題

1. 某市審計局對某工廠 2015 年 12 月 31 日的期終會計資料進行審計時，發現接近結帳日所發生的業務事項如下：

（1）2016 年 1 月 2 日收到價值為 20,000 元的貨物，收到發票和登帳日期為 1 月 4 日，發票上註明由供貨商負責送，目的的交貨，開票日期為 2015 年 12 月 26 日。

（2）當實地盤點時，本工廠 1 包價值 8,000 元的產品已放在裝運處，因包裝紙上註明「有待運發」字樣而未計入存貨內，經調查發現，顧客的訂貨單日期為 2015 年 12 月 20 日，顧客於 2016 年 1 月 4 日收到貨物才付款。

（3）2016 年 1 月 6 日收到價值為 700 元的物品，並於當天登記入帳，該物品於 2015 年 12 月 28 日按供貨商離廠交貨條件運送，因 2015 年 12 月 31 日尚未收到，故未計入結帳日存貨。

（4）按顧客特殊訂單製作的某產品，於 2015 年 12 月 31 日完工並送裝運部門，顧客已於該日付款。該產品於 2016 年 1 月 5 日送出，但未包括在 2015 年 12 月 31 的存貨內。

要求：你認為上述 4 種情況中的物品是否應包括在 2015 年 12 月 31 日的存貨內，並說明理由。

2. 某企業發出材料按每月一次加權平均法計價，審計人員審查該企業上年 12 月甲材料的明細帳時發現：月初結存 500 噸，單價為 120 元，12 月份只購進 500 噸甲材料，單價為 130 元。該月份發出 450 噸甲材料，單價為 130 元，全部計入「生產成本」帳戶。經查該批材料為本企業在建工程領用，該工程目前尚未完工。

要求：

（1）指出材料發出中存在的問題；

（2）分析企業這樣做的目的；

（3）編製調整分錄。

3. 審計人員審查某企業材料採購業務時，發現本年內一筆業務的處理如下：從外地購進原材料一批，共 8,500 千克，共計價款 293,250 元，運雜費 1,500 元。財會部門將原材料價款計入原材料成本，運雜費計入管理費用。材料入庫后，倉庫轉來材料入庫驗收單，發現材料短缺 80 千克，查明 60 千克是運輸部門責任引起的短缺，20 千克是運輸途中的合理損耗，材料買價為每千克 34.5 元。

要求：

（1）根據上述資料，指出企業在材料採購管理工作中存在的問題。

（2）指出是否要求企業編製調整分錄？如不需要，為什麼？如需要，應如何調整？

第十二章　籌資與投資循環審計

【引導案例】

一、背景介紹

(一) 審計人

北方會計師事務所派出了以趙新為組長和以李欣、張紅、劉麗為組員的項目組。

(二) 被審計人

東方股份有限公司。該公司屬紡織工業化學纖維行業，其主營業務範圍是聚酯切片及化纖、紡織原料及成品的生產及銷售等。

(三) 審計時間和內容

項目組於 2016 年 2 月 12 至 3 月 8 日對該公司 2015 年度的會計報表進行了審計 (本案例主要反應權益融資的審計過程及相關問題)。

二、審計過程

第一，通過瞭解、調查、描述、測試和評價對被審計單位進行了控制測試。

第二，審閱了「實收資本」帳戶，審查了無形資產投資占企業註冊資金比例，審查了受捐贈財產的帳務處理情況，審查了盈余公積形成問題。

第三，本案例需要關注的問題如下：

(一) 關於接受資產捐贈的審計

1. 企業會計制度規定

企業接受捐贈的現金資產和非現金資產，都應記入資本公積；外商投資企業接受捐贈的現金，應按接受捐贈的現金與現行所得稅率計算應交的所得稅。

2. 本案例的情況

本案例反應了東方股份有限公司將接受捐贈的現金錯誤地列入「營業外收入」帳戶內，從而虛增了當期損益，減少了所有者權益。

經審查，2015 年 10 月 20 日的第 60 號憑證分錄如下：

借：銀行存款　　　　　　　　　　　　　　　　　　　　　　5,000

　　貸：營業外收入　　　　　　　　　　　　　　　　　　　　5,000

其摘要為接受捐贈 5,000 元。所附原始憑證，一是捐贈協議，二是銀行存款回執，證明確為捐贈。會計人員把應作為資本公積的捐贈未列入「資本公積」帳戶，使利潤虛增。東方股份有限公司應進行如下調整：

借：營業外收入　　　　　　　　　　　　　　　　　　　　　5,000

　　貸：資本公積　　　　　　　　　　　　　　　　　　　　　5,000

(二) 關於盈余公積形成的審計

盈余公積是企業從淨利潤中提取形成的。

本案例中，李欣審閱東方股份有限公司「盈余公積」總帳下「一般盈余公積」明細帳時，發現貸方一處記錄摘要內容為「收到股利收入」，金額為 200,000 元，調閱了該筆記帳憑證，記帳憑證顯示的會計分錄為：

借：銀行存款　　　　　　　　　　　　　　　　　200,000
　　貸：盈余公積　　　　　　　　　　　　　　　　　200,000

所附原始憑證為銀行通知單，顯示對方付款理由為「年底分派股息」。再查閱該公司「對外投資」帳戶，確有對外長期股權投資。據此，李欣認為東方股份有限公司把本應作為投資收益的股利收入錯入了盈余公積帳。后查明，該公司為了少納所得稅，故意隱瞞收入。

三、分析總結

權益融資與負債融資在融資途徑和過程上有其不同點，表現在會計錯誤和舞弊的形式及其審查方法方面，也有其不同點。

權益融資中容易發生未遵守資本保全原則、無形資產投資超過企業註冊資金規定的比例、多列或少列資本公積或盈余公積等會計錯弊形式。審計人員應通過審閱合約，核對有關所有者權益方面的帳戶和憑證來驗證問題。

第一節　籌資與投資循環及其內部控制測試

籌資活動是指企業為滿足生存和發展的需要，通過改變企業資本及債務規模和構成而籌集資金的活動。籌資活動主要由借款交易和股東權益交易組成。

投資活動是指企業為通過分配來增加財富，或為謀求其他利益，將資產讓渡給其他單位而獲得另一項資產的活動。投資活動主要由權益性投資交易和債權性投資交易組成。

一、籌資與投資循環所涉及的主要業務

(一) 籌資的主要業務活動

1. 授權審批

企業通過借款籌集資金需要經過管理當局的審批，企業發行股票還必須依據國家有關法規或企業章程的規定，報經企業最高權力機構及國家有關管理部門審批和核准。

2. 簽訂合同或協議

向金融機構融資需簽訂借款合同，發行債券需簽訂債券契約和債券承銷合同。

3. 取得資金

企業實際取得銀行或金融機構劃入的款項或債券、股票的融入資金。

4. 計算利息或股利

企業應按有關合同或協議的規定，及時計算利息或股利。

5. 償還本息或發放股利

銀行借款或發行債券應按有關合同或協議的規定償還本息，融入的股本根據股東大會的決定發放股利。

(二) 投資的主要業務活動

1. 授權審批

投資業務應由企業的高層管理機構進行審批。

2. 取得證券或其他投資

企業可以通過購買股票或債券進行投資，也可以通過與其他單位聯合形成投資。

3. 取得投資收益

企業可以取得股權投資的股利收入、債券投資的利息收入和其他投資收益。

4. 轉讓證券或收回其他投資

企業可以通過轉讓證券實現投資的收回。其他投資已經投出，除聯營合同期滿，或由於其他特殊原因聯營企業解散外，一般不得抽回投資。

二、籌資和投資循環的主要憑證和會計記錄

(一) 籌資活動的憑證和會計記錄

　　(1) 債券或股票。
　　(2) 發行債券公告。
　　(3) 股東名冊。
　　(4) 公司債券存根簿。
　　(5) 承銷或包銷協議。
　　(6) 借款合同或協議。
　　(7) 有關記帳憑證。
　　(8) 有關會計科目的明細帳和總帳。

(二) 投資活動的憑證和會計記錄

　　(1) 股票或債券。
　　(2) 經紀人通知書。
　　(3) 債券契約。
　　(4) 企業的章程及有關協議。
　　(5) 投資協議。
　　(6) 有關記帳憑證。
　　(7) 有關會計科目的明細帳和總帳。

三、籌資與投資循環內部控制及其測試

　　(1) 籌資活動的控制目標、內部控制和測試如表 12-1 所示：

表 12-1　　　　　　籌資活動的控制目標、內部控制和測試一覽表

內部控制目標	關鍵內部控制	常用控制測試
存在與發生（借款和所有者權益帳面余額在資產負債表日確實存在，借款利息費用和已支付的股利是由被審計期間實際發生的交易事項引起的）	借款或發行股票經過授權審批簽訂借款合同或協議、債券契約、承銷或包銷協議等相關法律性文件	索取借款或發行股票的授權批准文件，檢查權限是否恰當，手續是否齊全 索取借款合同和協議、債券契約、承銷或包銷協議
完整性（借款和所有者權益的增減變動及其利息和股利已登記入帳）	籌資業務的會計記錄與授權和執行等方面明確職責分工 借款合同或協議由專人保管，如保存債券持有人的明細資料，應同總分類帳核對相符，如由外部機構保存，需定期同外部機構核對	觀察並描述籌資業務的職責分工。 瞭解債券持有人明細資料的保管制度，檢查被審計單位是否與總帳或外部機構核對
估價與分攤（借款和所有者權益的期末餘額正確）	建立嚴格完善的帳簿體系和記錄制度 核算方法符合會計準則和會計制度的規定	抽查籌資業務的會計記錄，從明細帳抽取部分會計記錄，按原始憑證到明細帳、總帳的順序核對有關數據和情況，判斷會計處理過程是否合規完整
表達與披露（借款和所有者權益在資產負債表上的披露正確）	籌資業務明細帳與總帳的登記職務分離 籌資披露符合會計準則和會計制度的要求	觀察職務是否分離

投資活動的控制目標、內部控制和測試如表 12-2 所示：

表 12-2　　　　　　投資活動的控制目標、內部控制和測試一覽表

內部控制目標	關鍵內部控制	常用內部控制
存在與發生（投資帳面余額為資產負債表日確實存在的投資，投資收益是由被審計期間實際發生的投資交易事項引起的）	投資業務經過授權審批 與被投資單位簽訂合同、協議，並獲取被投資單位出具的投資證明	索取投資的授權批准文件，檢查權限是否恰當，手續是否齊全 索取投資合同或協議，檢查是否合理有效 索取被投資單位的投資證明，檢查其是否合理有效
完整性（投資增減變動及其收益均已登記入帳）	投資業務的會計記錄與授權、執行和保管等方面明確職責分工 健全證券投資資產的保管制度，或者委託專門機構保管，或者由內部建立至少兩名以上的聯合控制制度，證券的存取均須詳細記錄和簽名	觀察並描述投資業務的職責分工 瞭解證券資產的保管制度，檢查被審計單位自行保管時，存取證券是否進行詳細的記錄並由所有經手人員簽字

表12-2(續)

內部控制目標	關鍵內部控制	常用內部控制
權利與義務（投資均為被審計單位所有）	內部審計人員或其他不參與投資業務的人員定期盤點證券投資資產，檢查是否為企業實際擁有	瞭解企業是否定期進行證券投資資產的盤點 審閱盤核報告，檢查盤點方法是否恰當、盤點結果與會計記錄核對情況以及出現差異的處理是否合規
估價與分攤（投資的計價方法正確，期末餘額正確）	建立詳盡的會計核算制度，按每一種證券分別設立明細帳，詳細記錄相關資料 核算方法符合會計準則和會計制度的規定 期末進行成本與市價或可收回金額孰低比較，並正確記錄投資跌價準備	抽查投資業務的會計記錄，從明細帳抽取部分會計記錄，按原始憑證到明細帳、總帳的順序核對有關數據和情況，判斷其會計處理過程是否合規完整
表達與披露（投資在資產負債表上的披露正確）	投資明細帳與總帳的登記職務分離 投資披露符合會計準則和會計制度的要求	觀察職務是否分離

第二節　負債審計

一、負債審計目標

（一）借款審計目標

（1）特定期間借款業務是否均已記錄完整。
（2）所記錄的借款在特定期間是否確實存在，是否為被審計單位所承擔。
（3）所有借款的會計處理是否正確。
（4）各項借款的發生是否符合有關法律的規定，被審計單位是否遵循了有關債務契約的規定。
（5）餘額在有關會計報表上的反應是否恰當。

（二）財務費用審計目標

（1）確定財務費用的記錄是否完整。
（2）確定財務費用的計算是否正確。
（3）確定財務費用的披露是否恰當。

二、短期借款審計

（一）獲取或編製銀行借款明細表

獨立審計人員應該從被審計單位或者自行編製銀行借款明細表，列明短期借款和

長期借款詳細信息，復核加計數是否正確，並與總帳和明細帳核對相符。

（二）函證短期借款

獨立審計人員應在期末視短期借款餘額較大或認為重要的短期借款向銀行或其他債權人函證。這種函證可以結合銀行存款餘額的函證同時進行。

（三）檢查短期借款的增加和減少數

對年度內增加的短期借款，獨立審計人員應檢查借款合同和授權批准，瞭解借款數額、借款條件、借款日期、還款期限、借款利率，並與相關會計記錄相核對。對年度內減少的短期借款，獨立審計人員應檢查相關記錄和原始憑證，核實還款數額。

（四）檢查有無到期未償還的短期借款

獨立審計人員應檢查相關記錄和原始憑證，檢查被審計單位有無到期未償還的短期借款。如有，應當查明是否已向銀行提出申請並經同意後辦理延期手續。

（五）復核短期借款利息

獨立審計人員應根據短期借款的利率和期限，復核被審計單位短期借款利息計算是否正確，有無多算和少算利息的情況，如有未計利息和多記利息，應編製會計分錄，必要時進行調整。

（六）檢查短期借款在資產負債表上的披露

企業的短期借款在資產負債表上通常設「短期借款」項目單獨列示，對於因抵押而取得的短期借款項目，應在資產負債表附註中揭示。

三、長期借款審計

第一，取得或編製長期借款明細表，並與長期借款帳戶明細帳和總帳核對。

第二，函證銀行或其他債權人，以核實長期借款的實有額。對於大額的長期借款應要求對方說明有無其他修改條款、協議及擔保條件等，以確定餘額的真實情況。對於非記帳本位幣的長期借款應復核其外幣核算方法是否正確，審查年末外幣債務估價方法及匯兌損益的處理是否正確。

第三，審查長期借款業務是否合法。審計人員通過審閱借款的有關帳目、合同、可行性研究報告，以及有關部門審批或授權的文件等資料，確定被審計單位借款是否必要、理由是否正當、手續是否齊全。還要審查企業是否履行了借款合約中規定的條款。如果是抵押借款，應審查抵押資產是否歸屬企業，其價值和其他情況是否與抵押文件中的說明一致，有無限制其用途；如果以某項收入作擔保，應審查該項收入是否有保障。

第四，審查年度內發生變動的長期借款。增加的長期借款，應檢查借款合同和有關部門批准文件，並就借款金額、條件、日期、期限、利率等要素與有關會計記錄核對；減少的長期借款，應根據長期借款合同及有關憑證、帳簿，審查其償還情況，被審計單位是否按照合同規定的期限和金額償還本息，其帳務處理是否正確。有無到期

未償還的借款，若到期未還，是否已辦理了逾期手續。同時，應審查借款的使用是否符合規定。

第五，審查被審計單位是否存在未入帳的長期借款。

一是審查長期借款利息計算清單，檢查實際利息支出是否超過按帳面長期借款計算的利息支出。

二是與銀行對帳單核對，檢查會計記錄中借方發生額有無來源不清而可能是長期借款的大筆資金項目；檢查貸方發生額有無屬於支付未入帳的長期借款利息的項目。

三是審查有無資產大量增加而銀行存款、應付帳款或其他負債帳戶沒有記錄反應的現象。

第六，審查長期借款是否存在用資產抵押、收入擔保或其他抵押擔保的情況。

第七，審查長期借款在會計報表上列示是否適當。審查1年內到期的長期借款是否已轉到流動負債下「一年內到期的長期負債」項目中單獨列示。若是抵押借款，應按第一抵押、第二抵押在報表附註上充分披露，以資產為抵押擔保的，應反應有關資產項目。借款合同規定的各種限制也應在附註中加以說明。

【例 12-1】獨立審計師在審計某上市公司 2015 年度財務報表時，長期借款項目披露如表 12-3 所示：

表 12-3　　　　　　　　　　　　長期借款表

貸款單位	金額（萬元）	借款期限	年利率（%）	借款條件
工行營業部	1,000	2013年7月—2017年7月	8.7	擔保借款
農行營業部	14,000	2014年3月—2016年3月	7.5	廠房抵押借款
交行營業部	500	2013年2月—2015年2月	7.2	信用借款
合計	15,500			

2015 年年末長期借款余額為 15,500 萬元。

獨立審計師在審計時實施的主要審計程序和審計處理如下：

(1) 索取所有借款合同的複印件，對合同所載明的借款單位、借款金額、借款利率、借款期限、借入日期以及借款條件，分別進行審閱后計入審計工作底稿。

(2) 對長期借款項目所計入的利息按照合同規定的利率和實際借入的日期、天數，計算確認其正確性。

(3) 檢查一年內到期的長期借款是否已轉列為流動負債，確認公司向農行營業部的借款 14,000 萬元已經轉列為「一年內到期的長期負債」。

(4) 審查長期借款抵押資產所有權是否屬於本公司，其價值和現實狀況是否與抵押借款合同中規定一致。農行營業部抵押廠房借款金額巨大，超過了廠房的 40%，該公司應該履行公開披露的義務。

四、應付債券審計

第一，取得或編製應付債券明細表。審計人員應索取或編製應付債券明細表並與

明細帳及備查簿核對相符。必要時，詢證債權人及債券的承銷人或包銷人，以驗證應付債券期餘額的正確性。

第二，審查企業債券業務是否真實與合法。著重審查企業發行債券有無經過有關部門的批准，發行債券所形成的負債是否及時記錄等。

第三，審查企業債券是否按期計提利息，溢價或折價是否在債券存續期間分期攤銷。

第四，審查企業在發行債券時，是否將待發行債券的票面金額、債券票面利率、還本期限與方式、發行總額、發行日期和編號、委託代售部門、轉換股份等情況在備查簿中進行登記。

第五，審查到期債券的償還。審計人員應檢查相關會計記錄，檢查其會計處理是否正確。對可轉換公司債券持有人將持有的債券轉換為股票，則應檢查其轉股的會計處理是否正確。

第六，審查應付債券在會計報表中的披露是否充分。應付債券在資產負債表中列示於長期負債類下，該項目根據「應付債券」帳戶期末餘額扣除將於1年內到期的應付債券后的數額填列，該扣除數應當填列在流動負債類下的「一年內到期的長期負債」項目單獨反應。審計人員還應審查有關應付債券的類別是否已在會計報表註釋中作了充分的說明。

【例12-2】獨立審計人員在審計某上市公司時發現：該公司2016年1月1日為籌建生產線（基建期3年）而發行4年期面值1,000萬元的債券，票面利息率為10%，該公司按照1,080萬元的價格出售。2016年年底會計分錄為：

借：財務費用　　　　　　　　　　　　　　　　　　　800,000
　　應付債券——利息調整　　　　　　　　　　　　　　200,000
　貸：應付債券——應計利息　　　　　　　　　　　　　1,000,000

根據企業會計制度的規定，為籌建固定資產期間發生的利息費用計入固定資產成本，提請調整分錄如下：

借：在建工程　　　　　　　　　　　　　　　　　　　800,000
　貸：財務費用　　　　　　　　　　　　　　　　　　　800,000

五、財務費用審計

第一，獲取或者編製財務費用明細表，重新計算加計數是否正確，與報表數、總帳數及明細帳合計數是否相符。

第二，審查財務費用列支的合法性。審計人員應通過審閱「財務費用」對照有關會計憑證記錄，檢查財務費用的列入是否屬於財務費用的性質，有無將其他費用或支出列入財務費用之內。

第三，根據借款合同、利息計算清單、銀行對帳單據，審查有關借款費用的計算是否準確。檢查手續費等計算是否按照規定的方法進行，有無計算錯誤或舞弊的問題。

第四，審查企業發生的利息收入和匯兌收益是否按照規定沖減了財務費用，有無將其列作收入或掛在結算帳戶甚至不入帳的問題。

第五，審查借款費用處理是否正確。著重審查長期借款利息的計算是否正確，應予資本化的借款費用是否進行了資本化，不應資本化的借款費用，是否正確地將其記入有關期間費用帳戶。對此，審計人員應審閱、核對「長期借款」「固定資產」「在建工程」「財務費用」等帳戶和相應的會計憑證等會計資料，以查明問題。此外，審計人員還要注意審查企業與債權人進行債務重組時，其有關帳務處理是否正確。

第六，審查財務費用的會計報表披露是否充分。

第三節　所有者權益審計

一、所有者權益審計目標

所有者權益一般包括股本（實收資本）、資本公積、盈余公積和未分配利潤項目，其審計目標一般為：

第一，確定投入資本、資本公積的形成、增減及其他有關經濟業務會計記錄的合法性與真實性，為投資者及其他有關方面研究企業的財務結構、進行投資決策提供依據。

第二，確定盈余公積和未分配利潤的形成和增減變動的合法性、真實性，為投資者及其他有關方面瞭解企業的增值、累積情況等提供資料。

第三，確定所有者權益在會計報表上的反應是否恰當。

二、股本（實收資本）審計

實收資本關係企業以後的經營與發展以及投資各方在企業中承擔的經濟責任和享受的經濟利益，因此在所有者權益審計中應作為審計重點。「實收資本」核算企業按照企業章程的規定，投資者投入企業的資本。股份有限公司的投資者投入的資本，用「股本」核算。審計人員對於實收資本或股本的實質性測試應採取以下主要審計程序和方法：

(一) 獲取或編製實收資本明細表

審計人員應編製或取得實收資本明細表，該明細表應包括各個股東實收資本金額、形成日期及原因等。檢查實收資本增減變動的內容及依據，查閱相關會計記錄和原始憑證，將實收資本明細帳與相應的原始憑證核對，查明其是否相符。

(二) 審查實收資本形成的真實性與合法性

1. 審查投入資本是否真實存在

審計人員應通過對有關銀行存款、固定資產、無形資產、存貨的憑證、帳簿記錄的審閱核對，詢證投資者實交資本額，核實有關財產和物資的實際價值，以驗證投資者投入的資本是否已確實收到、是否確屬投資者所有的財產、股份制企業發行的股票數量是否真實、股款或財產是否確實收到等。這包括審查已行股票登記簿、募股清單、

銀行對帳單等表明股票發行情況的原始憑證，還包括審查銀行存款日記帳與總帳、股本明細帳與總帳等帳簿。

2. 審查出資期限、出資方式與出資限額

審計人員應通過審查收到出資者出資款的原始憑證和帳簿記錄，並對照企業合同、章程，確定各筆出資是否如期繳入；還應當審查企業合同、章程規定的出資期限是否符合國家法律、制度的相關要求。國家對投入資本的方式有相應規定，如以無形資產作為投入資本的，不得超過註冊資本的20%，特殊情況需要超過20%的，應經工商行政管理機關批准，並且最高不得超過30%；不得以已設立有擔保物權及租賃的資產作為投入資本；等等。審計人員應當根據有關法律、制度規定，審查出資者出資方式是否合法合規，有無違反規定自行其是的情況。在企業的合同、章程中，明確規定各出資者具體出資額。審計人員應當首先審查企業合同、章程規定的企業投入資本總額是否符合國家法規的相關規定，其次還應當審查各出資者是否按約繳足了其認繳的出資額。

(三) 審查實收資本變動的真實性和合法性

1. 審查實收資本增加的真實性和合法性

審計人員應通過審閱「實收資本」帳戶，審查有關文件和記錄，分析被審計單位的有關財務狀況和會計記錄，驗證其資本增加是否合法與真實。對於資本公積轉增資本、盈余公積轉增資本應結合資本公積審計、盈余公積審計進行。

2. 審查投入資本轉讓和減少的真實性與合法性

審計人員通過審閱「實收資本」帳戶發現有轉讓或減少記錄后，應進一步審查有關會計及其他記錄，詢證有關投資者，驗證其是否真實與合法，注意投入企業的資本是否得到保全、有無非法抽回投資。

(四) 審核實收資本報表披露的正確性

審計人員應審查被審計單位實收資本項目報表填列是否完整、應當說明的事項是否做了充分的說明、報表披露與帳簿記錄是否一致。對於「股本」帳戶，是否在報表附註中說明了股本的種類、各類股本的金額及股票發行的數額、每股股票的面值、本期間增發的股票等；對於「實收資本」帳戶，是否在報表附註中說明出資者的變更、註冊資本的增減、各出資者出資額的變動等。

【例12-3】審計人員審計某公司實收資本時發現，該公司接受其他單位轉入固定資產一項，其投資單位的帳面價值為18萬元，已提折舊5萬元。雙方協商確認其價值為14萬元，以此作為投資的價值。該公司編製的會計分錄為：

借：固定資產　　　　　　　　　　　　　　　　　180,000
　　資本公積———資本溢價　　　　　　　　　　 10,000
　貸：累計折舊　　　　　　　　　　　　　　　　　50,000
　　　實收資本　　　　　　　　　　　　　　　　 140,000

要求：指出存在的問題，並加以改正。

解析：該公司接受其他單位投資轉入的固定資產，應按雙方協商確認的價值計價，

該公司仍按原帳面淨值入帳，不符合會計制度規定。正確的記錄應為：

借：固定資產　　　　　　　　　　　　　　　　　　　　140,000
　貸：實收資本　　　　　　　　　　　　　　　　　　　140,000

二、資本公積審計

資本公積是企業由於投入資本業務等非正常經營因素而形成的不能計入實收資本或股本的所有者權益，對其可視為一種準資本。資本公積的實質性測試程序主要包括以下內容：

(一) 獲取或編製資本公積明細表

審計人員應編製或取得資本公積明細表，該明細表應包括資本公積的種類、金額、形成日期及原因等。檢查資本公積增減變動的內容及依據，查閱相關會計記錄和原始憑證，將資本公積明細帳與相應的原始憑證核對，查明其是否相符，並確認資本公積增減變動的合法性和正確性。

(二) 復核公司章程、授權憑證和相關法規

資本公積的增減變動必須符合相關法規的要求，經過相應的授權才能執行。

(三) 審查資本公積運用的真實性和合法性

審計人員通過審閱「資本公積」帳戶和有關會計分錄，查明被審計單位有無將資本公積挪作他用甚至用來營私舞弊的問題；審查以資本公積轉增資本金時，是否經股東大會決定並報經工商行政管理機關批准，手續是否完備，企業轉增的資本金與批准的數額是否一致等。

(四) 審查資本公積報表披露的正確性

資本公積的會計信息在資產負債表上是以「資本公積」項目反應的，該項目根據「資本公積」帳戶的期末余額填列。同時還應將資本公積明細帳與股東權益增減變動表中列示的資本公積的期末余額及期初余額對比是否相符。

【例 12-4】審計人員在審查某公司資本公積明細帳時，發現本期股票溢價 23,200 元，抽查有關會計憑證時，發現本期實際發行股票 8,000 股，每股發行價格 13 元，股票面值 10 元，佣金 800 元，股票的手續費 2,200 元，已列入財務費用。

要求：審查該企業公司發行股票確認溢價中的問題，並提出處理意見。

解析：審計人員首先審查公司股票發行的程序，並查明有無證券管理部門的批准文件，然后按下列公式驗算股票溢價的計算是否正確。

股票溢價 = 實際發行的股票數量 ×(每股發行價格 - 每股面價值) - 股票發行費用
　　　　 = 8,000×(13-10) - 800 - 2,200 = 21,000(元)

公司多計股票溢價 = 23,200 - 21,000 = 2,200（元）

三、盈余公積審計

盈余公積是企業按規定從稅后利潤中提取的累積資金，是具有特定用途的留存收

益。盈余公積的實質性測試程序主要包括以下內容：

（一）獲取或編製盈余公積明細表

審計人員應當獲取或編製盈余公積明細表，分別列示法定盈余公積、任意盈余公積的數額，並與明細帳和總帳的余額進行核對。

（二）審查盈余公積的提取是否符合規定

審計人員應當審查盈余公積提取是否符合規定並經過批准，提取手續是否完備，提取依據（稅后利潤）是否真實正確，提取比例、金額是否合法，是否進行了正確的帳務處理等。

（三）審查盈余公積的使用

審計人員應審查盈余公積的使用是否符合規定用途並經過批准。企業的盈余公積可以用於彌補虧損、轉增資本（或股本）。股份有限公司經股東會特別決議，也可以用盈余公積分派現金股利。其中，彌補虧損必須按批准數額轉帳；轉增資本或分配利潤后剩余的法定盈余公積不得低於註冊資本的25%，必須經批准依法辦理轉增手續；支付股利時支付比率不得超過股票面值的6%，並且分配股利后法定盈余公積不得低於註冊資本的25%。

（四）審查盈余公積在報表中的披露是否正確

審計人員應通過盈余公積帳目與會計報表核對，審查被審計單位盈余公積會計報表披露是否正確。一般企業的法定盈余公積、任意盈余公積合併在資產負債表中的「盈余公積」項目反應，股份有限公司的盈余公積則在資產負債表中分項列示，同時還應在會計報表附註中說明各盈余公積的期末余額及當期的重要變化，審計人員對此要進行審查。

五、未分配利潤審計

檢查利潤分配比例是否符合合同、協議、章程以及董事會紀要的規定，利潤分配數額及年末未分配數額是否正確。

根據審計結果調整本年損益數，直接增加或減少未分配利潤，確定調整后的未分配利潤數。

檢查未分配利潤是否已在資產負債表上恰當披露。

第四節　投資審計

投資是企業為通過分配來增加財富，或為謀求其他利益而將資產讓渡給其他單位所獲得的一項資產。

按照投資的目的分類，投資分為短期投資和長期投資。短期投資是指能夠隨時變現並且持有時間不準備超過1年的投資，這種投資目的是取得高於銀行存款利率的利

息收入。長期投資是為了累積整筆資金，以供特定用途之需，或為了達到控制其他單位，或對其他單位實施重大影響，或處於其他長期性質的目的而進行的投資。

一、投資審計目標

企業投資的審計目標可以概況如下：

第一，確定投資是否真實存在。

第二，確定投資是否歸被審計單位所有。

第三，確定投資的增減變動及其收益（或損失）的記錄是否完整。

第四，確定投資的計價方法（成本法或權益法）是否正確。

第五，確定投資的年末餘額是否正確。

第六，確定投資在會計報表上的披露是否恰當。

二、投資審計內容

（一）獲取或編製投資明細表

投資明細表應分別按照投資目的和對象進行分類，主要包括交易性金融資產、可供出售金融資產、持有至到期投資和長期股權投資。對於長期股權投資和聯營投資，還須列示該投資占被投資企業股本（或實收資本）的份額以及會計核算方法的選擇（成本法還是權益法）。審計人員獲取或編製投資明細表后，應審查投資明細表的加計數是否正確，並與相應的總帳和明細帳的余額核對是否相符。

（二）進行分析性復核

對投資循環進行的分析性復核程序，主要包括以下三項內容：

第一，計算交易性金融資產、可供出售金融資產、持有至到期投資和長期股權投資的比例以及其中高風險投資的比例，分析投資的安全性，結合被投資單位的實際情況估計潛在的投資損失。

第二，計算投資收益占利潤總額的比例，分析被審計單位在多大程度上依賴投資收益，判斷其盈利的穩定性；將當期確認的投資收益同從被投資單位實際獲得的現金流量進行比較分析；將重大投資項目與以前年度進行比較，分析是否存在異常變動。

第三，將各項投資帳戶及其收益的本年餘額和發生額與上年數進行比較。發現是否存在重大的波動差異以及潛在的差錯或舞弊。例如，長期股權投資帳戶餘額顯著增加可能說明有虛構、高估投資資產，或者存在無授權的超預算交易。

（三）實地盤點投資資產並檢查其帳實是否相符

1. 對有價證券投資的盤點

企業投資資產的保管一般有自行保管和委託專門機構代管兩種形式。對自行保管的投資證券，應進行實地盤點，盤點時有企業相關管理人員在場，盤點結果要填製盤點清單。這一項工作可與其他盤點工作一起安排於期末結帳日前進行。如果實地盤點工作是在結帳日后進行的，審計人員應根據盤點結果和結帳日與盤點日之間的證券增

減變動業務的發生情況計算結帳日的數額。對於委託專門機構代管的股票和債券，審計人員應審閱委託保管的證明文件，並向保管機構函證。

2. 對非證券形式投資的盤點

對直接投資於其他企業的貨幣資金、有形資產、無形資產等，也應審閱相關的投資協議和文件，並向被投資企業詢證。對於固定資產、無形資產、流動資產的對外投資，還應結合企業的「固定資產」「無形資產」和「流動資產」的相關帳戶一起進行檢查。審計人員應根據盤點或詢證的結果，與投資明細表和相關帳戶進行核對，判斷其是否帳實相符。

（四）審查投資業務是否符合現行法律制度規定

按照《中華人民共和國公司法》的規定，除國務院批准的投資公司和控股公司外，企業的累計對外投資額不得超過本企業淨資產的 50%。因此，審計人員應在計算投資比例的基礎上，檢查企業的投資業務的比例是否符合國家在這方面的限制性規定。此外，審計人員還應檢查投資證券的購入和售出是否經過管理當局的授權和批准。對此審計人員應當查閱被審計單位董事會或其他相關的會議記錄、決議文件加以證實。

（五）檢查本期發生的重大股權變動

對當期（尤其是會計年度結束前）發生的重大股權轉讓，應當審閱股權轉讓合同、協議、董事會或股東大會決議，分析是否存在不等價交換，判斷被審計單位是否通過不等價股權轉讓調節利潤，粉飾財務狀況。對當年通過並股和參股取得股權的應分析被審計單位根據被投資單位的淨損益確認投資收益時，是否是以取得股權後發生的淨損益為基礎，應特別注意股權轉讓協議是否存在倒簽日期的現象，股權轉讓涉及的款項是否已經支付或收取。

（六）檢查各類投資的會計確認、計量是否符合現行準則和會計制度的規定

對於不同類型的投資，會計處理方法是不相同的。審計人員應結合當前會計準則和會計制度的規定，對各項投資的會計分類、確認、計量（包括初始計量、后續計量、期末計量）進行分析、判斷，如有不符，應建議被審計單位進行相應調整。

（七）審查各類投資在報表中披露的正確性

在財務報表中，審計人員應對以下事項進行審查：

（1）各類投資的期末帳面余額和年初帳面余額。

（2）被投資單位由於所在國家或地區及其他方面的影響，其向投資企業轉移資金的能力受到限制，應披露受限制情況、原因和期限等。

（3）當期及累計未確認的投資損失金額。

第五節 其他相關帳戶審計

一、長期應付款審計

長期應付款核算企業採用補償貿易方式下引進國外設備價款、應付融資租入固定資產的租賃費等。對於長期應付款，審計人員應採取以下實質性測試程序和方法：

（1）獲得或編製長期應付款明細表，復核加計正確，並與報表數、總帳數和明細帳合計核對是否相符；檢查長期應付款的內容是否符合規定。

（2）檢查各項長期應付款相關的契約，有無抵押情況。對融資租賃固定資產應付款，還應審閱融資租賃合約規定的付款條件是否履行，檢查授權批准手續是否齊全，並進行適當記錄。

（3）向債權人函證重大的長期應付款。

（4）檢查各項長期應付款本息的計算是否準確、會計處理是否正確。

（5）檢查與長期應付款有關的匯兌損益是否按規定進行了會計處理。

（6）檢查長期應付款的會計報表披露是否恰當，注意一年內到期的長期應付款是否已列入流動負債。

二、應付股利審計

應付股利核算企業經董事會或股東大會等確定分配的現金股利或利潤。對於應付股利，審計人員應採取以下實質性測試程序和方法：

（1）獲取或編製應付股利明細表，復核加計正確，並與報表數、總帳數和明細帳合計數核對是否相符。

（2）審閱公司章程、股東大會和董事會會議紀要中有關股利的規定，瞭解股利分配標準和發放方式是否符合有關規定並經法定程序批准。

（3）檢查應付股利的發生額，是否根據董事會或股東大會決定的利潤分配方案，從稅后可供分配利潤中計算確定，並復核應付股利計算和會計處理的正確性。

（4）審閱被審計單位董事會確定的上期利潤分配預案，如股東大會決議進行了修改，應按股東大會決議調整應付股利的期初數，檢查有關會計處理是否正確。

（5）檢查股利支付的原始憑證的內容和金額是否正確。現金股利是否按公告規定的時間、金額予以發放結算；零股股利是否採用適當方法結算；對無法結算及委託發放而長期未結的股利是否做出適當處理；股利宣布、結算、轉帳的會計處理是否正確、適當。

（6）檢查應付股利的會計報表披露是否恰當。

三、投資收益審計

投資收益是指企業從事各項對外投資活動取得的收益或損失。對於投資收益，審

計人員應採取以下實質性測試程序和方法：

（1）獲取或編製投資收益分類明細表，復核加計正確，並與總帳和明細帳合計數核對相符，與報表數核對相符。

（2）與以前年度投資收益比較，結合投資本期的變動情況，分析本期投資收益是否存在異常現象。如有，應查明原因，並做出適當的調整。

（3）與長期股權投資、交易性金融資產、交易性金融負債、可供出售金融資產、持有至到期投資等相關項目的審計結合，驗證確定投資收益的記錄是否正確，確定投資收益被計入正確的會計期間。

（4）確定投資收益已恰當披露。檢查投資協議等文件，確定國外的投資收益匯回是否存在重大限制，若存在重大限制，應說明原因，並做出恰當披露。

四、長期待攤費用審計

長期待攤費用是指企業已經支付，但其影響不限於支付當期，因此應由支付當期和以后各受益期間共同分攤的費用支出，對於長期待攤費用，審計人員應採取以下實質性測試程序和方法：

（1）獲取或編製長期待攤費用明細表，復核加計正確，並與報表數、總帳數、明細帳合計數核對相符。

（2）抽查重要的原始憑證，檢查長期待攤費用增加的合法性和真實性，查閱有關合同協議等資料和支出憑證是否經過授權批准，會計處理是否正確，是否存在應計入期間費用的支出，租入固定資產改良支出與修理費的劃分是否正確。

（3）檢查攤銷政策是否符合會計制度的規定，復核計算攤銷額及相關的會計處理是否正確，前后期是否保持一致，是否存在隨意調節利潤的情況。

（4）檢查長期待攤費用的會計報表披露是否恰當。

五、無形資產審計

無形資產審計的程序如下：

（1）獲取或編製無形資產明細表。

（2）獲取並審議有關文件。

（3）檢查無形資產的增加。

（4）檢查無形資產減值準備的計提。

六、管理費用審計

管理費用的審計目標是：確定管理費用的記錄是否完整；確定管理費用的計算是否正確；確定管理費用的披露是否恰當。

管理費用的審計程序如下：

（1）取得或編製管理費用明細表。

（2）檢查管理費用明細項目設置。

（3）選擇性追查原始憑證。

七、營業外收入審計

營業外收入的審計目標是：確定營業外收入的記錄是否完整；確定營業外收入的計算是否正確；確定營業外收入的披露是否恰當。

營業外收入的審計程序如下：
(1) 獲取或編製營業外明細表。
(2) 檢查營業外收入的核算。

八、所得稅費用審計

所得稅費用的審計目標是：確定被審計單位所得稅數額是否正確、完整；確定被審計單位所得稅的計算依據和會計處理是否正確；確定被審計單位所得稅的披露是否恰當。

所得稅費用的審計程序如下：
(1) 檢查納稅申報的內容。
(2) 檢查所得稅的會計處理。
(3) 檢查所得稅的納稅調整事項。

【拓展閱讀】

一、背景介紹
(一) 審計人
新化會計師事務所派出了以李華為組長及以張穎、趙超、劉敬軍為組員的項目組。
(二) 被審計人
瑞豐股份有限公司。該公司主營水產品養殖、加工、銷售及深度綜合開發，生物工程研究、開發及食品、飲料的銷售。
(三) 審計時間和內容
項目組於 2016 年 2 月 10 至 3 月 4 日對該公司 2015 年度的會計報表進行了審計。本案例主要反應投資的審計過程及相關問題。

二、審計過程
第一，通過瞭解、調查、描述、測試與評價對被審計單位進行了控制測試。
第二，通過審查投資成本，發現不實問題；審查股利的會計處理情況，發現虛減投資收益問題；審查權益法，發現有不當運用問題，還盤點和詢證了有價證券等。
第三，本案例需要關注問題——關於權益法使用中的問題及其審查
(一) 一般規定
對投資收益的核算有成本法和權益法。
(1) 成本法就是按股權投資的投資成本計價核算的方法。投資企業的長期股權投資，不隨著接受投資企業所有者權益的增減變動而變動，其帳面價值反應的是該項投資的投資成本，並且股權投資的價值一經入帳，除追加或收回投資外，一般不再進行調整。

（2）權益法是指投資企業的長期股權投資，按照占接受投資單位資本總額的比例，隨著接受投資企業所有者權益的增減變動而變動。長期股權投資反應的價值，不是企業的投資成本，而是投資企業對接受投資企業所有者權益的份額。

（3）投資企業長期股權投資占接受投資單位有表決權的資本總額20%或20%以上，或者投資雖然不足20%，但有重大影響，應採用權益法。

企業因減少投資等原因對被投資單位不再具有重大影響時，應當中止採用權益法，或企業因增加投資等原因對被投資單位具有了重大影響時，應當改成本法為權益法。

（二）本案例的情況

審計人員張穎在審查長期股權投資時，發現瑞豐股份有限公司於2001年1月2日以52萬元購入乙企業實際發行在外股數的10%，並支付2,000元相關費用。根據規定，該公司對於這項投資採用成本法核算。2015年5月2日乙企業宣告分派現金股利，瑞豐股份有限公司可獲現金股利4萬元。2015年7月2日瑞豐股份有限公司又以180萬元購入乙企業實際發行在外股數的25%，並支付9,000元相關費用。由於該公司此次購買股票後，所購股數占乙企業實際發行在外股數的35%，根據規定，瑞豐股份有限公司對於此項投資採用權益法核算。

審計人員審閱了瑞豐股份有限公司對乙企業增加投資後會計核算過程，發現其並未改成本法為權益法，這樣就影響了損益和長期股權投資的準確性。

三、分析總結

本案例重點研究了投資的控制測試程序，投資核算中主要會計舞弊形式、審核方法及其審計調整，投資審計工作所形成的主要審計工作底稿等。

投資與籌資是緊密相連的，投資需要以籌資為基礎。在審計工作中，對投資的審計也需要在籌資審計的基礎上進行。

【思考與練習】

一、單項選擇題

1. 籌資與投資循環審計的總目標是評價該循環的（　　）。
   A. 各個帳戶余額是否合法
   B. 各個帳戶余額是否公允表達
   C. 各個帳戶余額是否正確
   D. 各個帳戶是否在會計報表上恰當披露

2. 企業的資本變動業務應由（　　）審批後，按規定手續辦理。
   A. 董事長　　　　　　　　　　B. 總經理
   C. 董事會　　　　　　　　　　D. 財務主管

3. 我國規定，企業吸收投資者以無形資產方式出資的，其占註冊資本的比例一般不得超過（　　）。
   A. 30%　　　　　　　　　　　B. 20%

C. 15% D. 10%

4. 下列各種行為中，（　　）不需辦理有關資本變動的法定審批手續。
   A. 轉讓資本 B. 增加資本
   C. 減少資本 D. 對外投資

5. 下列各種行為中，屬於減資行為的是（　　）。
   A. 發放股票股利 B. 發放現金股利
   C. 對外股票投資 D. 消除股份彌補虧損

6. 企業吸收投資者投入的舊機器設備，如評估確認價值大於帳面原值則其差額應計入（　　）。
   A. 資本公積 B. 實收資本
   C. 待處理財產損溢 D. 以上都不對

7. 法定盈餘公積按照稅后淨利的10%提取，當此項公積金達到（　　）的50%時，可不再提取。
   A. 投資總額 B. 法定資本
   C. 註冊資本 D. 稅后利潤

8. 公益金只能用於（　　）的有關支出。
   A. 職工醫療費 B. 職工集體福利設施
   C. 職工集體福利費 D. 職工集體醫療保險

9. 審查盈餘公積時應注意，盈餘公積用於轉增資本或分配股利後，其餘額不得低於（　　）。
   A. 註冊資本的25% B. 註冊資本的50%
   C. 盈餘公積的25% D. 稅后利潤的25%

10. 對捐贈公積應審查受捐贈資產是否按規定辦理了移交手續，是否經過驗收，資產計價是否取得有關報價單或按同類資產的（　　）確認。
    A. 實際成本 B. 計劃成本
    C. 可變現淨值 D. 市場價格

二、多項選擇題

1. 所有者權益審計的內容主要包括（　　）。
   A. 實收資本審計 B. 資本公積審計
   C. 盈餘公積審計 D. 利潤分配審計

2. 投資者認繳資本的出資方式包括（　　），一般在企業合同或章程中規定。
   A. 貨幣資金 B. 實物資產
   C. 無形資產 D. 遞延資產

3. 企業減資時，需要滿足（　　）條件。
   A. 事先通知債務人，債務人無異議
   B. 事先通知債權人，債權人無異議
   C. 經股東大會同意，並修改公司章程

D. 減資后的註冊資本不得低於法定註冊資本的最低限額

4. 審查與股票發行、收回有關的原始憑證和會計記錄有（　　）。

　　A. 募股清單

　　B. 已發行股票的登記簿

　　C. 銀行對帳單

　　D. 銀行存款日記帳與總帳，股本明細帳與總帳

5. 註冊會計師對資本公積進行實質性測試的主要程序有（　　）。

　　A. 審查資本溢價或股票溢價　　　　B. 審查資本折算差額

　　C. 審查公益金的使用　　　　　　　D. 審查捐贈公積

6. 股份有限公司的盈余公積包括（　　）。

　　A. 公積金　　　　　　　　　　　　B. 公益金

　　C. 法定盈余公積　　　　　　　　　D. 任意盈余公積

7. 籌資與投資循環的特點包括（　　）。

　　A. 交易數量少，金額通常較大

　　B. 交易數量大，金額通常較少

　　C. 會計處理不當，將會導致重大錯誤，影響會計報表的公允反應

　　D. 必須遵守國家法律、法規和相關契約的約定

8. 投資內部控制制度的主要內容包括（　　）。

　　A. 合理的職責分工　　　　　　　　B. 健全的保管制度

　　C. 詳盡的會計核算制度　　　　　　D. 嚴格的記名登記制度

9. 註冊會計師主要通過盤點方式對企業所有債券進行清查，逐項查點（　　）。

　　A. 債券種類　　　　　　　　　　　B. 債券面值

　　C. 債券期限　　　　　　　　　　　D. 債券序號

10. 註冊會計師在審查確定被審計單位長期投資是否在資產負債表上恰當披露時，應查實（　　）。

　　A. 資產負債表中投資項目的數字是否與審計數相符

　　B. 資產負債表「一年內到期的長期債券投資」項目的數字是否與審計數相符

　　C. 若長期投資超過淨資產的 50%，是否已在會計報表附註中披露

　　D. 是否已披露股票、債券在資產負債表日市價與成本的顯著差異

三、判斷題

1. 根據「資產-負債=所有者權益」這一平衡原理，如果註冊會計師能夠對企業的資產和負債進行充分的審查，證明二者的期初余額、期末余額和本期變動都是正確的，則就不必對所有者權益進行單獨的審計。　　　　　　　　　　　　　　　　　　（　　）

2. 由於所有者權益項目的重要性不如資產與負債，且所有者權益增減變動的業務較少，所以註冊會計師只需花費相對較少的時間對所有者權益進行審計。　　（　　）

3. 企業投資者的任何一方出資，必須聘請中國註冊會計師進行驗資，並且出具驗資報告，據以發給投資者出資證明書。　　　　　　　　　　　　　　　　　（　　）

4. 對於投資者以房屋、建築物投資的，若新落成的房屋、建築物應以工程結算價格作為投資計價的依據，登記資產和實收資本帳戶。( )

5. 進行實收資本的實質性測試，註冊會計師應首先檢查投資者是否已按合同、協議、章程約定時間繳付出資額，其出資額是否經中國註冊會計師驗證，已驗者，應查閱驗資報告。( )

6. 對於股份有限公司，以無形資產出資的金額不得超過註冊資本的35%，募集設立的股份有限公司發起人認購的股份不得少於公司股份的20%。( )

7. 股票交易中的現金收支、會計記錄和股票的保管可以由一人負責。( )

8. 為驗證發行在外的股票的數量，註冊會計師應向證券交易所和金融機構函證和查詢。( )

9. 所有者權益審計時，由於一般不進行符合性測試，因此註冊會計師也不需要瞭解被審計單位所有者權益的內部控制並進行評價。( )

10. 對盈餘公積的使用，註冊會計師應主要審查盈餘公積的使用是否符合規定並經過批准。( )

四、簡答題

1. 審計人員在審查某企業財務費用明細帳時，發現如下記錄：
(1) 財務科人員的工資及獎金6,500元；
(2) 支付未完工工程借款利息3,000元；
(3) 支付短期借款利息4,000元；
(4) 支付金融機構的手續費2,500元。
要求：
(1) 說明審計方法；
(2) 指出存在問題；
(3) 提出處理意見。

2. 某註冊會計師和一位助理人員對某公司2015年12月31日會計報表進行審計。該公司用剩餘現金購置了數量較大的長期投資有價證券，並存放於當地某銀行的保險箱，並規定只有公司總經理或財務部經理可以開啟保險箱。由於12月31日公司的總經理和財務部經理不能共同去銀行盤點有價證券，經約定，2016年1月11日由助理審計人員和財務經理一同至銀行盤點。
要求：
(1) 假定該助理人員以前未進行過有價證券盤點，該註冊會計師應要求在盤點時執行哪些審計步驟？
(2) 假定該助理人員盤點後得知，公司財務經理於1月4日曾開啟保險箱，並聲稱開啟保險箱是為了查閱一份文件。由於財務經理的上述行動，該註冊會計師應增加哪些審計程序？

3. 某註冊會計師對某公司2015年會計報表進行審計。在該年度內，該公司向銀行申請到了一筆長期貸款。貸款合同規定：

(1) 貸款以公司存貨和應收帳款為擔保；
(2) 公司債務與所有者權益之比應經常保持不高於 2：1；
(3) 非經銀行同意不得派發股利；
(4) 自 2016 年 7 月 1 日起分期償還貸款。

要求：如果不考慮相關的內部控制制度，該註冊會計師審查上述長期貸款項目時，應包括哪些審計程序？

《新編審計實務》思考與練習參考答案

第一章　總　論

一、單項選擇題

1. C　　2. C　　3. B　　4. A　　5. A　　6. B
7. B　　8. C　　9. B　　10. C　　11. C　　12. B

二、多項選擇題

1. ACD　　2. ABC　　3. ACD　　4. CDE　　5. AC

三、判斷題

1. ×　　2. √　　3. ×　　4. √　　5. ×　　6. ×
7. √　　8. √

第二章　註冊會計師及其法律責任

一、單項選擇題

1. A　　2. D　　3. C　　4. A　　5. A　　6. B
7. A　　8. D　　9. A　　10. D　　11. C　　12. C
13. D　　14. D

二、多項選擇題

1. ABCD　　2. BD　　3. AD　　4. ABC　　5. AD　　6. AB
7. ABD　　8. ABCD　　9. ABCD　　10. AD　　11. ABCD　　12. AC
13. BCD　　14. BCD

三、簡答題

1.（1）由於 ABC 會計師事務所收費主要來源於 XYZ 公司，該會計師事務所應當考慮經濟利益對獨立性的損害，可能損害獨立性。

（2）不會影響註冊會計師的獨立性，原因是註冊會計師 A 的妻子僅為 XYZ 公司的普通職員，不會影響其獨立性。

（3）ABC 會計師事務所與 XYZ 公司之間存在除業務費之外的其他經濟利益，可能會影響該會計師事務所的獨立性。

（4）鑒證客戶的董事、經理、其他關鍵管理人員或能夠對鑒證業務產生直接重大影響的員工是 ABC 會計師事務所的前高級管理人員，這樣的關聯關係可能會影響 ABC 會計師事務所的獨立性。

（5）註冊會計師 B 的哥哥雖然與註冊會計師 B 屬於近親關係，但是在 XYZ 公司沒有重大經濟利益，一般不影響註冊會計師 B 的獨立性。

（6）因前任會計師事務所由於在重大會計、審計等問題上與鑒證客戶存在意見分歧而遭到解聘，對於 ABC 會計師事務所及註冊會計師會有一定的威脅，可能損害 ABC 會計師事務所的獨立性。

（7）ABC 會計師事務所的高級管理人員或員工不得擔任鑒證客戶 XYZ 公司的董事（包括獨立董事）、經理以及其他關鍵管理職務。A 註冊會計師目前擔任的獨立董事必然影響 ABC 會計師事務所和註冊會計師的獨立性。

（8）由於註冊會計師 B 的女兒不是被審計單位的關鍵管理人員或能夠對鑒證業務產生直接重大影響的員工，因此不影響註冊會計師的獨立性。

（9）註冊會計師 A 的外甥雖不屬於與鑒證小組成員關係密切的家庭成員，但擁有 XYZ 公司大量股票，因此可能影響註冊會計師的獨立性。

2.（1）B 註冊會計師與 W 有限責任公司的董事長 X 共同出資設立 BX 公司，並且擁有 30% 份額，而 B 註冊會計師又是 ABC 會計師事務所的發起人，任審計部副經理。會計師事務所或鑒證小組成員與鑒證客戶或其管理層之間存在密切的經營關係。會計師事務所與審計客戶之間存在密切的經營關係，這一關係會帶來商業的或共同的經濟利益，並產生經濟利益威脅和外界壓力威脅。不論會計師事務所還是註冊會計師的審計獨立性均受到威脅，一般不應接受委託。如果要接受委託，ABC 會計師事務所應要求 B 註冊會計師終止該經營關係或者降低關係的重要性，使經濟利益不重大、經營關係明顯不重要。

（2）如果 ABC 會計師事務所接受委託，B 註冊會計師已將該經營關係終止或者降低關係的重要性，使經濟利益不重大、經營關係明顯不重要，可以委派 B 註冊會計師進行審計。否則事務所不能接受委託。

3.（1）會損害獨立性。因為 ABC 會計師事務所的部分審計收費與 X 銀行股票發行上市目標掛鉤，已構成或有收費方式承辦業務。

（2）不會損害獨立性。因為 ABC 會計師事務所按照正常程序和條件，以抵押貸款方式獲得借款，與 X 銀行之間不存在非正常的直接經濟利益或間接重大經濟利益。

（3）會損害獨立性。A 註冊會計師目前擔任 X 銀行的獨立董事，參與其重大決策，包括決定是否接受審計報告和會計師事務所的聘任，可能導致自己評價自己工作、自己聘任自己的非獨立性行為。

（4）會損害獨立性。審計小組成員 C 註冊會計師協助 X 銀行編製財務報表，又參

與 X 銀行的審計，將導致自己評價自己的工作。

（5）不會損害獨立性。審計小組成員 D 註冊會計師的妻子不屬於對鑒證業務產生重大影響的人員。

第三章　審計程序

一、單項選擇題

1. C　　2. B　　3. D　　4. D　　5. B

二、多項選擇題

1. ABC　　2. AC　　3. ABC　　4. AB　　5. ABCD

三、判斷題

1. √　　2. ×　　3. ×　　4. ×　　5. ×　　6. ×
7. √　　8. √　　9. ×

四、簡答題

1.（1）資產總額標準 = 180,000×0.5% = 900（萬元）

淨資產標準 = 95,000×1% = 950（萬元）

收入標準 = 220,000×0.5% = 1,100（萬元）

淨利潤標準 = 240,00×5% = 1,200（萬元）

重要性水平取最低者，即 900 萬元。

（2）重要性水平與審計風險之間的關係：重要性水平與審計風險之間成反向關係，即重要性水平越高，審計風險越低；反之，重要性水平越低，審計風險越高。

（3）重要性水平與審計證據之間的關係：審計重要性與審計證據之間的關係是反向關係，即重要性水平越低，審計證據越多；反之，重要性水平越高，審計證據越少。

2.（1）重要性是指被審計單位會計報表中錯報或漏報的嚴重程度，這一程度在特定環境下可能影響會計報表使用者的判斷或決策。

（2）一是為了提高審計效率。在抽樣審計條件下，為了做出抽樣決策，不能不涉及重要性。二是保證審計質量。在抽樣審計條件下，註冊會計師對未審計部分要承擔一定的風險，而風險的大小與重要性有關。

（3）普通過失是指註冊會計師執行審計業務時沒有完全遵循獨立審計準則的要求；重大過失是指註冊會計師執行審計業務時根本沒有遵守獨立審計準則的要求或沒有按照獨立審計準則的基本原則執行審計業務。因此，註冊會計師犯的應是普通過失。

（4）從司法實踐看，如果會計報表存在重大錯報事項，註冊會計師運用常規審計程序通常應予以發現，但因工作疏忽而未能將重大錯報事項查出來就很可能在法律訴

訟中被解釋為重大過失。如果會計報表存在多項錯報，每一處都不算重要，但綜合起來對會計報表的影響卻很大。也就是說，會計報表作為一個整體可能嚴重失實。在這種情況下，法院一般認為註冊會計師具有普通過失，而非重大過失，因為常規審計程序發現每處較小錯報事項的概率也很小。

第四章 審計工作底稿和審計證據

一、單項選擇題

1. B 2. D 3. C 4. A 5. C 6. D
7. A 8. C 9. C 10. A

二、多項選擇題

1. ABD 2. ABD 3. ABCD 4. ABC 5. ABD 6. AC
7. ABCD 8. ABCD

三、判斷題

1. × 2. × 3. × 4. √ 5. √ 6. √
7. √ 8. √ 9. √ 10. √ 11. × 12. ×
13. × 14. × 15. × 16. ×

四、案例分析題

1. （1）調節法計算 2015 年 12 月 31 日在產品應存數 = 2.2 - 13.5 + 13.7
= 2.4（萬件）

（2）企業 2015 年 12 月 31 日帳面在產品虛增 1.6 萬件，庫存商品虛減 32 萬元（1.6 萬件 × 20 元）（注意：在產品虛增即庫存商品虛減）。

（3）在產品全部銷售出去的情況下，庫存商品成本虛減即利潤總額虛增。

（4）不排除屬於盤點錯誤或監守自盜。

2. （1）應與前任審計師溝通瞭解以往存貨管理及核算情況並取得相關記錄。

（2）突擊進行現金盤點，核實帳實、帳帳、帳單並取得證據，看是否有貨幣資金帳、實、單不一致以及管理漏洞和不安全因素。

（3）對存貨權屬情況、核算情況及盤點情況進行檢查匯總並取證，揭示流動資產內部控制不嚴，管理脫節，核算不實，以至影響利潤真實性的問題。

3. （1）分配給投資者利潤，需要是稅後利潤，提取盈余公積后，再分配（調增利潤總額 80,000 元）。

（2）上浮收入應計入主營業務收入，不計入資本公積（調增利潤總額 120,000 元）。

（3）保險公司賠款應衝減損失（調增利潤總額 50,000 元）。

（4）應計入營業外支出（不影響利潤總額）。

（5）專利轉讓應納營業稅，稅率為 5%（調減利潤總額 4,500 元）。

4.（1）審計程序：對期末現金進行重盤。

審計目標：報表反應適當性。

審計證據類型：實物證據。

（2）審計程序：對期末存貨截止期進行測試。

審計目標：存在性、會計記錄完整性。

審計證據類型：書面證據。

（3）審計程序：詢問管理當局，函證 X 公司。

審計目標：存在性、會計記錄完整性、所有權。

審計證據類型：口頭證據、書面證據。

（4）審計程序：詢問管理當局，函證 Y 公司，審閱相應有關合同和信函。

審計目標：所有權歸屬、報表反應適當性。

審計證據類型：口頭證據、書面證據。

（5）審計程序：對上一年會計記錄進行適當審閱並與前任註冊會計師溝通。

審計目標：報表反應適當性。

審計證據類型：書面證據。

第五章　審計方法

一、單項選擇題

1. B	2. A	3. C	4. D	5. D	6. A
7. A	8. B	9. A	10. B	11. C	12. B
13. A	14. C				

二、多項選擇題

| 1. ABCD | 2. BCD | 3. AC | 4. BCD | 5. ABCD | 6. AD |
| 7. BCD | 8. ABD | 9. AD | | | |

三、判斷題

| 1. × | 2. √ | 3. √ | 4. × | 5. × | 6. √ |
| 7. √ | 8. √ | 9. √ | 10. √ | | |

四、案例分析題

1.（1）20×2 年 12 月 31 日在產品數量應為 1,000 千克（2,000+4,000−5,000），

與帳面 2,100 千克相比，相差 1,100 千克，屬於多計在產品數量，從而多計在產品成本。

（2）20×2 年 12 月 31 日產成品數量應為 5,500 千克（5,000+4,500-4,000），與帳面 4,800 千克相比，相差 700 千克，屬於少計產成品數量，從而少計產成品成本。

2.（1）抽樣間隔數＝8,000÷（8,000×5%）＝1÷5%＝20

則以 1011 號為起點的前 5 張發票的號碼為：1011、1031、1051、1071、1091。

（2）以 1018 為起點的第 194 張發票的號碼為：1018+（194-1）×20＝4878

第 226 張發票的號碼為：1018+（226-1）×20＝5518

第 387 張發票的號碼為：1018+（387-1）×20＝8738

3.（1）樣本平均值＝582,000÷200＝2,910（元）

總成本＝2,910×2,000＝5,820,000（元）

（2）樣本比率＝582,000÷600,000＝97%

總成本＝5,900,000×97%＝5,723,000（元）

（3）樣本平均差額＝（582,000-600,000）÷200＝-90（元）

總體總差額＝-90×2,000＝-180,000（元）

總成本＝5,900,000-180,000＝5,720,000（元）

第六章　審計報告

一、單項選擇題

1. C　　2. C　　3. A　　4. D　　5. C　　6. A
7. D　　8. C　　9. A　　10. D

二、多項選擇題

1. AC　　2. CD　　3. AC　　4. ABD　　5. ABCD　　6. ABD
7. ABCD　　8. AD　　9. ABD　　10. ABD

三、判斷題

1. ×　　2. ×　　3. √　　4. ×　　5. √　　6. √
7. √

四、簡答題

1.（1）保留意見的審計報告。由於對該項長期股權投資轉讓，尚未辦理產權過戶手續，交易尚未完成，K 公司即使已經支付了價款，但也有隨時中止交易的可能，因此 A 公司應計提 50 萬元的減值準備。該金額大於財務報表層次的重要性水平，但影響不是很嚴重，所以註冊會計師應出具保留意見的審計報告。

（2）標準無保留意見或帶強調事項段的無保留意見的審計報告。

①出具標準無保留意見審計報告的理由是該未決訴訟已經進行適當的會計處理，並且已適當披露，基本上確定該事項帶來的損失，無須增加強調事項段另外說明。

②出具帶強調事項段的無保留意見的審計報告的理由是該訴訟可能給 B 公司帶來巨大損失，屬於重大不確定事項，應當考慮在意見段之後增加強調事項段。

（3）標準無保留意見的審計報告。C 公司與關聯方 M 公司的交易價格公允，並且關聯方關係及其交易已經恰當披露，符合企業會計準則和相關會計制度的規定。

（4）否定意見的審計報告。因為該銷售費用會使得 D 公司由盈利變為虧損，所以如果 D 公司拒絕調整，則影響非常重大，不符合企業會計準則和相關會計制度的規定，因此應該發表否定意見。

（5）無法表示意見的審計報告。由於 E 公司管理層對已審計財務報表拒絕簽字確認，也未能提供管理層聲明書，註冊會計師應將其視為審計範圍受到嚴重限制，發表無法表示意見的審計報告。

2. 第（1）種情況應發表保留意見。

第（2）種情況應發表保留意見。

第（3）種情況應發表無保留意見。

第（4）種情況應發表帶說明段的無保留意見。

第（5）種情況應發表保留意見。

第七章　內部控制

一、單項選擇題

1. A　　2. B　　3. B　　4. B　　5. A　　6. C

二、多項選擇題

1. ACD　2. ABCD　3. ABCD　4. ABCD　5. AB　6. ABCD

三、判斷題

1. √　　2. √　　3. √

四、案例分析題

（1）採取的內部控制措施為：入場券連續編號；售票與收票分兩人負責；入場時守門員將票一撕兩半，各執一半；票箱加鎖。

（2）收票員收票時不撕票而將全票交於售票員重新出售；收票員直接收銀，而讓交錢者進場。

（3）觀察售票員手中有無散票、舊票；突擊抽查觀眾是否無票或持舊票入場。

(4) 嚴格控制未用入場券，記錄每日每班第一張和最后一張的券號；抽點庫存現金；入場券加蓋劇的章和日期章；不定期觀察是否利用售票機售票以及檢視收票時有無持廢票、舊票或無票入場的事情發生。

第八章　貨幣資金的審計

一、單項選擇題

1. C　　2. B　　3. C　　4. D　　5. D　　6. D
7. C

二、多項選擇題

1. ABC　　2. BCD　　3. AD　　4. CD　　5. ABCD　　6. ABC

三、判斷題

1. ×　　2. ×　　3. √　　4. ×　　5. √　　6. √
7. ×　　8. ×　　9. √　　10. √　　11. √

四、簡答題

(1)（1）通過對庫存現金實施突擊盤點獲得；（2）和（3）可通過詢問出納（「是否有已收付現金但尚未入帳的收付款憑證」），並檢查相關的收付款憑證獲得；(4) 可通過現金日記帳，並對 2016 年 1 月 1 日至 2016 年 1 月 10 日現金收付款憑證進行檢查與匯總（或對該時段現金日記帳現金收入、支出情況進行匯總）獲得。

(2) 2015 年 12 月 31 日庫存現金實有額 = 2016 年 1 月 10 日庫存現金實有額 + 2016 年 1 月 1 日至 2016 年 1 月 10 日現金支出總額 - 2016 年 1 月 1 日至 2016 年 1 月 10 日現金收入總額 + 未入帳的現金支出總額 - 未入帳的現金收入總額 = 1,997.58 + 4,120 - 4,560.16 + 520 - 390 = 1,947.42 元。

2015 年 12 月 31 日庫存現金盤盈額 = 1,947.42 - 1,060.04 = 887.38 元。

(3) 存在的主要問題及改進建議：第一，庫存現金盤盈，應當及時查明原因，並進行相關的處理；第二，現金收支入帳不及時，應當做到現金收支及時入帳，並做到日清月結；第三，有白條抵庫的情況，應當對出納進行批評教育，並及時追回未經批准的借款。

2.（1）銀行存款余額調節表（見表1）

表 1　　　　　　　　　　銀行存款余額調節表　　　　　　　　　　單位：元

2016 年 7 月 31 日

企業帳項	金額	銀行帳項	金額

表1(續)

企業帳項	金額	銀行帳項	金額
企業「銀行存款」帳戶餘額	22,000	銀行「對帳單」餘額	223,546
加：銀行已收企業未收	5,500	加：企業已收銀行未收	4,000
改正錯誤	46	減：企業已付銀行未付	2,000
調整后的余額	225,546	調整后的余額	225,546

（2）存在的問題：第1筆和第3筆經濟業務有出租出借銀行帳戶的問題，需檢查；銀行存款日記帳有錯記漏記情況。

第九章　銷售與收款循環審計

一、單項選擇題

1. A　　2. B　　3. C　　4. B　　5. B　　6. C
7. B　　8. A

二、多項選擇題

1. AC　　2. ABC　　3. ABCD　　4. AC　　5. AD

三、判斷題

1. √　　2. √　　3. ×　　4. ×　　5. ×

四、簡答題

1. 這筆貨款可能存在如下問題：

（1）此貨款有糾紛。如購銷雙方在產品價格、質量等方面有分歧，宏豐商場全部拒付該廠的電扇款。

（2）此貨款純屬虛構。該廠為了完成2015年的銷售和利潤計劃，虛構應收銷貨款和銷售收入，從而虛增當年銷售收入和銷售利潤。

（3）可能是記帳錯誤，如該貨款為應向其他單位收取的貨款。

（4）可能是該貨款已收回，被人利用或工作失誤未銷帳。

針對上述情況，應派人或去函到宏豐商場瞭解其真正原因。若是雙方因價格、質量方面的問題出現爭執，應組織雙方共同協商解決；若是記帳有錯誤，或工作失誤未銷帳，則應立即更正；若是虛構或款收回被人利用，則要嚴肅處理，並及時調整有關帳目。

2.（1）審計方法：審閱銷售費用明細帳，抽查有關記帳憑證和原始憑證。

（2）存在的問題：預付下年度產品廣告費應列入「待攤費用」帳戶；招待客戶的

費用應列入「管理費用」帳戶。

（3）處理意見：上述已列入「銷售費用」帳戶的各項支出，應按規定列支。其調帳分錄為：

借：待攤費用　　　　　　　　　　　　　　　　20,000
　　管理費用　　　　　　　　　　　　　　　　　2,500
　貸：銷售費用　　　　　　　　　　　　　　　22,500

3. 該企業違反了會計制度中關於採用預收貨款方式銷售產品時入帳時間的規定，使當期銷售收入虛列，影響了有關資料的真實性。

應當要求被審計單位編製調帳分錄如下：

借：主營業務收入　　　　　　　　　　　　　300,000
　貸：預收帳款　　　　　　　　　　　　　　300,000

當銷售實現時，再轉銷預收帳款。

4. 海河公司為了達到少納稅、少計當期利潤的目的，將應反應在「其他業務收入」帳戶的無形資產轉讓收入反應在「應付帳款」帳戶，造成當月利潤虛減並達到了少納營業稅、城建稅、教育費附加及所得稅的目的。

海河公司應編製調帳分錄如下：

借：應付帳款　　　　　　　　　　　　　　　60,000
　貸：其他業務收入　　　　　　　　　　　　60,000

第十章　購貨與付款循環審計

一、單項選擇題

1. A　　2. D　　3. B　　4. C　　5. A　　6. A
7. A　　8. C

二、多項選擇題

1. ABCD　2. BC　3. ACD　4. ACD　5. AB　6. ACD
7. AC　　8. AB　　9. BC

三、判斷題

1. √　2. √　3. √　4. ×　5. √　6. ×
7. √　8. √　9. √　10. √　11. ×

四、案例分析題

1. 按照企業會計準則的規定，如果購銷雙方在價格上沒有達成協議，那麼在核算上只能以計劃價暫估入帳，而不能不入帳或以自己確認的價格入帳，待達成協議后再

做調整。因此，A 公司隨意沖銷應付帳款是不妥的。註冊會計師應提請其糾正、調整相應的報表項目。如果被審計單位拒絕，註冊會計師要根據其重要性判斷發表什麼審計意見以及如何編製審計報告。

2. （1）單冷空調應該按照本年的全部月份 12 個月計提折舊，而不能按實際使用的月份提取折舊

（2）設備從達到可使用月份的次月起計提折舊，而不是從實際使用次月起計提折舊，即應該從 6 月份開始計提折舊，不應該從 9 月份開始計提折舊。

（3）如果設備預計可使用年 10 年，預計淨殘值率為 5%，殘值率應該是 9.5%，而不應該是 10%。

3. 建議調整分錄：

借：固定資產清理　　　　　　　　　　　　　　　　　240,000
　　貸：營業外支出——非常損失　　　　　　　　　　　240,000

同時根據出售取得的資金調整增加固定資產清理帳戶：

借：銀行存款　　　　　　　　　　　　　　　　　　　260,000
　　貸：固定資產清理　　　　　　　　　　　　　　　　260,000

假設支付固定資產清理費用 10,000 元：

借：固定資產清理　　　　　　　　　　　　　　　　　 10,000
　　貸：銀行存款　　　　　　　　　　　　　　　　　　 10,000

經批准轉入營業外收入：

借：固定資產清理　　　　　　　　　　　　　　　　　 10,000
　　貸：營業外收入　　　　　　　　　　　　　　　　　 10,000

第十一章　生產與儲存循環審計

一、單項選擇題

1. A　　2. A　　3. A　　4. A　　5. C　　6. C
7. D　　8. C　　9. D　　10. A

二、多項選擇題

1. BC　　2. ABCD　　3. ABC　　4. ACD　　5. ACD　　6. ABC
7. ABCD　　8. ABD

三、判斷題

1. √　　2. ×　　3. √　　4. √　　5. ×　　6. √

四、簡答題

1. （1）不應包括在 2015 年存貨內，因目的地交貨，交貨期為 2016 年，應以到貨

款為準。

（2）應包括在 2015 年存貨內，因 2016 年 1 月 4 日收到貨物才付款，2015 年既未開票亦未發出貨物，物權並未轉移，銷售不能成立。

（3）如果已付款並已收到發票帳單，就應計入 2015 年存貨內（屬於在途物資），因屬離廠交貨，交貨后就已屬本企業存貨。但如果未收到發票帳單且未付款，就不應計入 2015 年存貨內（因為無入帳依據）。

（4）不應包括在 2015 年存貨內，因已收款並將貨物送裝運部門，銷售已成立。

2.（1）違反一貫性原則，多計生產成本；工程成本計入生產成本。

（2）虛增成本，隱瞞利潤，少納稅金。

（3）調整分錄為：

①多計成本的調整：

借：原材料　　　　　　　　　　　　　　　　　　　　　　　2,250

　　貸：生產成本　　　　　　　　　　　　　　　　　　　　　2,250

②亂計成本的調整：

借：在建工程　　　　　　　　　　　　　　　　　　　　　65,812.50

　　貸：生產成本　　　　　　　　　　　　　　　　　　　56,250.00

　　　　應交稅金——應交增值稅　　　　　　　　　　　　　9,562.50

3.（1）上述資料講述的材料採購業務，財會部門記帳在前，倉庫驗收在後，財會部門並不以驗收單作為記帳依據，說明該企業未能很好地執行材料記帳、驗收相互牽制的內部控制制度，不但採購業務容易出錯，帳簿記錄也易混亂或造成帳實不符。財會部門對材料採購成本的處理有誤，外地運雜費應計入材料採購成本，而不應計入當期的期間費用。

（2）應要求企業做調整分錄，具體為：

借：原材料　　　　　　　　　　　　　　　　　　　　　　　1,500

　　貸：管理費用　　　　　　　　　　　　　　　　　　　　　1,500

對於由於運輸部門責任引起的材料短缺應追究其責任，要求賠償。賠償前編製會計分錄：

借：其他應收款　　　　　　　　　　　　　　　　　　　　　2,070

　　貸：原材料　　　　　　　　　　　　　　　　　　　　　　2,070

同時應當調整材料明細帳的實際入庫數量、總成本和單價。

實際入庫數量＝8,500－80＝8,420（千克）

實際總成本＝293,250＋1,500－2,070＝292,680（元）

實際單位成本＝292,680÷8,420＝34.76（元）

第十二章　籌資與投資循環審計

一、單項選擇題

1. B　　2. C　　3. B　　4. D　　5. D　　6. B
7. C　　8. B　　9. A　　10. D

二、多項選擇題

1. ABC　　2. ABC　　3. BCD　　4. ABCD　　5. ABD　　6. BCD
7. ACD　　8. ABCD　　9. ABCD　　10. ABCD

三、判斷題

1. ×　　2. ×　　3. ×　　4. √　　5. √　　6. ×
7. ×　　8. √　　9. ×　　10. √

四、簡答題

1.（1）審計方法：審閱財務費用明細帳，抽查有關記帳憑證和原始憑證。

（2）存在的問題：財務科人員的工資和獎金應列入「管理費用」帳戶；未完工工程借款利息應列入「在建工程」帳戶。

（3）處理意見：上述已列入「管理費用」帳戶的各項支出，應按規定列支。

其調帳分錄為：

借：管理費用　　　　　　　　　　　　　　　　　　　　　　6,500
　　在建工程　　　　　　　　　　　　　　　　　　　　　　3,000
　貸：財務費用　　　　　　　　　　　　　　　　　　　　　9,500

2.（1）應當執行的審計程序包括：

第一，詢問保險箱開啓的內部管理制度，如在何種情況下可開啓、需有幾人同時在場、應當做出哪些記錄、保險箱內所保管物品一般為何物品、是否建立了詳細的書面記錄……

第二，注意觀察保管條件，是否確能保證物品的安全、完整。

第三，審查開啓記錄，是否均做出完整、詳細的記錄。

第四，審查所保管物品的書面記錄，驗證其增減變動是否已做出詳細記錄。

第五，認真清點所保管物品的數量，並做出詳細記錄，對於有價證券，還應記錄其數量、面值、編號、戶名、發行單位等。

第六，編製盤點表，並請相關人員簽名、蓋章。

第七，核對保險箱內的實存物品是否與書面記錄一致。

（2）應當補充執行程序：

第一，審查開啟記錄，是否有 1 月 4 日開啟的記錄，並驗證其開啟記錄是否符合相關規定。

第二，是否有財務經理所稱的文件、那份文件現在何處。

第三，當前所保管的證券與 1 月 4 日之前的證券是否相同，若不符，應進一步查明其原因。

3. 應當實施的審計程序包括：

（1）審查相關的貸款合同，查明合同規定的貸款條件。

（2）審查管理當局的會議紀要，查明該貸款是否經過了最高管理當局的批准，有無批准文件。

（3）復核相關利息費用的計算及其帳務處理是否合規、正確。

（4）審查貸款擔保物是否安全、完整，債務與所有者權益之比是否合規，即是否遵循了貸款合同規定的條件。

（5）若當年度發放股利，則還應查明是否已獲得貸款銀行的同意。

（6）是否已在會計報表附註進行了充分披露。

國家圖書館出版品預行編目(CIP)資料

新編審計財務 / 凌輝賢、葉偉欽、王艷華、武永寧、吳再芳 主編. -- 第一版. -- 臺北市：財經錢線文化出版：崧博發行, 2018.12

面； 公分

ISBN 978-957-680-283-6(平裝)

1.審計學 2.財務管理

495.9　　　　107019119

書　名：新編審計財務
作　者：凌輝賢、葉偉欽、王艷華、武永寧、吳再芳 主編
發行人：黃振庭
出版者：財經錢線文化事業有限公司
發行者：崧博出版事業有限公司
E-mail：sonbookservice@gmail.com
粉絲頁　　　　　網　址：
地　址：台北市中正區延平南路六十一號五樓一室
8F.-815, No.61, Sec. 1, Chongqing S. Rd., Zhongzheng Dist., Taipei City 100, Taiwan (R.O.C.)
電　話：(02)2370-3310　傳　真：(02) 2370-3210
總經銷：紅螞蟻圖書有限公司
地　址：台北市內湖區舊宗路二段 121 巷 19 號
電　話：02-2795-3656　傳真：02-2795-4100　網址：
印　刷：京峯彩色印刷有限公司（京峰數位）

　　本書版權為西南財經大學出版社所有授權崧博出版事業有限公司獨家發行電子書及繁體書繁體版。若有其他相關權利及授權需求請與本公司聯繫。

定價：500元
發行日期：2018 年 12 月第一版
◎ 本書以POD印製發行